하룻밤에 읽는

일본
군사사

軍事史

하룻밤에 읽는 일본 군사사軍事史

발행일	2016년 2월 29일		
지은이	이 재 우		
펴낸이	손 형 국		
펴낸곳	(주)북랩		
편집인	선일영	편집	김향인, 서대종, 권유선, 김성신
디자인	이현수, 신혜림, 윤미리내, 임혜수	제작	박기성, 황동현, 구성우
마케팅	김회란, 박진관, 김아름		
출판등록	2004. 12. 1(제2012-000051호)		
주소	서울시 금천구 가산디지털 1로 168, 우림라이온스밸리 B동 B113, 114호		
홈페이지	www.book.co.kr		
전화번호	(02)2026-5777	팩스	(02)2026-5747
ISBN	979-11-5585-941-4 03390(종이책)		979-11-5585-942-1 05390(전자책)

이 도서의 국립중앙도서관 출판예정도서목록(CIP)은 서지정보유통지원시스템 홈페이지(http://seoji.nl.go.kr)와
국가자료공동목록시스템(http://www.nl.go.kr/kolisnet)에서 이용하실 수 있습니다.
(CIP제어번호 : CIP2016005163)

성공한 사람들은 예외없이 기개가 남다르다고 합니다.
어려움에도 꺾이지 않았던 당신의 의기를 책에 담아보지 않으시렵니까?
책으로 펴내고 싶은 원고를 메일(book@book.co.kr)로 보내주세요.
성공출판의 파트너 북랩이 함께하겠습니다.

한 군인의 4박 5일
일본군사유적 답사기

하룻밤에 읽는

일본 군사사
軍事史

이재우 지음

#1

처음 이번 여행을 기획할 때는 책을 만들고자 하는 의도는 없었다. 비행기를 타고 해외에 나가 보고 싶은 마음에서 시작한 8년 만의 해외여행이었다.

생도 시절에는 '가슴엔 조국을, 두 눈은 세계로'라는 육군사관학교 개교 50주년 기념 캐치프레이즈처럼 몇 차례 해외에 다녀올 수 있었다. 별생각 없이 출발했지만, 돌아올 때는 두 눈을 세계로 돌리며 성장하는 나를 느낄 수 있었던 소중한 경험이었다.

장교 임관 이후에는 다른 세계가 기다리고 있었다. 인적조차 드문 최전방을 지키던 몇 년 동안 해외는 다른 차원의 이야기였다. 한 달에 한 번 나오는 위로휴가만 생각하기에도 벅찬 기간이었다.

한 번은 그런 적도 있었다. 알랭 드 보통의 『여행의 기술』과 『공항에서 일주일을』이란 책을 읽고 너무 여행이 떠나고 싶었다. 하지만 해외는 꿈도 못 꾸는 그런 최전방 부대에 있었다.

· ·

한 달에 한 번만 나올 수 있는 위로휴가를 받아 일산의 집에 온 후, 차를 타고 인천공항이 있는 영종도로 향했다.

물리적 거리는 가까웠지만, 심리적 거리는 그렇지 않았다. 전방에서의 풍경과 인천공항의 풍경은 너무나도 달랐다. 그날 나는 쉴새 없이 이착륙하는 비행기를 멍하니 보면서 시간을 보내고, 인천공항에 앉아 사람 구경을 하는 그런 하루를 보낸 적이 있었다.

그날 영종도 해안도로를 달리는데 유독 고가초소가 눈에 들어왔다. 고가초소에서 바다에서 불어오는 칼바람과 싸우며 발을 동동 구르며 경계근무를 서고 있는 초병들의 모습이 보였다. 영종도 안의 세계와 영종도 해안선의 세계는 달랐다. 영종도 역시 철통 경계작전 중이었다.

#2

대위를 달고도 한참 지나서야 경계부대 생활을 벗어났다. 시간이 갈수록 여행에 대한 그리움이 더해갔다. 자유민주주의를 지키는 군인으로서 개인의 자유를 일정 부분 희생하고 살지만 짧은 시간이라도 해외에서 느꼈던 것들을 다시 느껴보고 싶었다. 여유가 생기자 그나마 쉽게 다녀올 수 있는 일본이 눈에 들어왔다.

목적지를 일본으로 정한 후 여행 계획을 작성하기 시작했다. 여행의 주제는 '일본의 군사사'였다. 군사사학도의 장점 중 하나는 세계 어느 곳에 떨어뜨려 놔도 혼자 사유하며 여행이 가능하다는 점이다.

사실 여행하기 좋은 곳은 전쟁이 벌어졌을 가능성이 높은 곳이다. 지구의 대부분을 차지하는 바다나 건조지대, 열대우림, 극지방 등 역사적으로 전쟁이 없었던 장소는 전쟁이 있었던 곳보다 많다. 하지만 전쟁이 없었던 곳은 여행하기에도 적절치 않은 곳이다. 인류의 역사는 전쟁의 역사라는 말이 꼭 맞다.

딱 1년 전에 3박 4일 일본여행 계획이 완성되었다. 오래전에 예매하면 싸게 구입할 수 있는 저가항공 비행기표까지 예약하고 시행단계까지 진행되었다. 하지만 훈련 파견이 잡히면서 그해 여름휴가는 취소되었고, 눈물을 머금으며 비행기표 수수료를 물어야 했다.

올여름 초입에 들어서며 갑자기 작년에 폐기된 계획이 생각났다. 작년 계획을 보완해 4박 5일 계획으로 일본에 다녀오기로 했다. 주말을 제외하고 자그마치 3일의 연가를 사용했는데 말라리아로 입원했던 일주일의 병가를 제외하면 지금껏 군 생활 중 가장 긴 장기휴가였다.

군인은 여행 계획서를 만들어 출발 한 달 전까지 사적 국외여행 승인을 받아야 한다. 급하게 여행 계획서를 만들고 국외여행 승인서에 결재를 받을 수 있었다.

옛날에 사용했던 관용여권은 해당 사항이 없는지라 일반여권을 다시 만들어야 했다. 국외여행 승인서를 가지고 여권도 만들고 비행기

· ·

표도 예약을 했다.

여행 준비의 마지막 단계는 작년에 잔뜩 사 놓은 데다가 올해 추가로 충동구매한 일본 관련 서적들을 머리에 집어넣는 것이었다.

#3

다른 나라의 군사사와는 달리 일본의 군사사에는 유독 관심이 가질 않았다. 우리를 침략한 임진왜란의 일본군대와 제국일본의 군대는 그냥 나쁜 놈들이었고 알아야 할 이유가 없었다. 일본이라는 단어를 보면 이성보다 감성이 앞섰다.

역사 속의 많은 전쟁들을 열심히 연구했음에도 청일전쟁과 러일전쟁은 '아웃 오브 안중*'이었다. 국사 시험에 나오는 시모노세키조약과 포츠머스조약, 그에 이어지는 을사조약의 이름과 해당 연도만 달달 외우는 수준이었다. 두 전쟁은 우리나라에서 벌어진 전쟁이며 직접적인 연관이 있는데도 불구하고 전쟁의 경과를 설명하는 책은 찾아볼 수도 없었다. 생도 4학년이 되어서야 세계전쟁사 수업시간에 청일전쟁과 러일전쟁이 어떻게 진행되었는지를 처음으로 배울 수 있었다.

---

* '안중에 없다'라는 인터넷 신조어.

참 불행한 일이었다.

2009년경 국방부장관이 추천했다 해서 하마평에 올라 친일 미화소설이니, 제국주의 미화소설이라느니 언론에서 말이 많았던 소설이 있다. 바로 『언덕 위의 구름』이란 소설을 접하면서부터 일본을 대하는 태도가 달라졌다. 근대의 일본과 일본군은 무시하고 조롱하기에는 너무 강한 나라와 강한 군대였다.

비판은 상대에 대해 잘 알아야만 할 수 있다. 『언덕 위의 구름』을 정독하며 군인의 입장에서 많은 생각을 하게 되었다. 지금까지 일본에 대해서 너무 감성만 앞세우지 않았는가를 고민하는 계기가 되었다.

중국의 역사서 『사기』를 쓴 사마천司馬遷을 닮고 싶다 하여 개명한 일본의 역사소설가 시바 료타로(司馬 遼太郎)의 작품인 이 역사소설은 '아주 조그마한 나라가 개화기를 맞으려 하고 있었다.'라는 임팩트 있는 문장으로 시작한다. 소설의 주인공인 아키야마 형제의 이야기에는 지금껏 몰랐던, 아니 애써 외면하려고만 해왔던 일본군대의 민낯이 담겨 있었다.

청일전쟁과 러일전쟁의 성공을 거치며 역사적으로 내재되어 있던 사회적, 문화적 특색을 통해 일본군대는 '덴노의 군대'로 나아갔다. 오늘날 북한 '수령의 군대'와도 소름 끼치도록 닮은 모습을 가진 '덴노의 군대'의 모습에서 지피지기知彼知己의 지혜 또한 숨어 있었다.

동양적 전통에 일본 특유의 문화가 혼재된 복잡한 군대. 2차 세계

....

대전 당시 아시아와 태평양에서 가장 강한 군대였으면서 가장 단점도 많이 가지고 있던 군대의 실체가 더욱 궁금해졌다.

#4

이런 궁금증을 바탕으로 이번 일본여행을 계획해 나갔다. 그러나 자료가 부족했다. 일본여행기는 오로지 먹방*여행 아니면 온천여행이 었다. 드물게 일본 애니메이션이나 영화 같은 문화를 탐방하는 여행기 정도가 전부였다.

일본을 다룬 여행 가이드북도 마찬가지였다. 2007년에 노르망디 상륙작전 지역을 갈 때도 느꼈었지만, 우리나라 가이드북에서 군사여행에 대한 내용을 찾기란 매우 힘들다. 우리나라에서 만든 여행 책과 외국의 여행 책을 비교해보면 그 점이 확연히 드러난다. 관심의 차이일 것이다. 노르망디에 갈 때는 영어 가이드북에 상세하게 나온 내용을 참고해서 다녀온 적이 있었다.

서양이나 일본 문학작품 중에는 군사전문가가 아닌 작가들도 옛 전장에 대한 기행문이라든지 감상문 같은 작품을 많이 남겼다. 군사와

---

*   먹는 방송의 줄임말, 인터넷 유행어.

전쟁을 다룬 이런 글들에서 비치는 식견 역시 생각보다 뛰어나서 실제 전쟁의 모습을 상상해 보는 데 도움을 주는 경우도 많다. 전문작가와 같은 군사 비전문가라도 관심을 가지면 보이는 법이다.

하지만 국내 서적에서 군사를 다룬 주제를 찾기란 힘들다. 문학작품에서 전쟁은 주인공의 비극적 요소와 한을 강조하기 위한 장치일 뿐이다. 근 100여 년 동안 현실로서의 전쟁을 직접 겪어 왔던 아픔 때문인지 두 눈을 치켜뜨고 전쟁이란 놈을 바라보기보다는 고개를 돌려 회피하려 한다는 느낌을 많이 받는다. 하지만 문제는 고개를 돌린다고 전쟁을 회피할 수 없다는 것이다.

#5

스마트 시대답게 인터넷이 큰 역할을 해주었다. 오랜만에 떠나는 해외여행은 지도 한 장 들고 찾아다니던 이전의 여행과는 너무도 다른 환경이었다. 인터넷만 접속하면 위성지도까지 실시간으로 들여다볼 수 있었다. 얼마 전까지만 해도 군사기밀로 분류되어 소수만 접근 가능하던 지형 정보는 이제 클릭 몇 번으로 누구나 볼 수 있는 시대였다. 지형 정보뿐만 아니라 일본 시골역의 기차시간까지 상세하게 알려주는 교통서비스 역시 계획수립과 실시간에 큰 도움을 주었다.

· ·

언어적 한계도 인터넷으로 극복할 수 있었다. 한문은 알아볼 수 있지만 가나를 전혀 읽지 못했음에도 인터넷의 일본어 번역이 통역사가 되어주어 불편은 없었다. 재미있게도 인터넷상에서 일본어 → 한국어로 다이렉트 번역을 하는 것보다 일본어를 영어로 번역한 뒤, 한국어로 번역하는 중역 작업을 거치면 더 정확도가 높아지는 현상을 발견하기도 했다.

일본어도 못하면서 무슨 일본을 들여다보고 왔느냐고 비판을 받을 수도 있겠다. 하지만 한문과 영어, 그리고 인터넷만으로 여행 중에 전혀 어려움을 느낄 수 없었다.

대신 군사에 정통한 군인의 시각에서 전투에 임하는 군인처럼 4박 5일 여행 계획을 세웠다. 그리고 여행기간 내 오로지 군사와 관련된 것들만 돌아보고 왔다.

아이티의 미국 국제개발처 사무소 간판에는 이렇게 적혀 있다고 한다. "어떤 나라에 대해서 당신이 그곳에 있는 첫 2주일 동안 알게 된 것보다 더 많은 걸 결코 알 수 없다." 그렇게 5일 동안 수많은 것들을 보고 느끼며 다녀왔다.

지금부터 그 이야기를 시작해 볼까 한다.

······················ Contents ······················

01

여행의 시작은 비행으로부터

Appreciate*

---

* 　감사하다, 고맙게 여기다.

아침 일찍 출발하는 비행편이라 출발 전날 공항 근처 게스트 하우스에서 1박을 한 후 비행기를 타기 위해 새벽 4시에 일어났다. 마침 출동준비태세에도 어울리는 새벽 4시다. 출동준비태세를 갖추듯 신속하게 짐을 꾸려 밖으로 나왔다.

비몽사몽 상태로 엘리베이터를 타고 1층에 도착했다. 문이 열리자 바로 앞에서 푸른 눈의 외국인이 휴대전화를 손에 들고 불쌍한 눈빛을 보내고 있었다. 아직 영어를 쓰기 위한 마음의 준비가 안 되었는데 큰일이었다.

다행히 어려운 질문은 아니고 내가 묵었던 게스트 하우스에 어떻게 가느냐는 질문이었다. 이 건물 몇 층 몇 호에 가면 사무실이 있고 그곳에 직원이 있다고 말해 주었다. 복잡한 설명까지는 능력 밖이었지만 주입식 영어교육의 성과인 "You can't miss it."까지 더듬더듬 설명해 주었다. 그러자 그 외국인은 "Thank you."라고 말해 주었다.

마침 연합부대에서 근무할 때 미군들이 "Thank you." 다음에 "you're welcome." 대신 "appreciate."로 대답했던 것이 문득 떠올랐다. 그래서 반사적으로 "appreciate."라고 답해 주었다. 여행의 시작부터 고급스러운(?) 영어를 내뱉고 나니 왠지 기분이 좋아졌다.

새벽 시간인데도 공항에는 사람이 꽤 있었다. 하지만 아직 이른 시간이라 비행기가 많지 않은 지 체크인과 출국수속은 어렵지 않았고 출국심사장은 바로 통과가 가능했다.

출국구역으로 가니 면세점 문이 다 닫혀 있었다. 면세점은 아침 7시부터 문을 연다 하니 반강제적으로 돈을 아낄 수 있었다. 대신 몇 군데 매점은 영업 중이었다. 아침을 해결하기 위해 커피와 도넛을 사와 벤치에 앉았다.

잠이 덜 깬 뇌에 카페인을 주입하며 오늘의 일정을 한 번 워게임 해 보았다. 날씨만 훼방 놓지 않는다면 어렵지 않은 일정이었다. 그러나 스마트폰이 알려 주는 오사카 날씨는 우천이었다. 어제 일기에보에서 본 2개의 태풍이 여전히 일본으로 향하고 있는 것도 걱정되었다.

하지만 지형과 기상의 영향을 가장 적게 받는 보병 차림이니 올 때나 갈 때 비행기만 제때 뜨고 내려 공수해 주면 문제없는 여행이 될 것이라고 의지를 다지며 비행기에 탑승했다.

회전익 항공기와 고정익 항공기

비행기는 지체시간 없이 예정된 시간에 바로 이륙했다. 군 복무를 하면서 회전익 항공기는 이런저런 임무로 인해 가끔 타볼 기회가 있었지만 고정익 항공기는 오랜만이었다. 게다가 민항기라서 소음도 적고 안락하다. 심지어 미녀 스튜어디스도 있다!

가끔 소형 회전익 항공기로 하늘을 날면 난기류가 다이렉트로 반고리관을 지나 '대뇌의 전두엽'까지 자극하곤 한다. 구토한 적은 없지만, 속이 조금 불편한 경우가 많이 있었다. 하지만 민항기에서는 그런 걱정이 없으니 좋다.

육군에도 항공병과가 있다고 하면 놀라는 사람들이 있다. 하늘에 떠 있는 것이라면 전부 공군인 줄 아는 사람들은 회전익 항공기인 헬기 역시 전부 공군의 것이라 착각하곤 한다.

헬기라 불리는 회전익 항공기는 군사적으로 매우 유용한 플랫폼이다. 빠른 기동성을 갖추었으며 고정익 항공기가 갖추지 못한 섬세함을 더했기에 다양한 용도로 활용된다.

헬기는 6·25전쟁에서 의무수송용으로 처음 실전에 등장한 이후 현대전장에서는 필수적인 무기로 자리 잡았다. 헬기에 무엇을 탑재하느냐에 따라 그 임무와 역할은 천차만별이다.

육군의 헬기는 크게 두 종류로 나누어 볼 수 있다. 적기계화부대 같은 핵심표적을 순식간에 가루로 만들어 버리는 공격헬기가 있고, 사람과 물자를 수송하며 가끔 착륙이 내키지 않으면 그냥 하늘에서 던져 버리고 가는 수송헬기가 있다.

해군에서는 함정에 탑재되어 적 함정, 특히 잠수함을 탐지하고 공격하는 데 유용하게 쓰인다. 공군에서는 작전 중 조난된 조종사를 구출하기 위해 쓰이는 탐색구조 헬기가 유명세를 탄다.

문제는 해병대에 있다. 미 해병대는 해안 상륙을 위해 상륙 지역을 초토화시킬수 있는 웬만한 중소국가의 공군보다 더 강한 공군력을 갖추고 있다. 반면 우리 해병대는 초수평선 상륙작전*처럼 미 해병대와 동일한 임무를 수행함에도 항공전력이 전무했다.

효과적인 임무수행을 위해 해병대는 '해병에게 헬기를!'이라는 구호와 함께 피나는 노력을 했고, 결국 헬기를 도입할 수 있었다. 2013년 7월부터 본격적인 해병대 상륙기동헬기 개발에 돌입했고 현재도 진행

---

*   over-the-horizon amphibious operations, 해안선의 감시범위(시각, 레이더) 밖에서 시행되는 상륙작전.

중이다. 조만간 상륙 훈련하는 해병대 머리 위를 해병의 헬기가 엄호할 수 있을 것이다.

하늘 위에서 창밖을 보고 멍 때리고 있다가 얼마 전 보았던 영화 '암살'에서 일본의 선전영화가 흘러나오던 장면이 갑자기 생각났다. 일본군의 활약을 강조하던 영화 속에서 육·해·공군이 같이 언급되고 있었다.

하지만 명백한 오류였다. 당시 일본에는 육군항공대와 해군항공대만 존재했을 뿐, 공군의 개념은 존재하지 않았다. 일본만 그런 것이 아니었다. 1947년이 되어서야 공군을 창설한 미군을 포함한 일부 국가에서는 2차 세계대전 당시 공군은 존재하지 않았다.

공군의 개념이 생긴 지 얼마 되지 않았기 때문에 오늘날과 달리 각 나라 간에는 공중전력의 운용에 대해 상이한 점이 많이 있었다. 항공기가 등장한다 해서 모두 다 공군은 아닌 셈이다.

항공기의 소속이 어느 군이냐 하는 것은 군사적으로는 더없이 중요한 문제인데, 헬기는 무조건 공군이다, 라는 생각처럼 존재하지 않았던 일본공군에 대해서 아무도 신경 쓰지 않았겠지 하는 슬픈 생각도 들었다.

오사카 성으로 가는 길

일본은 가까운 나라였다. 수첩에 이런저런 생각들을 끄적이고 있는 사이 벌써 비행기는 고도를 낮추기 시작했다. 기체가 구름 아래로 내려온 후 창밖을 보자 잔뜩 흐린 날씨에 조금씩 비도 내리는 듯했다.

비행기 문을 나서자마자 찜질방에 들어온 것 같은 열기와 습도가 몸을 감쌌다. 공항 시설물에 일본어가 가장 크게 쓰여 있는 것을 보며 일본에 온 것을 실감했다. 외국인 입국 심사대의 긴 줄을 거쳐 공항 바로 앞에 있는 간사이공항역으로 향했다.

여행을 준비하면서 알아본 일본의 기차 요금은 우리나라와 비교해 너무 비쌌다. 그래서 교통비를 아끼고자 무제한으로 기차 이용이 가능한 JR패스를 미리 끊어 왔다. 7일권을 5일밖에 쓰지 못한다는 것이 다소 아쉽긴 했지만, 그래도 어쩔 수 없었다. 오랜만에 나온 여행에서 조그만 사치를 부려 보기 위해 더 비싼 그린샤(일등석) 티켓을 질렀다.

한국에서 가져온 패스는 안내소에서 개시를 해야 사용할 수 있었다. 간사이공항역의 안내소로 들어가 직원과 더듬더듬 몇 마디를 나누며 패스를 개시했다. 5일간의 든든한 동반자가 되어 줄 패스였다.

안내소를 나와 전광판을 보니 2분 뒤에 출발하는 차가 있었다. 공항과 오사카 시내를 잇는 기차는 배차간격이 15분이다 보니 다음 차를 타더라도 부담은 없었다. 하지만 들뜬 마음에 전속력으로 뛰어 출발 직전의 기차에 올랐다.

오사카를 순환하는 기차에 앉아 오사카를 한 바퀴 돌기로 했다. 목적지인 모리노미야(森ノ宮)역까지 가장 빨리 가기 위해서는 두 번의 환승을 거쳐야 했다. 하지만 환승 시간까지 따져보면 불과 10여 분밖에 차이 나지 않는데, 환승으로 힘을 빼느니 창밖으로라도 오사카를 둘러보는 것이 좋겠다 싶어 환승을 거치지 않고 여유 있게 목적지로 향했다.

　본격적인 일정을 시작하기 전에 배를 채우고자 모리노미야(森ノ宮)역에서 내려 패스트푸드점으로 향했다. 기껏 먹방의 도시 오사카까지 와서 고른 메뉴가 햄버거였다. 그나마 일본의 특색이 담겨있는 일본식 패스트푸드 브랜드였다.

　손가락으로 제일 맛있어 보이는 햄버거 세트를 가리켜 주문한 후 우리나라에서 하던 것처럼 카운터 앞에 서서 햄버거가 나오기를 기다리고 있었다.

　그런데 점원이 손짓 발짓을 섞어 대화를 청한다. 보디랭귀지는 만국 공통어라 쉽게 이해를 할 수 있었다. 자리를 잡고 있으면 자기들이 가져다준다는 뜻이었다.

　2층으로 올라가 잠시 기다리고 있으니 점원이 주문한 햄버거를 가져다주었다. 밖에는 이슬비가 내리고 있었다. 창밖으로 비 내리는 오사카 성 공원을 근심 섞인 채 바라보면서 햄버거를 집어 물었다.

햄버거는 역시 맛있었다. 많은 경험은 아니지만, 해외를 다니며 느낀 것 중 하나는 패스트푸드점은 진리라는 것이다. 전 세계 어디에서도 싼 가격에 가성비를 보장한다.

한참을 먹고 있으니 비가 그쳤다. 언제 비가 왔느냐는 듯 순식간에 햇빛 작렬! 그동안의 경험에 비추어 보면 걷기 매우 어려운 날씨였다.

비가 온 직후 습도가 최대인 상태에서 햇빛이 나는 날씨는 정말로 피하고 싶은 존재다. 불볕더위와 찜통더위를 택하라 하면 둘 다 싫지만 그래도 찜통더위가 좀 더 걷기에 힘든 느낌이다. 어떻게 생긴 말인지는 모르겠지만, 찜통더위는 참 적확한 표현인 것 같다.

패스트푸드점에서 나와 길 건너 공원으로 가는 도중 만난 처자가 수분과 염분을 챙기라고 했는데 이를 기억했어야 했다.

02

오사카 국제평화센터
: 2차 세계대전의 피해자?

오사카 국제평화센터

　점심을 먹은 곳에서 길 하나만 건너면 오사카 성 공원이었다. 멀찌 감치 보행 신호를 보고 횡단보도를 뛰어서 건넌 후 공원 내에 있는 첫 번째 목적지인 오사카 국제평화센터(이하 피스오사카)로 향했다.

　공원 안에는 오사카전투 400주년을 기념하는 깃발로 가득했다. 오사카 겨울전투(1614)와 여름전투(1615)의 400주년을 기념하는 오사카 전투 덴카이치(天下一)축제가 진행 중이라고 한다.

　표지판을 따라 가파른 길을 올라가니 피스오사카가 나왔다. 생각보다 많이 허름해 보였다.

　피스오사카는 1991년에 세워졌다. 2차 세계대전이 끝난 후 일본 사회에서 전쟁의 참상은 당장 먹고사는 문제에 의해 뒷전으로 밀려나 잊혀져 갔다. 하지만 일본의 경제 성장을 바탕으로 먹고 살만해진 후, 전쟁의 역사를 다시 되돌아보려는 움직임이 일기 시작했다.

그 일환으로 1980년대 일본에서 민간단체를 중심으로 평화를 위한 전쟁전시회운동이 활발하게 진행되었다. 이러한 과정을 거치면서 여러 평화기념관이 들어서게 되었고, 피스오사카도 그 과정에서 설립되었다.

처음 설립될 때는 전쟁의 피해를 되새기며 평화로 나아가자는 주제를 가지고 2차 세계대전 당시 오사카가 입은 피해는 물론 난징대학살, 조선인 연행 같은 일본의 가해행위까지 함께 전시했다고 한다.

그러나 내가 본 전시관은 일본의 반성이 깃들어 있던 전시관이 아니었다. 피스오사카는 올해 4월 30일 개관 후 처음으로 내부 전시가 리뉴얼되었다.

일본 우익들은 피스오사카가 처음 생기는 과정에서부터 자학사관이라고 비판을 가했다. 2011년 극우성향의 지방자치단체장들이 선거에서 승리를 하였고, 결국 이곳은 작년 9월부터 전시실 리모델링 공사에 들어가야 했다.

새로운 전시실에는 그들이 숨기고 싶어하는 난징대학살이나 조선인 강제연행 등 가해행위에 대한 자료를 폐기하고 오사카 공습과 피해 위주로 재구성하였다. 재개관 기념식에 참석한 마쓰이 이치로 오사카부 지사는 "일본의 패전이 보이는 와중에 무차별적으로 소이탄을 떨어뜨린 미국은 지나쳤다."고 공개적으로 언급했다.

피스오사카는 전쟁의 비참함과 평화의 소중함을 이해한다는 메시지를 다루고 있다며 설립 취지를 설명하고 있었다. 하지만 리뉴얼의 영향인지 둘러보는 내내 '일본의 피해자 코스프레'라는 말이 머릿속을 맴돌았다.

어떤 전시실의 이름은 '전 세계가 전쟁을 하던 시대'였다. 일본은 당시 다른 나라 국가들처럼 국제정세에 맞추기 위해 어쩔 수 없이 전쟁을 하게 되었다는 일본의 전쟁인식을 보여 주는 이름이었다. 그들이 피해자였다는 일본의 역사 인식은 여행 마지막 날까지 일관되게 볼 수 있었다.

다른 전시실 역시 폐허로 변한 오사카의 모습과 어려웠던 전시의 생활 등 오사카 주민의 피해만을 강조할 뿐, 평화라는 단어나 2차 세계대전에서 보여 준 일본의 가혹 행위 등은 찾기 어려웠다.

오사카의 '4'사단과 우리 군의 숫자 '4'

오사카에 퍼부어진 엄청난 폭격을 묘사한 전시실도 있었다. 파괴된 도시처럼 인테리어를 해놓은 전시실에서는 미군에게 오사카 민간인의 피해 책임을 묻고 있었다. 그러나 오사카 폭격은 일부 우익들이 주장하는 것처럼 무차별적으로 주민을 학살하기 위한 것이 아니었다. 당시 오사카는 군인도시였다. 메이지유신 직후부터 오사카진대가 설치되는 등 오사카는 간사이 지방의 군사도시로 개발되어왔다.

전쟁 당시 오사카 성 주위를 표현한 전시물도 있었다. 성 안팎의 넓은 공간에는 화포제조소, 포탄제조소, 철재제조소, 기재제작소 등 군수공장이 자리 잡고 있었다. 아까 내렸던 모리노미야역은 원래 이곳에서 생산된 군수품을 운반하기 위해 만들어진 공창내부역(工廠內の驛)이었다.

오사카가 공습을 당한 이유는 제국일본군 제4사단 사령부와 아시아에서 가장 큰 탄약창이 위치한 군인도시였기 때문이다. 오사카 성 내부에는 제4사단의 사령부로 사용되던 건물은 아직도 형체를 갖추고 있고, 관광객들을 대상으로 31가지 맛을 가진 아이스크림을 팔고 있었다.

그런데 '4'사단의 단대호에서 이질감이 느껴졌다. 국군에서는 접해 본 적 없는 숫자 '4'를 가진 사단이라는 게 흥미로웠다.

우리 군에는 '4'가 들어가는 연대급 이상의 부대가 존재하지 않는다. 숫자 '4'가 죽을 사死와 동음으로 인해 생겨난 미신의 영향일 수도 있을 것이다. 하지만 우리나라를 제외한 다른 한자 문화권에서는 거부감 없이 '4'를 사용한다.

오사카 성 내에 위치했던 제국일본군의 제4사단처럼 오늘날의 자위대에도 여전히 제4사단은 남아 있다. 어마어마한 숫자의 중국군 부대 중에서도 '4'가 들어가는 부대가 꽤 있다.

　북한 역시 6·25전쟁 당시 의정부축선의 적 4사단이나, 아니면 오늘날 서북도서의 트러블 메이커인 적 4군단에서 볼 수 있듯이 '4'를 거리낌 없이 사용한다. 그런데 왜 유독 우리 군만 '4'를 기피하게 되었을까?

　우리 군도 초창기에는 '4'를 쓰는 부대가 있었다. 그러나 1948년에 14연대가 일으킨 여·순사건 이후부터 '4'는 금기시되었다.

　1946년에 창설된 남조선노동당(남로당)은 그들이 말하는 반합법적이고 비합법적인 투쟁을 통해 공산주의 운동을 실시하였다. 그들이 가장 선호한 타겟은 군대였다. 철저한 신원 조사를 통해 임용을 시키는 경찰과는 달리 군대는 신원 조사를 강조하지 않았다. 그래서 공산세력들은 공산주의 운동을 위해 군 내부로 많이 침투했다.

　여수에 주둔 중이던 국군 제14연대의 인사계인 지창수 상사는 남로당 당원이었다. 그는 인사배치를 담당하는 자신의 업무영역을 활용해 남로당원을 입대시킨 후 부대 내에 조직적으로 배치하여 손쉽게 부대를 장악할 수 있도록 사전에 밑밥을 깔아놓았다.

　제주도에서 벌어지던 4·3사건에 투입하고자 여수의 제14연대에도 출동 명령이 떨어졌다. 이를 전해 들은 제14연대의 남로당원들은 1948년 10월 19일, 반란을 일으켰다. 그들은 순식간에 부대를 장악하고 그들에게 동조하지 않는 자들과 그들이 말하는 부르주아에 속하는 민간인을 처형하기 시작했다.

　정부에서는 여수·순천의 질서유지를 위해 계엄령을 선포하고 신속하게 군을 투입하여 약 1주일 만에 여·순 사건은 종료되었다. 하지만 남로당 계열의 인원이 시작한 이 사건에서 무고한 민간인들의 피해가 너무나도 컸다.

이 사건으로 제'14'연대는 해체되었다. 또 다른 '4'부대인 광주의 제'4' 연대는 20연대로 명칭을 변경하였다. 이후 우리 군 부대 명칭에서 숫 자 '4'는 사라졌다.

여·순사건 외에도 남로당의 활동은 계속되었다. 제주도에서는 반란 을 일으켜 제11연대 연대장이던 박진경 대령을 살해하였고, 대구의 제6연대에도 동료를 죽이고 반란을 일으키는 등 남로당은 국군 와해 를 위해 노력하였다. 남한 내 혁명세력을 규합하여 전후방을 동시에 전장화한다는 전형적인 공산당의 수법이었다.

청산리전투의 영웅이자 당시 국무총리 겸 국방부 장관이었던 이범석 장군은 일련의 사건을 보면서 국군의 정체성을 명확히 해야 할 필요성 을 느꼈다. 그리하여 1948년 11월 29일에 국방부 2국(정훈국)을 창설하고, 12월 1일에는 국군 3대 선서를 제정한다. 광복군 참모장 시절 적절히 활 용했던 광복군 정훈처 역할을 신생 국군에 그대로 이식한 것이다.

결과는 적절했다. 국군과 북한군의 유형전력 차이를 만회할 수는 없었지만, 전후방 동시 전장화라는 북한의 기도를 차단하여 6·25전쟁 시 앞뒤로 적을 맞이하는 끔찍한 사태를 피할 수 있었다.

국군 3대 선서에는 역사성, 사상성, 군인정신이 담겨 있다. 광복군 의 독립정신을 계승한 국군으로서 투철한 애국심과 반공정신을 가지 고 사상전의 승리자가 되자는 이 선서문, 그리고 6·25전쟁에서 이를 실천에 옮긴 선배 전우들과 비교해 피스오사카에서 본 '전진훈'과 그 에 얽힌 치졸한 행위는 너무나도 대조적이다.

국군 3대 선서 (1949년 국군의 맹세로 개칭)

1. 우리는 선열의 혈적을 따라서 죽음으로 나라를 지키자.

2. 우리의 상관, 우리의 전우를 공산당이 죽인 것을 명기하자.

3. 우리 군인은 강철같이 단결하고 군기를 엄수하여 국군의 사명을 다하자.

전진훈戰陣訓과 도조, 이 아찔한 황당함

태평양전쟁 중 일본 군인들이 사용한 물건들을 전시해 놓은 곳 한 쪽에 조그만 수첩이 펼쳐져 있었다. '전진훈戰陣訓'이었다. 훈의 8번째 내용인 '살아서 포로의 치욕을 받지 않고 죽어서 죄화의 오명을 남기지 마라.'로 유명한 훈령이다.

전진훈은 태평양전쟁 발발 약 1년 전인 1941년 1월 7일 하달되어 수많은 일본군을 죽음으로 몰고 갔다. 일본 육군의 최고 자리인 육군대신 도조 히데키(東條英機)가 제정하였으며 유명한 8번째 항목은 작성자의 언행 불일치를 적나라하게 보여 준다.

도조 히데키는 미국과의 전쟁을 반대한 고노에를 총리 자리에서 끌어내리고 대신 총리 자리에 올라 태평양전쟁을 개시한 A급 전범이다. 수많은 사람들은 죽음과 파괴의 공포에 밀어 넣었으나 정작 자신은 죽음을 너무나도 두려워했다.

적의 포로가 되지 않기 위해 스스로 생명을 끊었던 수많은 일본의 군인들과 달리 전쟁이 끝나고 미군이 열도를 점령했음에도 그는 생명을 부지하고 있었다. 자살을 여러 차례 언급하지만, 실행에 옮기지는 못한 인물이었다.

그렇게 목숨을 부지하고 있던 어느 날, 미군 헌병은 도조의 자택으로 향했다. 그를 체포하여 법정에 세우기 위해서였다. 전쟁이 끝난 후, 한 달이란 시간이 지난 1945년 9월 11일이었다.

자택에 접근하는 미군 헌병을 본 도조 히데키는 공포에 질려 자신의 호신용 22구경 권총으로 가슴을 쏘았다. 그러나 그는 총도 제대로 쏘지 못하는 졸렬한 인물이었다.

즉시 미군에 의해 군병원으로 후송되었고 미군의 피를 수혈받아 치료를 받고 살아났다. 그리고 극동군사재판을 받아 1948년 12월 23일 형장의 이슬로 사라졌다. 죽지도 못하고 살아서 포로의 치욕을 받은 인물이었다. 수많은 군인들이 무의미한 죽음을 택하도록 강요했던 '전진훈'의 제정자와는 어울리지 않는 최후였다.

항상 죽음을 곁에 두고 사는 동서고금의 모든 군인들은 사생관 정립을 위해 '승리가 아니면 죽음을', '수사불패雖死不敗*'와 같은 구호를 되새기고 불가피할 경우 자신의 생명을 희생하겠다는 정신무장을 필수로 생각해 왔다.

그러나 제국일본군은 이를 극단적으로 적용하였다. 전진훈을 제정하여 수많은 군인들을 무의미하게 죽어 가게 한 장본인이 포로의 굴욕을 받으며 역사에 오명을 남긴 것을 보면 제국일본군대의 극단적인

---

* 죽을 수는 있으나 패배하지 않는다.

관념주의의 폐해에 대해 생각해 보게 한다.

전쟁 중 절망적 상황에 몰린 일본군은 자살이나 자살 공격 같은 극단적인 행위를 택했다. 부상을 당하거나 하는 극소수만이 미군의 포로가 되었다. 이들은 포로로서의 행동 요령에 대해서 전혀 알지 못했다. 포로가 된다면 명예를 잃는 것이고 살아도 사는 것이 아니라는 사회적 합의가 있었기 때문에 포로라는 선택지는 그들에게 존재하지 않았다.

그렇기 때문에 포로가 된 인원들은 자포자기 상태였다. 살아도 산 것이 아닌 그들은 오히려 모범적인 포로가 되는 방법을 택하여 연합군의 지시에 무조건적으로 협조했다. 일본군 정보를 알려 주고, 미군의 선전문을 쓰고, 심지어 폭격기에 동승하여 기체를 공격 목표로 유도하기도 했다.

극단적 정신주의로 인해 포로라는 선택지를 지웠던 일본군 포로들은 오히려 자군에게 해가 되는 존재였다. 적극적이거나 혹은 소극적 방법으로라도 적에게 저항하던 연합군 포로의 모습과는 정반대의 모습이었다.

일본군 포로의 극단주의가 옳은 것인지, 아니면 현실을 반영한 연합군 포로의 태도가 옳은 것인지는 논란의 여지가 없다. 전쟁은 이상적인 세계에서 입으로 하는 것이 아니다. 땅에서 쉽게 걸을 수 있지만, 물속에서 걷기는 매우 어렵듯 물과 같은 현실의 마찰요소를 극복해 가며 행동으로 싸우는 것이다.

오늘날 한류를 이끌어 가는 JYP엔터테인먼트 사장 박진영은 이런 일본군의 모순에 랩으로 일침을 가한다. 1999년 군복무 중이던 박진

영은 1956년에 제정된 우리 군의 '군진수칙'을 랩 군가로 부른 적이 있다. 랩이라 알아듣기 힘들지만, 대한민국 군인으로서 죽어도 항복하지 않으며 만약 포로가 되더라도 적을 돕지 않고 계속 항거하며 조국은 나를 보호하고 있다는 내용을 흥겹게 외치고 있다.

군사문화의 충돌과 피해자 코스프레

피스오사카의 전시관은 그렇게 넓진 않았다. 한 시간 정도 이런저런 생각을 하며 돌아본 피스오사카가 전달하는 메시지는 한결같았다. 왜 미군은 폭격 전략을 택하여 오사카 주민들이 고통을 받게 했냐는 것이다. 전 세계가 전쟁을 하는 시대에 일본과 일본 주민들은 오히려 피해자라는 것이다.

미군의 무자비한 폭격과 원자폭탄, 그로 인한 민간인 피해에 대해서는 백인종과 황인종의 인종 간 증오심에 따른 무자비한 전쟁의 결과라고 보는 연구결과도 있으나 서로 다른 군사문화의 충돌이라고 보는 견해도 있다.

일본군에게 포로란 비겁한 존재였다. 왜곡된 채로 수용된 극단적 정신문화로 인해 일본군에게 포로는 인간이 아닌 동물로 여겨졌다. 그래서 일본군에게 포로를 인간 이하로 취급하는 것이 정당한 행위였다. 바탄에서 벌어진 죽음의 행진, 미얀마의 정글에서 노역행위와 같은 가혹 행위는 기본 옵션이었다. 포로를 죽이고, 고된 노역을 시키며 비인도적인 의학실험까지 하는 행위까지도 일본군은 정상적인 행위라 생각했다.

반면 미국에게 폭격은 정당한 행위였다. 폭격은 민간인을 포함한 적을 대량으로 살상하지만, 의도를 분명히 통지한 후, 공개적이고 직접적으로 이루어진 결과이기 때문에 정당한 행위였다. 적국의 군수시설은 분명한 군사 목표였고, 이를 파괴하는 폭격은 정당한 행위였다. 일본이 이를 인지하고 있었으며 막고자 한다면 막을 수 있는 '자유'가 있기 때문이다.

미국과 일본의 적대관계는 1941년 진주만 공습으로 인해 갑자기 생겨난 것은 아니다. 태평양을 사이에 두고 수십 년간 갈등을 겪던 양국관계로 인해 미국에는 이미 1920년대부터 오렌지 계획이라는 일본과의 전쟁계획이 상정되어 있었다.

태평양을 건너 일본에 전력을 투사하는 방법에 대해서도 많은 고민이 진행되었다. 미 해병대의 상륙전 신화는 이때부터 준비되고 있었다. 또한 당시 막 힘을 얻기 시작한 항공대에게도 일본의 도시는 자신들의 필요성을 어필하기 위한 좋은 기회로 여겨졌다.

그 당시 공군 옹호론자 미첼은 일본의 '종이와 나무'로 된 도시들은 공군의 목표물로 세상에서 가장 좋은 것이라 주장하였다. 전쟁 직전인 1941년 11월에 마셜 장군은 폭격기로 일본의 종이도시를 화재에 휩싸이게 할 것이라 경고하기도 했다.

태평양 전쟁이 시작된 직후 미군은 일본을 폭격하고자 하였지만, 의지를 실현할 수단은 존재하지 않았다. 마리아나 제도의 점령으로 일본 본토가 B-29 폭격기의 본격적인 사정권에 들어온 1944년 후반

이 되어서야 르메이 장군의 지휘 아래 소이탄을 활용한 본토폭격이 활발해졌다.

이처럼 미국에서는 적의 본토를 폭격하며 수많은 군인, 노동자, 민간인들을 죽이고 도시를 불태웠지만, 일본군 포로에게 인격적 대우를 해준 것이 정당한 행위였다.

반면 일본은 추락한 폭격기의 승무원을 즉결처형하고 포로에게 가혹 행위를 하는 것은 원자폭탄을 두 번이나 얻어맞고, 소이탄으로 도시가 불타오르며 수많은 민간인이 불에 타죽은 것에 비하면 아무것도 아니라고 생각하고 있다.

문제는 일본의 생각이 다른 곳에서는 공감을 받지 못함에도 불구하고 일본인들은 자신들은 피해자라 주장하는 것이다. 피스오사카를 돌아보면서 전쟁을 겪은 경험이 없는 대다수 일본의 전후 세대들에게는 교과서의 역사 왜곡과 더불어 피해자 인식이 더욱 심화되지 않을까 걱정이 되었다.

03

오사카 성: 임진왜란 일본군은 왜구가 아니다

오사카 성의 역사

피스오사카 바로 옆에 대형버스 주차장이 있었다. 수많은 버스에서 내린 왁자지껄한 단체 관광객들과 함께 오사카 성으로 향했다.

오사카 성은 일본 국내의 주도권을 잡은 도요토미 히데요시가 자신의 세를 과시하기 위한 목적으로 만들기 시작했다. 일본의 통일을 이룬 히데요시를 상징하는 커다란 성곽은 1년 반 만인 1583년 완성되었다.

1598년 도요토미 히데요시가 사망하자 그의 아들인 도요토미 히데요리가 성의 새 주인이 되었다. 하지만 임진왜란의 실패와 이후 벌어진 1600년의 세키가하라 전투로 인해 일본의 실권은 이미 도요토미가에서 도쿠가와 이에야스에게 넘어간 상태였다.

　기세를 탄 도쿠가와 군은 일본의 통일을 위해 도요토미 군과 일전
을 겨루게 되었다. 전력이 약했던 도요토미 군은 오사카 성 안에서
농성하는 선택지밖에 남아 있지 않았다.

　1614년 겨울부터 다음 해 여름까지 진행되었던 치열한 오사카 전투
에서 오사카 성은 승자인 이에야스군에게 완전히 파괴되었다.

　도쿠가와 이에야스의 뒤를 이은 2대 쇼군 도쿠가와 히데타다는 오
사카에서 옛 도요토미 가문의 흔적을 지우고 도쿠가와 가문의 강성함
을 나타내기 위해 오사카 성의 재건을 명했다. 전국시대를 끝낸 일본
의 강한 국력이 동원되어 1620년부터 1629년까지 10년의 세월 동안 재
건된 오사카 성은 일본의 통일을 이룬 에도 막부의 강성함을 나타내는
상징이었다. 오늘날 남아 있는 오사카 성이 그때의 오사카 성이다.

　1655년에 천수각이 낙뢰로 인해 소실되기도 했으나 오사카 성은 에

도시대 전반에 걸쳐 도쿠가와 막부의 서일본 지배 거점 역할을 하였다.

19세기 막부말기 내전을 통해 성 안의 많은 시설물이 소실되었다. 하지만 메이지 시대를 거치며 군사도시로 성장하게 된 오사카였다. 제국주의와 군국주의의 길로 접어든 일본은 성 내부에 사단 사령부를 세우고 주변에 거대한 군수공장을 지었다. 1931년에는 오사카 시민들의 기부에 의해 성의 상징인 천수각을 콘크리트 건물로 재건하였다. 태평양전쟁 중에는 미군의 폭격으로 성의 많은 부분이 파괴되었으나 전후 재건을 통해 현재의 모습에 이르게 되었다.

오사카 성은 말 그대로 산전수전에 공중전까지 전부 거쳐온 성으로 현재는 일본의 국가 유형 문화재, 일본 100대 명성에 이름을 올리고 있다.

성城과 곽郭, 성곽의 개념

성의 입구인 오테구치(大手口) 문을 통해 외성의 안쪽으로 들어갔다. 오사카 성은 내성과 외성으로 구분되어 있다.

자칭 전쟁사 전문가라 칭하며 인터넷 강의도 하고 책도 낸 강사가 한국의 성은 내성과 외성으로 나뉘어 서양의 성과는 다르다고 주장하는 것을 보고 혀를 끌끌 찬 적이 있다. 오히려 반대다. 그 사람은 성곽이라는 단어의 개념조차 모르는 사이비다.

성곽城郭에서 성은 내성을, 곽은 외성을 의미한다. 산성의 나라로 불릴 정도로 수많은 성이 존재하는 우리나라에서는 성곽보다는 성이라는 단어를 주로 사용하였다. 우리나라의 성은 지형을 이용한 규모가 작은 산성이 대다수로 외성까지 가지고 있는 경우는 드물다. 수도라는 서울 도성조차 왕의 피신을 위한 주변 산성만 있었을 뿐 외성은 없었다.

내성과 외성의 개념은 우리나라보다는 서양과 일본의 성에서 쉽게 찾아볼 수 있다. 잘못된 개념을 가진 그 책에서 발견한 오류만 수십 가지가 되는데 비전문가들이 자칭 전문가라 칭하며 활동을 하는 것을 보면 안타깝기 그지없다.

성문을 들어가며 주변을 둘러본다. 바로 옆에 위치한 센칸 야구라(櫓, 망루)가 눈에 들어온다.

센칸 망루 이름의 유래가 흥미로웠다. 성이 세워지기 전에 오다 노부나가가 오사카의 혼간지라는 절을 공격한 적이 있다. 당시 절에 설치된 망루의 공격에 노출된 병사가 "이 망루는 천관의 금의 가치와 같다."라고 중얼거린 것이 널리 퍼져 나중에 센칸(천관) 망루라 명명했다는 설화였다.

오사카 성은 우리나라 대다수 성처럼 둥글둥글하지 않고 불규칙하게 각이 져 있으며 주요 목지점마다 망루도 설치되어 있었다. 트라스 이탈리엔 양식을 떠올리게 했다.

트라스 이탈리엔과 쇼쿠호게 성곽

트라스 이탈리엔(Trace Italienne) 양식은 14세기 이후부터 서양에서 화약무기의 발달에 대응하기 위해 생긴 축성양식이다. 화약무기의 발달로 인한 군사혁명에서 무기와 더불어 중요하게 다루어지곤 한다.

중세의 성은 높았다. 마법에 빠진 공주가 잠들어 있는 성의 이미지를 생각하면 쉽다. 적이 성벽을 타고 오르는 것을 막기 위해 세운 높고 뾰족한 모습이었다.

하지만 화약무기의 발달로 높은 성은 취약점을 드러내기 시작했다. 높은 벽으로 생기는 벽 앞의 사각지대는 적의 접근을 용이하게 한다. 성벽 가까이 접근한 적은 사각지대를 활용해 바로 앞에 대포를 설치하고 성벽을 공략했다. 대포가 성벽에 균열을 내기 시작하면 높은 무게 중심과 자체 무게로 인해 성벽은 더욱 쉽게 무너졌다.

르네상스 시기를 거치며 활발한 상업을 통해 부자가 된 이탈리아 도시국가들은 고민에 빠졌다. 도시국가의 부를 노리는 주변국의 침략이 활발해진 것이다.

그러므로 도시를 지키기 위해 그들의 성은 단단해야 했다. 대포는 높은 성벽에 치명적이므로 새로운 성벽은 낮아야 했다. 반면 낮으면 벽을 타고 기어오르는 적에게 취약했다. 상반되는 요구 사항을 극복하기 위한 방법은 해자를 넓히고 사방에서 적의 접근을 막을 수 있도록 능보(돌출부)를 각이 지게 만드는 것이었다.

이 아이디어는 즉각 이탈리아 도시국가 전역으로 퍼져나갔다. 그리고 트라스 이탈리엔이라는 양식으로 발전하였다. 천재 미켈란젤로는 벽화와 조각만 다룬 것이 아니라 고향 피렌체의 요새 설계를 담당하기도 했다. 1545년 안토니오 다 상갈로와의 논쟁 중에는 "나는 그림이나 조각에 대해서는 잘 모르오. 그러나 축성술에 관해서는 많은 경험을 가지고 있으며 당신보다 더 많이 알고 있다는 것을 증명할 수 있소."라는 망언을 하기도 했다. 오늘날이었다면 이 발언을 다루는 기사의 댓글에 잘난 척한다는 악성 댓글이 수천, 수만 개는 달렸을지도 모른다.

무기 발달사에서 트라스 이탈리엔을 처음 배운 다음에 떠났던 유럽 배낭여행에서 재미있는 지적 경험을 했다. 로마 야간투어를 하며 바티칸의 산탄젤로 성을 보았다. 말로만 듣던 트라스 이탈리엔 양식이 눈앞에 떡 버티고 있었다. 그런데 가이드는 2세기 때 세워진 오래된 성이라는 것이었다.

궁금증은 낮에 방문했을 때 풀렸다. 처음 세워진 원통형 건물은 2세기 건물이지만, 앞에 있는 성벽은 16세기에 세워진 것이었다. 당연히 시기상으로 트라스 이탈리엔 양식을 가진 것이 맞는 것이었다.

유럽의 군사혁명을 다루는 학자들은 전국시대 일본의 성이 독자적으로 발달했음에도 그 비슷함을 보고 신기해한다. 전국시대에 조총의 도입으로 인해 모습이 변해 간 일본 성의 독자적인 양식은 오다 노부나가(織田信長)와 도요토미 히데요시(豊臣秀吉)의 앞 이름을 따 쇼쿠호(織豊)계 성곽이라 부른다.

오사카 성에서 볼 수 있는 것처럼 쇼쿠호계 성곽의 가장 큰 특징은 넓은 해자와 각이 진 성곽이다. 하지만 트라스 이탈리엔과 다른 점도 발견된다.

일본에는 조총만 들어왔을 뿐 대구경 화기인 대포는 활성화되지 않았다. 명나라와 조선에서는 대구경화기를 많이 사용했음에도 일본에서는 독자적인 군사문화로 활성화되지 못했다. 조총만 해도 사무라이의 전쟁방식에 어긋난다고 많은 비판을 받는 중이었는데 대구경화기까지 도입하기에는 일본의 전쟁문화가 용납하지 않았다. 대구경화기의 부재로 쇼쿠호계 성곽은 트라스 이탈리엔과는 달리 성벽의 높이가 낮아지지 않았다.

전국시대가 끝나며 재축성된 오사카 성에서 쇼쿠호계 성곽의 전형적인 모습을 찾을 수 있다. 비록 콘크리트로 덧씌워지고 천수각에 엘리베이터가 돌아가는 현대적 성임에도 불구하고 남아 있는 해자와 성벽의 모습은 당시 성의 모습을 잘 보여 주고 있다.

우리나라에서는 처음이자 마지막으로 화약무기를 염두에 둔 성이 하나 있다. 오사카 성보다 약 200년 뒤인 1796년 완공된 수원 화성이다. 실제 설계도도 남아 있고, 유네스코 세계문화유산에도 등재되는 등 한국 군사사에서는 큰 발전이었다는 것은 맞다. 하지만 세계적인 시각으로 보면 한참 늦은 발전이라는 것 역시 염두에 두어야 올바른 시각일 것이다.

성의 규모와 거석으로 보는 전국시대 일본의 국력

성 내부의 여러 시설물을 돌아보며 내성으로 향했다. 여행을 다니다 보면 건축물은 그 시대와 환경에 대해 생각보다 많은 것을 보여 준다는 것을 알 수 있다. 오사카 성 역시 그러했다.

내성으로 들어가자마자 성에서 가장 크다는 다코이시 거석이 보인다. 면적 59.43㎡에 무게 108t으로 추정되는 거석이다. 다코(문어) 이시

(돌)이란 뜻으로 자세히 보면 돌 안에 문어 머리가 보인다.

이 거석 외에도 성벽의 주축으로 사용된 거석들이 많이 보였다. 오늘날에도 옮기기 힘들어 보이는 이 거석들은 전부 오사카 성 옆을 흐르는 요도가와 강을 통해 옮겨졌다고 한다.

에도시대 오사카 성을 재건축하면서 각 가문들 사이에 막부에 대한 충성심 경쟁이 벌어졌다고 한다. 각 가문은 명예를 걸고 각지에서 큰 돌들을 옮겨 온 후 가문의 문장을 새겼다. 성을 짓고 남은 돌이 그대로 남겨져 있는 고쿠인세키(刻印石) 광장에는 가문의 문장을 새겼으나, 축성에는 미사용된 B급 돌들을 그대로 볼 수 있다.

우리는 임진왜란 전후의 일본을 왜구라 치부해 버리고 무시해 버리는 경향이 있다. 하지만 그 당시 지어진 오사카 성의 방대한 규모와 거석들을 운송하고 다루는 수 있는 기술, 재건축을 위해 10년이란 기간 동안 동원한 인원의 수만 따져 봐도 그 당시 일본의 국력이 어떠했는지 짐작할 수 있었다. 오늘날에도 남아 있는 '일본은 왜구'라는 성리학의 시각으로는 그 당시의 일본을 담기에 무리가 있다.

오사카 성은 정말 넓었다. 높은 습도와 찌는 태양은 피로를 더했다. 성의 중심인 천수각에 도착하니 탈수로 쓰러지기 일보 직전이라 바로 자판기로 향했다.

천수각 박물관

  수분을 보충하며 잠시 몸을 추스르고 천수각으로 올라갔다. 천수
각은 일본의 성에서 중심이 되는 시설물로 성 안팎을 감시하고 지휘
가 가능하도록 높게 지어진 망루다. 가장 눈에 띄므로 성을 상징하는
시설물이기도 하다. 그래서 입장료를 비싸게 받는다.

  유명한 관광지이다 보니 관광객들도 많았고, 한국어로 된 팸플릿도
있었다. 오늘날의 천수각은 여러 전쟁으로 인해 소실된 것을 재건한
것으로 콘크리트 건물에 엘리베이터까지 운행하는 현대식 시설물이
다. 총 8층으로 이루어진 건물에는 층별로 주제를 달리한 전시관이
있다.

  제일 먼저 향한 곳은 8층 전망대였다. 전망대에 올라서니 오사카
성의 전경과 성을 둘러싸고 있는 고층빌딩이 한눈에 들어왔다. 아스
팔트로 뒤덮인 오사카 중심부에서 유일하게 초록색을 담당하는 오사
카 성 공원이 아름다웠다. 성을 둘러싼 해자에는 일본의 전통방식 배
를 타고 뱃놀이를 즐기는 사람도 있었다.

실제 전투가 벌어지게 되면 천수각에 위치한 지휘관은 지금 내가 보는 광경처럼 적과 아군의 병력배치를 조감鳥瞰하며, 영어로는 bird's-eye view를 하며 지휘를 했을 것이다.

7층에는 오사카 성을 축성하고 일본을 통일한 도요토미 히데요시의 생애가 그려져 있었다. 가장 눈이 가는 장면은 역시 7년간의 전란을 종식시키는 히데요시의 사망 장면이었다.

그 아래 6층은 오사카 여름 전투를 다룬 병풍의 세계다. 전시의 근거가 된 구로다 병풍은 행주산성 전투에 참가했다 패배의 쓴맛을 보기도 했던 구로다 나가마사(黑田長政)가 의뢰하여 만든 병풍이었다.

병풍은 오사카 여름 전투를 상세하게 표현하고 있다. 병풍의 그림 속 전황이 디오라마로 전시도 되어 있었고, 곳곳에 위치한 참전무장들의 얼굴과 가문을 소개하는 전시물도 마련되어 있었다.

수십, 수백 명의 인물이 살아 움직이는 듯한 디오라마는 가장 치열했다고 알려진 사나다 유키무라(眞田幸村)와 마츠다이라 타다나오(松平忠直)의 전투를 다루고 있었다.

사나다 유키무라는 패장임에도 불구하고 일본에서 많은 인기를 가진 인물이다. 도쿠가와 편에 설 수 있었음에도 의리를 위해 도요토미 가문 편을 들고, 절망적인 상황에서도 적의 총대장 도쿠가와 이에야스의 간담을 서늘케 하는 돌격을 감행한 이야기로 유명하다.

사나다 유키무라는 2016년에 방영되는 NHK의 새로운 드라마 '사나다 마루'의 주인공으로도 선정되기도 했다. 여행의 마지막 날 도쿄역 인근에서는 방영 예정인 드라마 홍보전시를 하고 있던 것을 보기도 했다.

그 아래층에도 도요토미 시대와 도쿠가와 시대의 오사카 성 모형, 그 이후의 역사 등 다양한 전시가 이어졌다.

전국시대의 생생한 현장전시를 보고 내려온 후 기념품점에 들러 전국시대 전투 도록을 충동구매했다. 일본어로 되어 있었지만, 오사카 전투는 물론 다음날 들를 세키가하라와 나가시노 전투 등 다양한 전국시대의 전투 모습을 다루고 있는 이 책의 샘플을 본 후 차마 그냥 지나칠 수가 없었다.

광장이 아니다. 화력격멸구역

오사카 성 내부에는 영어로 square(광장)라고 이름 붙은 곳이 몇 군데 있었다. 하지만 광장이란 이름이 어울리지 않는 무시무시한 곳이었다. 특히 고쿠인세키 광장에 서서 주변을 둘러보았는데 광장이라는 명칭과는 다르게 소름이 끼쳤다. 나는 사지死地에 들어와 있었다.

군인이 아닌 일반인들은 성이나 요새 같은 방어 구조물에 대해 실전 능력보다 많은 환상을 가지곤 한다. 자주 쓰이는 말인 '마지노선'만 해도 실제와는 다른 의미를 가진다.

마지노선은 최후의 방어선이란 관용어로 쓰이지만, 실제로는 2차 세계대전 당시 독일군이 전격전을 펼치는 동안 제대로 방어전투를 해보지도 못한 채 우회를 허용한 요새에 지나지 않는다. 하지만 이와는 다르게 최후의 보루, 수단이라는 뜻의 관용구로 쓰인다. 방어 시설물이 가지는 환상을 잘 보여 주는 용어다.

성이나 요새 같은 구조물을 전문(?)용어로 하면 장애물이라 한다. 군사학에서 장애물에 대해 반드시 강조하는 것이 있다. 장애물은 그 자체로만 운용되는 것이 아니라 반드시 병력, 화력과 같이 운용되어야 한다는 것이다. 장애물 자체로는 아무것도 할 수 없다.

장애물, 병력, 화력의 삼박자가 어우러지는 곳을 유식한 말로 화력 격멸구역이라 한다. 삼국지 같은 옛날 군담 소설류에서 적 장수에게 욕을 퍼부어 도발한 후 골짜기로 유인해 미리 매복해 있던 군사들이 화살을 퍼붓는 곳을 상상해보면 그 이미지가 얼추 비슷하다.

광장이라는 곳에 들어가니 그 느낌이 들면서 간담이 서늘해졌다. 미로와 같은 구조는 전국시대를 거치며 독자적으로 발달한 일본 성의 특징이다. 일본 전국시대의 성은 혼마루(本丸)라 불리는 내성을 중심으로 니노마루(二丸), 산노마루(三丸) 등의 외성이 겹겹이 둘러싸고 있다. 그리고 그 안쪽 출입구와 이동로는 마치 미로처럼 직선이 아닌 굴곡을 주어, 들어온 적이 노출되는 시간을 최대한으로 하는 구조이다.

일본에서는 성문을 고구치(虎口)라고 한다. 호구란 용어는 호랑이의 입으로 들어오는 적군을 상징하는 것처럼 느껴졌다. 문을 통해 광장으로 들어와 사방을 둘러보니 그 의미를 알 수 있었다.

우리나라에서도 일본 성의 구조를 볼 수 있다. 임진왜란과 정유재란 당시 우리나라의 남부지방에 주둔하던 일본군들은 많은 성들을 남겼다. 왜성이라 불리는 이 방어 시설물 일부는 오늘날까지 남아 있다.

정유재란에서 왜성을 이용해 철저히 수세적으로 전투에 임한 일본군은 도요토미 히데요시가 죽은 후 소득 없이 물러나야만 했다. 방어전에서는 실전적인 왜성의 구조적 이점을 가지고 수적으로 우세한 조명연합군과 대등하게 싸웠다. 하지만 방어만으로는 전쟁에서 이길 수 없다.

우리나라의 전통적 군사전략으로 잘 알려진 것이 청야입보淸野入堡다. 들을 깨끗이 비우고 성으로 들어가 항전하면서 적의 군수물자가 떨어질 때까지 장기전을 펼치는 전략이다. 서양의 파비우스 전략*과 맥을 같이 한다.

청야입보 개념 하에 수많은 산성들이 축조되었다. 조선 초기 군사 전략가인 양성지는 조선을 '산성의 나라'라 할 정도로 성의 수가 많았다. 하지만 성 자체가 방어 수단이 될 수는 없다.

을지문덕의 살수대첩은 설화로 전해져 내려오는 것처럼 강을 막은 둑을 터뜨려서 만들어진 것이 아니다. 오늘날 중장비를 가지고도 강을 막으려면 꽤 많은 시간이 필요하다. 적의 눈을 피해 소수의 인력으로 강의 물줄기를 막았다는 것은 있을 수 없는 일이다. 게다가 계절도 유량이 적은 겨울이었다.

강둑을 터뜨려 수십만이나 되는 적을 수장했다기보다는 고구려 기병의 우수한 기동성을 활용하여 적의 보급로를 끊고, 청천강과 주변의 지형지물을 활용하여 적을 괴롭혔기 때문에 승리한 것이다. 청천강에서 평양에 이르는 2개의 종격실 통로는 흔히 사용하는 게임용어로 앞뒤로 쌈 싸먹기 좋은 곳이다.

그렇기에 6·25전쟁 당시 숙천, 순천 지역에 대규모 공수작전을 벌여 평양에서 나오는 북한군을 차단하려 했었고, 군우리 전투에서는 인디언헤드부대 미2사단이 중공군에게 포위되어 인디언 태형을 당했던 것에서 볼 수 있듯이 기동성을 살린 부대의 우회기동에 취약한 지형이다.

수나라군을 수장시켰다는 전설은 예전부터 전해져 내려오던 칠불전설에 말을 지어내기 좋아하는 조선시대 문인들이 안주성에서 청천강

---

*   Fabian strategy, 한니발을 상대하던 로마의 퀸투스 파비우스 막시무스의 전략에서 유래한 것으로 소모전을 통하여 상대방이 지치도록 하는 전략.

을 바라보며 하나둘씩 설화를 가져다 붙이며 생긴 것으로 판단된다.

무인과 군사문화에 대해 관심이 없었던 조선시대에서는 청야입보를 군사적인 이해 없이 문자 그대로, 관념적으로만 받아들였다. 무조건 성에만 들어가 있으면 난리를 피할 수 있을 줄 알고 있었다.

병자호란에서 보듯이 기동력 있는 타격대 없이 성에만 틀어박혀 있는 것은 아무 소용없었다. 성으로 틀어박히는 행동은 적에게 주도권을 내줄 뿐이었다. 훈련되어 있지도 않은 채 의기만 가지고 왕을 돕겠다며 아랫지방에서 서울로 올라오는 근왕군은 기동성을 갖춘 청군에 의해 각개격파만 당할 뿐이었다.

전원수비 전술을 가지고 질식수비만 해서는 축구경기를 이길 수 없다. 강력한 철퇴를 가진 수비축구만이 진정한 위험의 대상이다. 전쟁도 그러하다.

서양의 유명한 군사 사상가인 클라우제비츠는 이런 말을 남겼다.

"반격 없는 방어, 절대적 방어란 무의미하며, 반격은 방어의 필수 기본 요소이다. 전쟁에서 방어는 단순한 방패가 아니라 능숙한 타격과 더불어 형성된 방패이다. 신속하고 과감한 공격으로의 전환은 방어에서 가장 찬란한 순간이다."

고려의 흔적, 고려문과 고라이바시

첫 번째 목적지였던 오사카 성을 빠져나왔다. 가볍게 생각하고 배낭을 멘 채 둘러본 것은 실수였다. 생각했던 것보다 넓기도 하고 볼거리도 많았다. 첫 시작부터 기진맥진해졌다.

하지만 아직 첫날의 일정은 많이 남아 있었다. 교토의 예약한 호텔에 짐도 풀어야 하고, 남은 일정도 소화해야 했기에 빠르게 걸음을 옮겼다.

오사카 성 공원에는 선착장도 있었다. 오사카 성 주변을 한 바퀴 돌거나 다른 장소로 이동할 수 있는 배가 있었다. 타보고 싶었지만, 시간이 없어 패스했다. 오사카 성을 만든 돌들은 아마 이곳을 거쳐 성으로 이동했을 것이다.

선착장 옆에는 고려라는 이름의 기념품 가게가 있었다. 그러고 보니 오사카 성 오테(大手)문에 대해서도 고라이문 양식이라 되어 있었던 것이 기억이 났다.

고라이문(高麗門)은 임진왜란 이후 생겨난 일본의 성문 양식으로 기존의 문보다 지붕을 작게 하여 수비 측의 사각을 줄일 수 있는 형태의 문이다. 문을 구성하는 세 개의 지붕이 우리나라의 지붕을 닮았다고 해서 고라이문이라는 이름이 붙었다.

하지만 기념품점에도 고려라는 이름이 붙어 있는 것이 좀 의외였다. 우리나라 수원 화성의 기념품점에 '가마쿠라'라는 이름을 붙였다고 하면 비유가 맞을까?

고려의 이름이 들어간 이유에 대해서는 여행 후 복습을 통해 유추해 볼 수 있었다. 한 블로그에 단서가 될 만한 이야기를 발견했다. '고라이바시(高麗橋)'라는 단어는 일본 고서에서 자주 찾아볼 수 있는데, 이는 오사카 서점들이 고라이바시 근처에 모여 있었기 때문이라는 것이다.

원래 고라이바시는 오사카 성의 바깥 해자로 만들어진 히가시요코보리가와 강에 걸려 있던 다리였다. 지금의 오사카 성보다 컸던 도요토미 시대 오사카 성 바깥 해자의 다리였다고 한다.

고라이바시의 이름은 고대 한반도의 사신을 맞이하기 위해 건설된 영빈관의 이름에서 유래한다는 설과 도요토미 히데요시 때 이곳이 조선왕조와의 통상 중심지였던 데에서 비롯되었을 것이라는 두 가지 설이 있다.

조선과 연관되는 시설임에도 고라이문이라든지 고라이바시에 굳이 조선 대신 고려가 들어간 이유를 생각해 보았다. 아마 일본에 떨친 명성의 차이로 인해 고려가 들어가지 않았을까 한다.

일본에 있어 고려는 두려움의 대상이었다. 원나라의 강요 때문이라고는 하지만 1274년과 1281년, 2차례에 걸쳐 여몽 연합군은 일본을 침공했었다. 이때 침공을 막아낸 것은 강력한 태풍이었다. 일본인들은 그 태풍을 신이 주신 바람이라 칭송했다. 태평양전쟁의 자살특공대 가미카제(神風)의 유래다.

또한 여몽 연합군의 침공을 직접적으로 겪은 일본 규슈에는 민속 언어로 '무쿠리 고쿠리(몽고 고구려)'라는 단어가 남아 있다. 그곳의 어린아이가 울면 '무쿠리 고쿠리'가 온다며 겁을 준다. 임진왜란 당시 코와 귀를 잘라 가는 일본군의 모습에서 유래되어 우리나라에서도 어린아이가 울면 '에비'라고 겁을 주는 것을 떠오르게 한다.

04

귀무덤: 민간인에게 가한 전쟁 범죄

기차를 타고 교토로

오사카 성에서 빠져나온 후에도 땀에 절은 채 한참을 걸어 오사카 성공원역에 도착했다. 다음 목적지는 교토. 오사카 순환선을 타고 오사카역으로 간 뒤 환승하여 이동하는 계획이었다.

운도 따랐다. 기차는 대기시간 없이 바로바로 도착했고 스마트폰에 떠 있는 열차 출발시간은 한 치의 오차 없이 정확했다. 전광판의 출발시간만 따져 보며 수많은 기차들 사이에서 교토행을 별 어려움 없이 찾을 수 있었다. 자판기에서 음료수 하나 뽑을 틈도 없이 순식간에 교토행 기차에 올랐다.

보통, 쾌속, 신쾌속 등 수많은 기차가 오사카-교토 구간을 오갔다. 하지만 JR패스가 있기에 교통비는 고려사항이 아니었고 그냥 가장 빨리 도착하는 기차를 골라 탔다. 기차의 이름은 '슈퍼하쿠토'였는데, 무슨 뜻인지는 알 수 없었지만 '슈퍼'라는 이름이 왠지 멋있었다.

일등석 객실로 들어섰다. '슈퍼'라 그런지 의자도 3열 배열로 널찍했다. 일등석 객실 내에는 아무도 없어서 혼자 전세 낸 것처럼 의자를 뒤로 젖히고 눈을 붙였다. 25분밖에 걸리지 않는 짧은 거리였지만 오사카 성에서의 피로가 조금은 회복되었다.

일본의 고도인 교토가 주는 느낌과는 달리 교토역은 매우 현대적인 모습이었다. 예약한 숙소는 출구 길 건너에 있었다. 여행 가이드북에서 교토역은 복잡하니 길을 잃지 않도록 조심하라고 주의를 주었는데, 전혀 헤매지 않았기에 교토역을 너무 쉽게 보게 되었다. 그 결과 저녁에 크게 당하게 된다. 방심은 금물이었다.

숙소에 완전군장, 아니 배낭을 내려놓고 카메라와 추가 렌즈, 힙색만을 착용한 단독군장 차림으로 짧은 교토 탐방을 나섰다.

가이드북에서 추천한 대로 교토의 이동수단으로는 버스를 선택했다. 1일 버스 이용권이 싸게 먹힌다고 해서 버스이용권을 사러 관광안내소로 가고 있는데 마침 버스가 도착했다. 정 비싸면 그냥 걸어 다니지라는 생각으로 바로 버스를 탑승했다. 순식간에 들어찬 관광객들로 버스는 만원이었다.

두 정거장 만에 버스는 산주산겐도(三十三間堂)에 도착했다. 버스 안의 사람들은 대부분이 기요미즈데라(清水寺)로 향하는지 내리려는 움직임이 전혀 없었다. 이곳이 맞나 하면서 창밖을 두리번거리다 많은 인파를 헤치고 급하게 벨을 눌러 간신히 내릴 수 있었다.

산주산겐도는 일본에서 가장 긴 목조건물이라 알려진 관광지이다. 하지만 오늘 목표는 이곳이 아니라 인근의 귀무덤(耳塚, 미미즈카)이었다. 교토 국립박물관을 끼고 조금 걸어가니 바로 귀무덤이 보였다.

귀무덤 앞에는 미미즈카 공원이 있었다. 일본은 거부감 드는 이름을 참 아무렇지도 않게 사용한다 싶었다. 공원 앞 횡단보도에서 길을 건너는데 마침 건너편에 기모노를 입은 처자 무리가 지나갔다.

일본의 옛 수도답게 기모노 산업이 특히 발달한 교토에서는 교토 기모노 패스포트를 배부해 기모노를 입은 관광객들에게 다양한 할인 혜택을 준다. 그래서 그런지 일본인뿐만 아니라 외국인도 기모노 입고 다니는 사람들을 심심찮게 볼 수 있었다.

미군 정신교육 교재 『Know your Enemy(적을 알자)』

　스마트폰의 등장은 '스마트 혁명'이라 불릴 정도로 일상생활에 큰 변화를 가져왔다. 혁명의 시대를 살아왔던 사람들에게 스마트 혁명을 피부로 접하는 계기가 하나쯤은 있을 것이다. 나에게 귀무덤과 얽혀 있는 이야기이다.

　2009년, 강원도 최전방 GOP에서 혹한의 겨울을 보냈었다. 자주 내려올 수 없는지라 한글보다 오래 읽을 수 있는 영어로 된 군사사책을 몇 권 챙겨서 올라갔었다. 그중에 태평양전쟁을 다룬 존 다우어의 『War Without Mercy(자비 없는 전쟁)』이라는 책이 있었다.

　책 내용 중에 태평양 전쟁 당시 미군의 정신교육 영상교재로 쓰였던 'Know your Enemy-JAPAN(적을 알자-일본)' 영화 내용을 여러 페이지에 걸쳐 설명한 부분이 있다. 요즘 같으면 QR코드로 처리할 수도 있었겠지만, 책이 만들어진 1980년대에는 그렇지 않았다.

　혹시나 하고 당시 가지고 있던 스마트폰으로 영상을 검색해 보았다. 그러자 60여 년 전의 영화가 시공간을 초월해 인적조차 없는 해발 1,000m의 동부전선 산꼭대기 위에서 흘러나왔다. 스마트폰이라는 조그만 기기로 인해 세상이 변했다는 것을 체감하는 계기로 남아 아직도 기억 속에 선명하다.

　미군은 2차 세계대전에 참전하게 되면서 병력 소요가 급증했다. 이에 많은 신병들을 교육할 수 있는 효과적인 신병교육용 영상이 필요해졌다.

　당시 육군참모총장 조지 C. 마샬 장군은 색다른 정신교육 방법을 도입하기로 결정하고 할리우드 유명 감독인 프랭크 카프라에게 한 번도 시도된 적 없던 다큐멘터리 영화 제작을 요청했다. 이때 만들어진 영화가 'Why We Fight?(우리는 왜 싸워야 하는가?)'이다. 정훈 교재 냄새를 물씬 풍기는 이 영화는 큰 히트를 쳐서 총 7편이 제작되었고, 두 번의 오스카상도 받았다.

자유세계와 노예세계를 대립적으로 그려낸 이 영화는 지금의 시각에서 보아도 알차다. 히틀러, 무솔리니, 히로히토를 노예세계의 대표자로 그리며 이들을 물리쳐야 한다는 내용으로, 세 명에 북한의 김씨 3부자를 대입해도 전혀 이질감이 느껴지지 않는다.

'Why We Fight?'의 후속 작품 'Know your Enemy-JAPAN'은 1시간 영상에 일본과 일본군의 특징을 세부적으로 녹여냈다. 이 영화에서 일본인의 침략근성과 호전성을 나타내기 위한 근거로 나오는 것 중 하나가 임진왜란과 귀무덤이다.

일본의 흑백영화에서 따온 듯한 자료화면과 함께 나오는 내레이션에는 임진왜란에서 살상한 한국인과 중국인 3만여 명의 귀와 코를 가져와 귀무덤을 만들었으며, 아직도 교토에 남아 있는 귀무덤은 일본의 호전성을 뒷받침하는 근거라 주장한다.

역시 미국답다는 느낌을 받았다. 귀무덤이 나올 정도로 역사와 문화적 지식이 풍부하게 녹아들어 있다는 것에 대해 놀랐다. 오늘날 전 세계를 쥐고 흔드는 미국의 정보력과 문화적 접근 능력은 역시 하루아침에 나온 것이 아니다.

목을 세는 것은 일본만의 전공戰功문화?

귀무덤은 말 그대로 귀가 묻혀 있는 무덤이다. 코나 귀를 묻었다고 하는데 코무덤보다는 귀무덤이 더 어감이 좋아서 귀무덤이란 이름을 썼다고 한다. 전 세계에 유래를 찾아볼 수 없는 이 무덤이 왜 생겨났을까?

이번 여행에서 일본 전국시대의 군사 유적지에는 항상 전투에서 획득한 적의 수급을 썼었다는 못이 있었다. 전국시대의 일본에서는 각 지방의 영주(大名, 다이묘)들이 서로 다툼을 하며 전쟁을 벌였다. 일본식 봉건주의로 서로 연결된 일본의 무장들은 전투 중에 자신들의 전공을 스스로가 다이묘에게 알려야만 그 대가를 받을 수 있었다.

가장 높게 평가받았던 것이 적과 처음으로 맞붙은 것을 뜻하는 이치방야리(一番槍)였다. 게시판의 댓글 놀이 하듯 이치방야리 다음으로 니방야리(二番槍), 산방야리(三番槍)가 뒤를 따랐다. 공성전에서는 성에 가장 먼저 뛰어들어갔다는 이치방노리(一番乘)가 그 자리를 차지했다.

다른 전공 평가방법은 가지고 온 목의 숫자를 세는 것이었다. 목에도 등급이 있어 적 총대장의 목이 제일 중요했다. 그다음 전공은 역시 순위 싸움으로 가장 먼저 친 목인 이치방쿠비(一番首)가 차지했고 니방쿠미, 산방쿠미가 뒤를 이었다. 같은 목이라 해도 그 가치는 신분에 따라 달라졌다.

사람의 목을 베는 것은 쉽지 않은 일이다. 특히 서로가 투닥거리고 있는 교전 중에 적의 목을 단칼에 날린다는 것은 소설 속이나 액션 영화에서만 나오는 이야기일 것이다. 일본에서도 실제로는 먼저 적을 죽인 후에 시체에 다가가 짧은 칼로 목을 베는 것이 일반적이었다. 목을 벨 시간이 없었을 경우에는 귀나 코만을 가져가거나 표시만 해놓는 경우도 있었다.

전투가 시작되면 자신이 벤 목을 진지로 들고 와 행정병(?)에게 넘기면 사무를 보는 사람은 그 수급에 번호를 매겨 쿠비초(首帳) 장부에 베어 온 사람과 수급의 특징을 기록하여 등재를 했다. 이를 마친 무사는 다시 전장으로 향했다.

번호대로 정리된 수급은 전장을 따라다니던 비전투원, 그중에서도 주로 여성들이 피를 닦고 머리를 단정히 한 후 화장을 시켰다. 언젠간 자신의 남편도 목이 달아난 시체가 될 수도 있기 때문에 여성들은 적이라도 신경 써서 단장을 했다.

전투가 종료되면 참전자들은 꽃단장한 수급을 쟁반에 가지고 직접 자기 주군에게 대면하여 적 수급의 진위를 확인하는 쿠비짓켄(首実検) 의식을 거쳤다.

이처럼 적의 수급으로 포상을 결정하는 행위를 가지고 일본의 잔혹성을 말하기도 하는데 틀린 이야기다. 임진왜란 당시 우리의 기록을 한 번 살펴보자.

이순신 장군은 원균이 싸움에는 관심이 없고 공을 위해 왜군의 수급을 베는 일에만 집착한다고 보고하기도 했다. 반면 이순신 장군의 부대에서는 전공을 자랑하기 위해 적의 목을 베는 행위보다는 투사무기를 사용하여 이기는 것을 목적으로 하는 전투적인 사고를 견지했다.

『징비록』을 쓴 유성룡은 적의 목을 베어 양민은 적의 목 1급, 서얼은 목 2급, 천인은 목 3급을 가져오면 각각 과거에 합격한 것으로 인정하자고 상소한 기록도 남아 있다.

명군 역시 적의 수급을 공적 근거로 삼았다. 이순신 장군이 포악한 명나라 수군제독 진린을 어르고 달래기 위해 적의 수급을 주기도 한 기록이 남아 있는 것을 보면 알 수 있다.

『임진록』에는 이런 기록도 나온다. 1593년 초에 서울로 진격을 하며 여러 장수들이 자른 적의 머리를 모두 개성부 남문 밖에 걸어 두었는데 명군의 참모인 여응종이 이를 보고 "조선인들도 이제는 공 쪼개듯이 적의 머리를 베는구나!"라며 기뻐했다.

비판을 하려면 정확해야 한다. 적의 수급을 가지고 논공행상하는 것에 있는 것은 동아시아에서 통용되고 있었다. 문제는 일본군이 비전투 행위자에 대해서도 전투 행위자처럼 동일하게 적용했다는 것이다.

비전투 행위자의 코와 귀가 문제

코와 귀는 베어내기 쉽고 주변에 쉽게 공포감을 전파할 수 있어서 그런지 역사상 동양과 서양을 막론하고 잔혹 행위로 코와 귀를 베는 행위가 자주 행해졌다. 흥미로운 자료 중 하나는 임진왜란과 비슷한 시기에 벌어진 30년전쟁(1618~1648) 중이던 1638년, 영국에서 발행된 『독일의 비통함(The Lamentations of Germany)』이란 소책자에 나온다.

30년전쟁이 벌어진 독일 지역의 비통함을 소개하는 책인데, 주민이 손을 묶인 채 귀를 잘리는 모습과 함께 귀를 자른 사람의 모자를 귀 무더기로 장식하는 삽화가 나온다. 삽화에는 모자의 장식띠를 만들기 위해 귀와 코가 잘려나갔다는 설명이 붙어 있다.

가장 최근의 사례로는 2010년 타임지의 표지모델로 등장해 화제가 된 아프가니스탄 여인 아이샤가 떠오른다. 그녀는 탈레반 반군인 남편에게 코와 양 귀가 잘린 채 미군에 발견되었었다. 그 모습이 우리 선조의 모습이었다고 생각해 본다면….

당시 조선의 모습도 그러했다. 조선은 아무 방비 없이 일본의 침략을 받았고, 일본군의 잔혹 행위와 명나라군의 가혹 행위에 고통받아야 했다.

그리고 일본군들은 군인과 민간인을 가리지 않고 산 자의 코와 귀를 베는 행위를 서슴지 않았을 것이다.

미미즈카 공원이라 쓰여 있는 동네 놀이터 옆에, 한가로운 주택가에 있는 귀무덤은 그냥 그렇게 서 있었다. 위쪽부터 하늘, 바람, 불, 물, 땅을 나타내는 5단의 오륜 양식의 탑이 서 있는 일본식의 묘비를 가장 위에 세워 놓은 채….

이곳에 서서 다시는 이런 일이 없어야 한다는 다짐을 한 번 새겨 보았다.

05
도요쿠니 신사: 도요토미 히데요시의 흔적

오사카 성의 호코쿠(豊國) 신사

귀무덤의 원흉인 도요토미 히데요시는 귀무덤 바로 길 건너편에 모셔져 있다. 비호감 인물임에도 답사를 하다 보니 그를 모신 신사를 하루에 두 번이나 방문하게 되었다.

첫 번째는 오사카 성 내의 호코쿠 신사였고, 지금 눈앞에 있는 교토의 도요쿠니 신사가 두 번째였다. 발음은 다르지만, 한문 표기는 동일하게 豊國(풍국)을 사용했다.

유명 관광지 안에 있다 보니 오사카 성 내의 호코쿠 신사는 사람들이 많았다. 대부분의 사람들이 만화책 같은 데서 보았던 모습 그대로 기도도 하고, 박수도 치는 등 신사에서의 예를 표하고 있었다. 신사 앞에는 도요토미 히데요시의 기일인 8월 18일에 그의 직책명이었던 다이코(太閤)의 이름을 딴 다이코제를 지냈다는 깃발도 걸려 있었다.

도요토미 히데요시는 우리에게는 임진왜란의 원흉으로만 알려졌다. 그러나 일본에서는 오다 노부나가, 도쿠가와 이에야스와 함께 전국시대 3대 영웅의 대열에 올라있는 중요한 역사적 인물이다.

그는 집안이 중시되던 전국시대에 보잘것없는 가문에서 태어났음에도 일본 최고의 자리에 오른 입지전적인 인물이다. 일본에서는 인생역전의 표본으로 '전국시대 최고의 출세가도를 달린 인물'이라 불린다.

또한 그의 어린 아들인 도요토미 히데요리가 오사카 전투에서 패배하면서 가문이 완전히 끊겼기에 동정의 여론도 있다. 물론 우리나라에서는 임진왜란의 전범으로 해당되지 않는 이야기다.

도요토미 가문을 물리치고 정권을 잡은 도쿠가와의 에도막부는 당연하게도 도요토미 히데요시를 저평가했다. 반면 적의 적은 아군이라는 논리처럼 200여 년 후 에도막부와 치열한 전쟁 끝에 메이지 정부가 세워지자 히데요시의 주가는 급상승했다.

오사카 성의 호코쿠 신사는 이러한 분위기 하에 메이지 텐노의 명으로 1868년, 교토 도요쿠니 신사의 별사로 세워졌다. 그리고 오늘날까지 히데요시처럼 출세하기를 원하는 일본인들의 사랑을 받고 있다.

교토의 도요쿠니(豊國) 신사

　교토의 도요쿠니 신사는 도요토미 히데요시가 죽은 지 1년 뒤인 1599년에 만들어졌다. 히데요시는 사후 고요제이 텐노로부터 호코쿠 다이묘진(豊国大明神)이라는 이름을 받고 신으로 모셔지게 되었다. 그를 모시는 신사는 히데요시가 묻힌 산기슭이었던 교토의 현 위치에 창건되었다. 하지만 1615년, 도요토미 가문이 멸문하고 도쿠가와 가문이 에도막부를 건설하자 그는 신의 자리에서 내려와야 했다.

　도요쿠니 신사의 재건도 호코쿠 신사와 동일하게 1868년에 메이지 텐노의 명으로 시행되었다. 막부 정권에 맞서 한창 정권 투쟁 중이던 메이지 정부의 입맛에 맞는 인물이 바로 도요토미 히데요시였다. 일본을 통일했으면서도 도요토미 막부를 열지 않은 점을 들어 히데요시를 임금을 받들 줄 아는 공신으로 치켜세운 것이다.

이곳 신사에 일본의 국보가 하나 있다. 가라문(唐門)이라 불리는 중국양식의 문이다. 후시미 성에 있던 문을 옮겨온 것이라 한다. 후시미라는 이름은 막부파와 반막부파로 나뉘어 싸운 일본의 내전인 보신전쟁을 떠올리게 한다.

신사가 재건된 1868년은 무진戊辰년으로 보신戊辰전쟁이 벌어진 해이다. 보신전쟁은 교토 인근의 도바·후시미 전투로 시작되었다. 1년 동안 벌어진 전쟁은 메이지 정부의 승리로 끝났다. 도요쿠니 신사는 덴노의 명에 의거하여 히데요시뿐만 아니라 도바·후시미 전투 전사자도 같이 합사하게 된다.

인기 만화 '바람의 검심-메이지 검객 낭만기'에 나오는 주인공인 발도재는 도바·후시미 전투를 끝으로 살생하지 않는 히무라 켄신으로 변화하여 불살의 여행을 떠나는 것으로 설정되어 있기도 하여 익숙한 전투이기도 했다.

도요쿠니 신사와 호코쿠 신사. 같은 이름, 다른 발음의 이 두 신사는 정치적 필요성에 의해 역사적 인물이 잊히기도, 다시 영웅으로 등장하기도 한다는 것을 잘 보여 준다.

자신의 공동체에서 영웅을 만들어 내고 자랑스럽게 여기고자 하는 욕구는 자연스러운 것이며, 공동체에서도 좋은 일이다. 하지만 사실을 왜곡하면서까지 지나치게 행하는 것은 오히려 공동체를 위험하게 만든다. 다음 목적지는 그 오시범 사례였다.

06
육탄삼용사의 묘
: 대중이 만든 일본 군국주의 상징

앙기아리 전투 포스터

　일본을 여행하면서 생각보다 큰 나라라는 것을 여러 차례 느꼈다. 국토의 넓이도 우리나라보다 훨씬 컸고, 인구도 두 배 정도 많아 시장이 커서 그런지 각종 문화행사도 활발히 진행되는 듯했다. 군사 유적만으로도 벅차서 직접 들러볼 시간은 없었지만, 구미를 당기는 전시 포스터들이 많았다.

　도요쿠니 신사에서 육탄삼용사의 묘로 가는 길에서도 재미난 포스터가 하나 붙어 있었다. 레오나르도 다빈치라는 전설의 인물과 관련된 수많은 에피소드 중 하나인 앙기아리 전투 그림의 이야기를 다루고 있는 전시회 포스터였다.

르네상스 시기 잘나가는 도시국가였던 피렌체는 밀라노 공국을 제압한 1494년의 전투의 승리를 기념하기 위한 그림을 원했다. 이에 피렌체의 시뇨리아 궁전(현 베키오 궁전)을 무대로 다빈치와 미켈란젤로라는 두 천재의 경연이 펼쳐졌다. 장르는 전쟁화였다.

다빈치가 그림 작업을 시작한 이듬해, 도시에 몰아친 강한 폭풍우로 그림이 훼손되었다. 이에 실망했는지 다빈치는 그리던 '앙기아리 전투' 그림을 미완성으로 남기고 피렌체를 떠났다.

어떤 연유인지는 모르나 다빈치뿐만 아니라 젊은 미켈란젤로의 '카시나 전투' 역시 미완성으로 남겨졌다.

이 두 그림은 결국 1560년대 조르지오 바사리의 새로운 벽화로 덮였다고 전해진다. 지금 두 거장의 그림을 찾을 수 없지만, 새로운 벽화로 덧칠되기 이전에 두 거장의 미완성 그림을 모사하고 스케치한 작품이 전해지는 데 이것만 보아도 미완성 그림들이 대작이었음을 알 수 있다고 한다.

'앙기아리 전투' 부분을 모사한 폴 루벤스의 작품은 모사품임에도 루브르 박물관에 걸려 있는 특급 작품이다. 포스터의 배경그림으로 그려져 있는 작가 미상의 '타볼라 도리아' 그림도 유명하다.

2012년에 과학자들은 바사리의 벽화인 '마르시아노 전투'에 작은 구멍을 뚫어 최신장비를 통해 뒷벽을 살펴보았다. 그곳에는 다빈치의 '앙기아리 전투' 벽화로 추정되는 벽화가 있었다. 이에 이탈리아에서는 직접 까보자는 사람들과 바사리의 벽화도 보존해야 한다는 반대파로 나누어져 호사가들의 입방아에 올랐던 것이 기억이 났다.

군사사를 공부하는 입장에서 다른 나라와 비교해 우리나라 군사사의 아쉬운 점 중 하나는 전쟁화 분야이다. 다른 나라는 전쟁화를 통해 텍스트만으로는 확인할 수 없는 많은 것들을 확인할 수 있다. 반면 우리나라에는 극소수이다.

아니, 아쉬운 것은 그렇다 처도 오늘날 그려지는 전쟁기록화들의 고증만이라도 올바르게 되었으면 하는 마음이다. 국난 극복사를 중심으로 한 민족 기록화들은 전쟁화라기 보다는 상상화에 가깝다.

밝은 관광지와 음침한 묘지의 갈림길

기요미즈데라(淸水寺)는 교토에서 가장 유명한 관광지다. 교토 시내가 한눈에 내려다보이는 곳에 자리 잡고 있는 기요미즈데라는 사랑,

건강, 학업을 뜻하는 세 개의 물줄기 중 하나를 선택해서 마시는 곳으로 유명한 곳이다. 물론 거짓말이다. 10년 전에 사랑 물줄기를 마셔 봤는데… 자세한 설명은 생략한다.

교토 최고의 관광지를 670m 앞둔 곳에 조그마한 갈림길이 하나 있다. 내 목적지는 수많은 관광객으로 북적이는 기요미즈데라가 아니라 갈림길의 반대편에 있는 묘지였다.

갈림길을 지나 조금 올라가면 공동묘지인 니시오타니(西大谷)가 있다. 대로변에서 조금만 들어왔을 뿐인데도 왠지 모를 음침한 기운이 가득하다.

15년 전쟁의 전사자 묘비가 보이기 시작했다. 일본에서는 1931년의 만주사변부터 1945년 2차 세계대전이 끝날 때까지의 15년 기간을 한데 묶어 15년 전쟁이라고 말한다.

묘지를 찾는 것이 어려울 줄 알았는데 생각보다 쉽게 찾을 수 있었다. 계획수립단계부터 육탄삼용사의 묘 위치를 찾기가 쉽진 않았다. 일본어로 된 인터넷 홈페이지에서 대충 주변 지형지물만 비슷하게 찍고 찾아온 것인데 바로 찾을 수 있었다. 지난 10여 년간 봐왔던 수많은 지도들이 헛되지는 않았구나 하는 생각이 들었다.

전사자들의 묘비를 살펴보았다. 가장 위에 별이 그려져 있고, 그 아래는 고故, 다음은 육군 또는 해군, 병과 및 계급, 이름순으로 묘비명이 쓰여 있다. 이러한 양식은 전국 공통인지 다음 날 세키가하라 전장에서 발견한 묘지에도 동일한 양식의 묘비가 있었다.

무의식적으로 치를 떨게 되는 제국일본군의 묘지라 그런지 더욱 음침하고 섬뜩한 모습이었다. 묘지에 앉은 까마귀는 화룡점정이었다.

육탄삼용사의 탄생

육탄삼용사의 묘는 길가 바로 옆에 위치해 있었다. 당대를 호령한 슈퍼스타라 그런지 아직도 잘 관리되고 있는 느낌이었다. 자주 사용하고 있는 것처럼 꽃과 향초가 앞에 놓여 있었다. 뒤쪽에는 비를 닦기 위해 물을 뿌릴 때 사용하는 것처럼 보이는 파란 바가지까지 갖추어져 있었다.

육탄삼용사(또는 폭탄삼용사)의 신화는 일본신문의 한 기사에서 시작되었다. 1932년 2월 24일, 일본 〈아사히 신문〉은 중국 상하이 특파원발로 육탄삼용사에 대한 기사를 내보냈다.

1932년 2월 22일, 일본육군 공병의 에시타 다케지(江下武二), 사쿠에 이노스케(作江伊之助), 기타가와 유주루(北川丞) 세 병사의 이야기이다. 이 세 명이 중국군 차이팅카이(蔡廷鍇) 장군의 제19로군 진지 철조망을 돌파하기 위해 폭탄을 안고 몸을 던져 파괴했다는 기사다.

전진하는 일본군이 철조망으로 보강된 적의 진지 앞에서 돈좌되었다. 이에 육탄삼용사는 "우리 공병대의 공병 세 명은 철조망을 파괴하고 적진의 일각을 무너뜨리기 위해 폭사하여 황군을 위해 보은하도록 스스로 지원하겠다."라는 말로 특공을 요청했다. 이를 들은 공병대장은 눈물을 머금고 "그렇다면 나라를 위해 죽어다오."라고 허락했고, 이들은 제국 만세를 외치며 파괴통을 들고 철조망을 향해 뛰어들어 돌파구를 형성했고 일본군이 승리할 수 있었다.

"이 세 공병의 귀신도 울게 만들 폭사는 왕년의 러일전쟁 시 여순 폐색선 결사대 이상의 비장함 극치로써, 만에 하나 있을 수 있는 생환을 기대하지 않고 모두가 죽기로 했다."라 평하며 이를 들은 전우들은 '제국은 아직 끝나지 않았다.'라고 느꼈다 하는 감성 충만한 기사였다.

일본 내의 반응은 가히 폭발적이었다. 신문에 보도된 지 1주일 만에 육탄삼용사를 주인공으로 한 4편의 영화가 개봉하였다. 그 다음 달에는 8편의 영화가 추가되었다.

여러 신문에서는 삼용사의 노래를 모집했고, 약 한 달 뒤인 3월 29일, 라디오에서는 육탄삼용사의 노래가 일제히 방송되었다.

그러나 이 보도는 사실이 아니었다. 현장을 뛰지 않고 취재도 없이 선정적인 기사만을 내며 오보를 일삼는, 그래서 기자답지 않은 기자를 가리키는 속칭 '기레기'의 작품이었다. 진실은 75년 만에 다시 아사히 신문을 탔다. 2007년 7월 13일 자 아사히 신문은 '황국 영웅 조작 보도에 반성'이라는 기사로 육탄삼용사의 보도를 사과했다.

일본군이 아직은 2차 세계대전 당시의 막장 군대는 아니었던지라 육탄삼용사 이야기와 관련하여 문제가 될 만한 소지를 확인하는 조사를 시작했다. 당시 육군축성부의 육군공병인 오노 히토마로 중령은 문제의식을 가지고 삼용사가 전사하는 과정을 상세히 조사했다.

조사결과 육탄삼용사가 전사하는 시점에서 점화된 파괴통을 들고 달려간 병사는 이들뿐만이 아니었다. 바로 옆에 한 그룹이 더 있었지만, 이들은 임무를 수행하고 무사히 귀환했다. 육탄삼용사는 임무를 수행하는 도중에 총격을 받고 쓰러졌기 때문에 파괴통의 사거리를 벗어나지 못하고 폭사했다는 사실이었다. 일반적인 작전을 수행하는 가운데서 전사자가 나온 것뿐이었다.

"출정한 군대는 모두 결사대다. 그런데도 우리 제국군대가 위험한 임무를 수행할 때 일일이 지원병을 모집해야 한다면, 이에 응하는 사람이 없다면, 군의 파괴는 멀지 않았다는 말이 아닌가?"라는 문제의식을 가진 오노 중령의 정확한 조사였다.

일본육군은 정확한 조사를 실시하고 결과를 솔직하게 공표했다. 그러나 이미 탄력을 받은 여론을 바꿀 수는 없었다.

언론은 한술 더 떠서 작전에 참가한 36용사를 기리자는 주장, 이 작전에서 전사한 7명과 공병대에서 나온 전사자 1명을 추가해 8용사로 하자라는 주장을 펼치기도 했다.

육탄삼용사의 신화화 과정을 살펴보면 군에서 의도적으로 만들어낸 것이 아니라 일본 사회에서 만들어낸 것을 알 수 있다. 적대감에 대한 올바른 이해를 위해서는 클라우제비츠의 삼위일체 이론을 살펴볼 필요가 있다.

클라우제비츠와 전쟁론

　생도 시절 전공교재로 사용했던 『전쟁론』 책을 오랜만에 펼쳐보니 책의 속표지에 동기가 써준 'OTL 금지'라는 글자가 눈에 들어온다. 『전쟁론』은 어렵다. 그러나 참 좋은 책이다.

　'전쟁은 다른 수단에 의한 정치의 연속이다.'라는 명제로만 알려진 책이지만, 차근차근 공부해 보면 탁견의 연속이다. 마크 트웨인은 이렇게 말했다. "고전은 누구나 읽어야 한다고 말하면서 아무도 읽지 않은 책이다."

　탁월한 군사이론가 클라우제비츠는 나폴레옹전쟁을 통해 길러졌다. 프로이센의 군인 집안에서 태어난 뒤 12세부터 군인의 길로 들어섰다. 프로이센 군인으로 나폴레옹의 프랑스군과 맞서 싸우다 포로생활을 하기도 하였으며, 나폴레옹의 흑역사이며 톨스토이의 『전쟁과 평화』의 배경이 된 보로디노 전투에서는 러시아군 대령으로 참전해 제3기병군단의 참모장 임무를 수행하며 프랑스군을 꺾는데 기여하기도 했다.

　하지만 클라우제비츠는 군사적 천재의 첫 번째를 나폴레옹으로 꼽고 그를 통해 군사적 천재의 개념을 연구하였다.

　나폴레옹의 재능에 날개를 달아준 것은 프랑스 혁명 후 열광하는 프랑스 대중들이었다. 국민 총동원령(Levée en masse)을 통해 징병한 프랑스 군대와 나폴레옹의 조합은 전 유럽을 지배했다.

　열광에 가득 찬 프랑스군 병사들은 앙시앵레짐(구체제)의 군대처럼 도망가지 못하게 통제해야 할 필요가 없었다. 탈주를 막기 위한 밀집 대형만 선택할 수 있는 구체제의 적들과 달리 시민군으로 구성된 프랑스군은 산개대형과 전초(skirmisher)를 자유자재로 활용할 수 있는 군사적 이점을 가지고 있었다.

클라우제비츠는 정치적 혁명 없이도 어떻게 나폴레옹의 프랑스군처럼 전쟁을 할 수 있을 것인가를 고민했다. 뜨거운 정치적 열정을 가진 사람처럼 맹렬하지만, 정치적으로는 순수하여 요즘 말하는 '문민통제'의 개념처럼 군대를 안전하게 보유할 수 있을 것인가에 대한 고민이었다.

해결책은 군인의 의무에 대한 헌신, 즉 군인정신을 정치적 신조로까지 고양하고 더 이상 깊은 정치적 숙고를 하지 않는 것이다. 이 결과물이 바로 그의 저서 『전쟁론』이다.

시대적 상황은 다르지만, 수령의 군대, 노동당의 군대인 적과 대처하는 국민의 군대인 대한민국 국군에서도 의미를 가질 수 있는 개념이다.

일본군의 폭력성은 일본 국민의 담당

클라우제비츠는 전쟁을 카멜레온으로 비유하였다. 카멜레온처럼 상황에 맞춰 그 모습을 바꾼다는 이야기다. 카멜레온처럼 복잡하고 미묘한 전쟁을 이해하고 분석하기 위해서는 일정한 틀이 필요했다.

클라우제비츠의 유명한 삼위일체 이론이다.

그는 전쟁의 구성요소를 세 가지로 정의하였다.

① 인간이 가지는 원초적 폭력성에 기반한 증오와 적개심.

② 창조적 정신에 기반한 우연성과 개연성.

③ 전쟁을 합리적, 이성적으로 이끌고 정책의 일부인 도구로 제한
하는 정치 종속성.

국민은 ①번, 군대는 ②번, 정부는 ③에 해당하는 특성을 가진 각
각의 행위자로서 상호작용한다. 현실의 전쟁은 이러한 상호작용에 기
반한다는 것이 그의 삼위일체 이론이다.

이 이론에 따르면 전쟁의 구성요소 중 하나는 적대감정과 적대의도
에서 발현된 원초적 폭력성이다. 국민이 담당하는 폭력성은 맹목적인
본능과 같은 것이며, 전쟁은 폭력성을 발휘하는 것이다. 그래서 클라
우제비츠는 이렇게 이야기했다.

"전쟁에서 타올라야 할 열정은 국민들 속에 내재되어 있다."

간단한 이야기이다. 상무정신尚武精神이다. 상무정신이 뛰어나면 그
국가는 적에 대한 적대감을 가지고 치열한 전쟁을 치르고서라도 독립
을 유지할 것이다. 반면 상무정신이 약한 국가라면 참혹한 결과를 가
져왔다는 것은 학교의 수업시간에도 듣는 이야기이다.

만주사변 당시의 일본 사회는 군국주의로 넘어가는 시기였다. 중국
과의 전쟁에 대한 필요성은 이미 사회적 합의가 되어 있었다. 일본 국
민들은 중국에 대해 적대감정과 적대의도를 가지고 있었다.

그런 상황에서 일본 사회는 전통대로 적과 싸워 이긴 영광의 무용
담을 가진 인물보다는 슬픈 눈물을 통해 일본인의 뛰어난 자질을 확

인할 수 있는 일본식 전쟁영웅을 필요로 했다. 육탄삼용사의 허구적
신화는 군이 아닌 일본의 국민과 언론, 즉 일본 사회가 만들어 낸 것
이다.

클라우제비츠의 이론에 따르면 이런 국민들의 적대감을 이성적인
정책의 도구로 사용하는 대상은 정부다. 군국주의의 일본 정부는 일
본 국민의 적대감을 가지고 자신들의 정책 목표인 팔굉일우*를 이루
고자 했다. 그리고 망했지만….

삼위일체 이론에 따르면 각 주체들은 단독 행위자가 아니다. 전쟁
은 세 행위자의 상호 작용 하에 이루어진다. 하지만 종전 후 일본은
세 행위자 중 군대에만 책임을 물어 일부 전범들에게 모든 책임을 뒤
집어씌우고자 했다. 그들이 행한 짓에 비하면 너무나도 파렴치한 행위
였다.

하지만 힘의 논리에 지배되는 국제사회에서 공산주의가 득세하자
자유진영에 해당하는 일본의 중요성은 높아져 갔다. 6·25전쟁이 벌어
진 상황에서 자유진영의 필요성에 의해 전후 뒤처리를 제대로 하지 못
한 채 현대의 일본이란 국가가 만들어졌다. 그래서 오늘날까지 일본
과 피침략국과의 갈등은 남아 있고 그 충돌은 현재 진행형인 것이다.

육탄삼용사의 묘를 보고 내려오는 길에는 성묘에 필요한 도구를 갖
춰 놓은 가게도 있었다. 빗방울이 하나둘씩 내리며 어두워지는 날씨
와 전사한 일본 군인들이 다수인 공동묘지의 음침한 조합은 멋진 컬
래버레이션이었다.

---

* 八紘一宇, 덴노을 위해 전 세계(八紘)를 하나의 집(一宇)으로 만든다는 뜻으로 대동아 공
  영권을 위한 논리로 사용되었다.

끝날 때까진 끝난 게 아니다

확실히 일본의 습도는 우리나라보다 한 수 위였다. 높은 온도와 습도, 오락가락하는 빗줄기는 여행에 적응되지 않은 몸을 더 힘들게 했다.

다음 목적지는 교토의 옛 거리 모습을 간직하고 있는 기온(祇園)거리였다. 하지만 기온거리에 군사적 목표가 있는 것도 아니고, 내일 스케줄을 위해 그만 걷기로 판단해서 숙소로 복귀하기로 했다.

올 때는 버스였지만, 갈 때는 전철을 택했다. 앞이 뚫려 있어 운전하는 사람이 보이는 것이 흥미로웠다.

교토역이 매우 복잡하다는 소리는 여행 가이드북에서 여러 차례 보았다. 하지만 처음에 바로 숙소를 찾아갔다는 경험으로 인해 너무 방심했다. 별생각 없이 내린 교토역은 어느 순간 호그와트 마법학교로 변하여 출구를 바꾸는 마법을 부리고 있었다.

괜히 교토삼굴이란 사자성어가 나온 것이 아니라는 싱거운 생각을 하며 서로 다른 출구를 나왔다, 들어갔다 하기를 수차례! 결국 스마트폰을 꺼내 들고 한참을 헤매고 난 후에야 겨우 숙소로 향하는 출구로 나올 수 있었다.

왜 축구에서는 전·후반 추가시간에 골이 많이 나오는지, 전투 간에 목표를 점령한 후 적의 반돌격이 왜 위험한지를 교토역에서 직접 체험할 수 있었다.

01

세키가하라: 전국시대의 일본을 걷다

계획의 중요성

아침 일찍 맞춰 둔 알람에 눈을 떴다. 뜨거운 물로 샤워를 하며 오늘 일정을 한 번 위게임 해본다. 여행하며 다시 한 번 계획의 중요성을 느낀다.

"전쟁에 임해서는 무엇을 할 것인가보다 어떻게 할 것인가가 중요하다."고 프러시아의 몰트케는 말했다. 잘 만들어진 계획은 무엇을 할 것인가를 알려 준다. 계획이 잘 짜여져 있다면 실시간에는 어떻게 할 것인지만 고민하면 된다. 전쟁이나 여행이나 계획대로 흘러가진 않지만, 계획 없이도 흘러가진 않는다.

오늘 일정은 이번 여행 중에서 가장 복잡했다. 나와 같은 코스로 여행한 사람은 전혀 찾아볼 수 없었다. 자료가 없기 때문에 일일이 일본어 홈페이지에 번역기를 돌려가며 시간과 거리를 계산해가며 세부계획을 수립해야 했다.

대도시가 아닌 시골동네다 보니 기차도 직행이 없고 여러 번 갈아타야 했다. 최적의 경로를 수립하고자 일본철도(JR) 홈페이지에서 시간표까지 받아가며 시간 계획을 작성해 나갔다.

계획 수립간에는 워게임을 통해 계획 실현 가능 여부를 확인하는 절차 또한 중요하다. 위성지도에서 도보 및 자전거 코스를 돌아보며 워게임을 끝낸 상태였다. 택시를 부를 전화번호나 필요한 일본어 문구, 택시 기사에게 보여 줄 단어까지 미리 작성해 놓았다

샤워 중에 다시 한 번 돌려 본 워게임 결과는 문제없음이었다. 오랫동안 심사숙고한 계획을 믿고 자신감 있게 하루를 시작했다.

세키가하라 찾아가기

7시 32분발 신칸센을 타기 위해 숙소를 나섰다. 평일이라 역으로 향하는 사람들의 몸짓이 분주해 보였다. 어제저녁에 교토역에서 한 방 먹은 지라 겸손한 자세로 내가 탈 기차의 플랫폼을 찾았다. 다행히 비싼 기차라 그런지 어느 곳을 가든지 신칸센 플랫폼 안내가 붙어 있었다.

작전 계획에 치중한지라 작전지속지원 계획은 미흡했다. 일본식 현지 조달(?)로 가자는 판단을 가지고, 아침부터 속을 든든하게 채우고자 도시락 가게로 향했다.

모든 도시락이 생각보다 비쌌다. 어느 것이 맛있는지를 모르니 겉만 보고 판단할 수밖에 없었다. 가장 아침식사 다운 히레카츠 샌드 도시락을 하나 샀다.

그리고 아침에 필요한 건 커피! 커피를 찾기 위해 한참 돌아다녔다. 우리나라보다 테이크아웃 커피점을 찾기가 힘들었다. 일본은 테이크아웃보다는 앉아서 마시는 것이 주력인 듯했다. 또 에스프레소 음료가 주인 우리나라에 비해 드립커피가 메인 메뉴였다.

고토란 카페에 들어가 동전을 주섬주섬 꺼내 값을 치르고 커피를 한 모금 마서 보았다. 감탄고토, 감탄이 나오는 고토 카페였다. 드립커피를 먹으면 개드립 실력이 향상된다.

역 안의 서점을 잠깐 둘러보는 데 한 잡지가 눈에 들어왔다. 주변의 살색 잡지도 많았지만, 그건 중요하지 않았다. 만화 그림의 한 소녀에 시선 집중!

처음에는 만화 'H2'의 히로인인 히카리인 줄 알았는데, 학교이름이 달랐다. 메이세로 적혀 있는 걸 보니 '터치'의 여주인공 미나미였다. 아다치 미츠루라는 같은 만화가의 여주인공이라 둘이 비슷비슷하게 생겼다.

중2 때 한 여학우가 학교에 'H2' 만화책을 가져온 이후 반 전체가 'H2'에 빠졌던 적이 있다. 그리고 곧바로 '터치'로 넘어갔던 기억이 났다. 델리스파이스의 노래 '고백'을 흥얼거려본다. 학창시절의 풋풋함을 떠올리게 하는 이 노래는 'H2'를 배경으로 만들어진 노래다. 학창시절 생각에 잠깐 미소를 지었다.

그런데 눈앞에 놓여 있는 여주인공은 '주간 아사히'에서 나온 고교

야구 100주년 기념호의 표지모델이었다. 어제의 마지막을 장식한 육
탄삼용사 기사를 오보한 '아사히 신문'. 어제의 마무리와 오늘의 시작
이 미묘하게 연결되는 듯했다.

오늘의 답사 수단은 도보라 비가 와서는 안 되는 날이다. 하지만 아
침부터 먹구름이 가득하다. 불안불안하더니 플랫폼에 들어서자마자
비가 쏟아지기 시작한다.

다른 기차를 몇 대 보내고 나서 내가 탈 기차가 플랫폼으로 들어온
다. 아까 착각한 여주인공 '히카리'와 같은 '히카리 508호'다.

일본 신칸센은 3종류로 나뉜다. 노조미(희망), 히카리(빛), 고다마(메아
리). 노조미가 가장 빠르지만 JR패스 사용자는 이용할 수 없다. 오늘
가는 곳은 주요 역이 아니라 노조미는 정차하지 않는 역이기 때문에
노조미에 대한 아쉬움은 없었다.

히카리도 빨랐다. 환승역인 마이바라까지 19분밖에 걸리지 않았다.
앉자마자 도시락을 열고, 먹고, 정리하니 마이바라역이었다.

마이바라역에 도착한 후 마음이 급해졌다. 12분 만에 코인로커에
배낭을 넣고 오가키행 열차로 갈아타야 했다. 하지만 일본 철도 홈페
이지에서 받아놓은 역내 지도 아이템이 있었기에 코인로커의 위치는
금방 찾을 수 있었다.

코인로커는 400엔이었다. 급한 마음에 먼저 돈을 넣고 생각 없이
열쇠를 뽑았는데 문이 열리질 않는다. 그제서야 차근차근 설명을 읽
어 보고 가방을 넣었다. 그리고 다시 돈을 넣고 열쇠를 뽑았다. 그러
면 끝! 순식간에 바보가 되어 아까운 내 돈 400엔을 날려 버렸다.

신칸센이 정차하는 역이지만 마이바라역은 크진 않았다. 시간은 넉

넉했고, 도카이도 본선 열차는 구글느님*의 예언대로 정확히 8시 3분에 도착했다.

여유 있게 기차에 올라타니 시즈오카 관광 홍보를 위해 나온 도쿠가와 이에야스의 광고판이 날 반겨 준다. 거구로 소문난 이에야스치곤 슬림한 모델 선택이다.

도카이도 본선 열차는 우리나라의 지하철과 크게 다른 점은 없었다. 아침 시간이라 서서 가기는 했지만 복잡하진 않았다. 시골의 느낌이 물씬 풍겼다. 마이바라역에서 세키가하라역까지는 정확히 20분이 소요되었다.

다행히 비는 그쳐 있었다. 플랫폼에서부터 전국시대의 냄새가 물씬 풍긴다. 2007년에 노르망디 상륙작전의 현장을 보기 위해 바이외역에 내렸을 때와 같은 느낌이었다. 잘 찾아온 것이다.

* -느님: 경탄 및 존경의 뉘앙스를 담아 붙이는 존칭으로 인터넷 신조어.

세키가하라 전투

정유재란이 진행 중이던 1598년, 도요토미 히데요시가 갑작스레 사망했다. 후계자로 선정한 그의 아들 도요토미 히데요리는 겨우 5살이기에 권력은 분산되었다. 히데요시에 의해 잠시 통일된 것처럼 보였던 일본은 다시 세력다툼의 소용돌이에 빠져들었다.

이시다 미쓰나리(石田三成)가 이끄는 문신파와 가토 기요마사(加藤淸正) 등의 무신파가 대립하여 세력 다툼을 벌이기 시작했다. 도쿠가와 이에야스는 때를 기다리며 중립을 지키고 있었다. 새가 울지 않으면 울 때까지 기다린다는 그의 성격에 걸맞은 행동이었다.

무신파가 문신파를 힘으로 몰아내려 하자 다급해진 미쓰나리는 이에야스에게 도움을 요청했다. 하지만 그는 이에야스에게 밀려 오히려 지방으로 쫓겨나게 되었다. 이에 이시다 미쓰나리는 복수를 결심했다. 이에야스 반대세력을 결집해 한 판 도박을 벌인다.

교토와 도쿄를 잇는 길인 나카센도(中山道)가 지나가는 역참마을이며, 간토(關東)와 간사이(關西)를 나누는 기준이 되는 세키가하라(關ヶ原)에 전운이 감돌았다. 일본의 수많은 다이묘들이 이에야스의 동군과 미쓰나리의 서군으로 나뉘어 세키가하라에 모였다. 동군은 약 8만, 서군은 10만으로 병력 수만 보자면 서군의 우위였다. 서군은 미리 도착하여 유리한 지형까지 선점하고 있었다.

그러나 뚜껑을 열자 전투의 양상은 다르게 흘러갔다. 세키가하라의 평원에서는 전형적인 일본식 전투가 벌어지고 있었다. 양측의 힘이 정면으로 격돌하여 힘의 우위에 의해 승패를 결정하는 전투가 아닌 누가 더 기묘하고 영활한 전략전술을 사용해 적에게 전장의 참화와 수치를 안겨 주는가를 따지는 전투였다.

최초 전황은 서군이 유리한 듯 보였지만, 싸움을 관망하고 있던 서군의 일부 다이묘들이 오히려 동군의 편에 서기 시작했다. 동군으로 돌아선 이들에게 배후를 찔린 서군은 무너지기 시작했고, 일본의 운명을 좌우하는 대전투는 반나절 만에 싱겁게 마무리되었다.

승자인 도쿠가와 이에야스는 1603년 에도(지금의 도쿄)에 막부를 세우고 에도막부의 막을 열었다. 그리고 1615년 오사카전투에서 도요토미 가문의 잔존 병력에게 막타를 치고 레벨업했다. 그리하여 1868년까지 이어지는 에도막부의 시작을 열게 된다.

세수할 때는 깨끗이, 이쪽저쪽 목 닦는 히가시쿠비즈카

답사의 시작점으로 삼으려 했던 세키가하라 역사민속자료관이 아직 문을 열지 않아 먼저 그 주변을 둘러보기로 했다. 세키가하라역에서 조금 걸어가면 히가시쿠비즈카(東首塚)와 마츠다이라 다다요시(松平忠吉), 이이 나오마사(井伊直政)의 진터가 함께 나온다.

히가시쿠비즈카는 말 그대로 동쪽의 머리 무덤이다. 세키가하라 전투가 끝난 후에도 다른 전투처럼 적의 목을 가지고 논공행상을 하는 쿠비짓켄 의식을 실시했다. 이후 적의 목을 한 데 모아 만든 무덤이다. 그 옆에는 목을 씻었던 우물가도 그대로 남아 있었다. 어제의 귀무덤를 떠올리게 했다.

그 옆에 위치한 진터의 주인공은 장인과 사위사이다. 마츠다이라 다다요시는 도쿠가와 이에야스의 넷째 아들이며, 이이 나오마사는 이에야스의 신뢰받는 부하이자 다다요시의 장인이었다.

세키가하라 전투에서 동군의 선봉은 후쿠시마 마사노리(福島正則)로 정해져 있었다. 다다요시는 자신의 첫 출전임에도 아버지가 선봉을 세우지 않은 것에 불만을 가지고 있었다. 이에 장인과 사위는 의기투합하여 몰래 나아가 선봉을 서기로 마음먹었다.

짙은 안개 속에서 다다요시와 나오마사의 부대는 서군을 향해 슬금슬금 전진했다. 이들을 발견하고 저지하러 나오는 마사노리에게 나오마사는 첫 출전인 다다요시를 위한 정찰이라고 이유를 둘러대며 통과했다. 그리고 우키다 히데이에(宇喜多秀家)의 부대를 공격하며 세키가하라 전투의 막이 올랐다.

선봉을 '이치방야리'라 칭하며 공을 돌리는 일본의 논공행상시스템으로 인해 군에서 전혀 이해할 수 없는 명령 불복종이 일어났다. 시스템이 조직의 행동을 결정한다. 그리고 그 시스템은 문화가 결정한다.

제국일본시기에도 일본의 문화는 변하지 않았다. 중간 지휘관의 임의판단에 의한 명령 불복종이라는 그들만의 전투 방식은 만주사변과 중일전쟁의 시작, 태평양전쟁에서도 그대로 나타났다.

선봉의 공을 세우긴 했지만 다다요시와 나오마사 둘 다 이 전투에서 부상을 입었다. 그리고 둘 다 후유증으로 몇 년 지나지 않아 세상을 떠난다.

350년의 시간, 도쿠가와 최후 진지과 호국영원

장인과 사위의 진터 가까운 곳에는 도쿠가와 최후 본진 터가 남아 있다. 최고 지휘관의 유적지답게 잘 가꾸어져 있었다. 주변에는 마을 놀이터도 있었다.

최초 전투 시작 시 도쿠가와 이에야스는 뒤쪽의 모모쿠바리(桃配)산에 지휘소를 설치하고 지휘했다. 그러나 서군의 다이묘들이 배신하고 전황이 급박하게 돌아가자 적의 총대장인 이시다 미쓰나리의 진터와 멀리 떨어지지 않은 이곳에 최후 진지를 설치하였다. 일종의 전술지 휘소인 셈이다.

전투가 끝난 뒤 획득한 적의 머리를 바로 옆 히가시쿠비즈카에서 닦은 후에 적의 수급을 점검하고 전공을 따지는 쿠비짓켄 의식도 이곳에서 실시했다고 한다.

세키가하라의 옛 전장을 돌다 보면 주요 장소마다 커다란 비석이 세워져 있어 이곳이 무슨 장소인지 알려 주고 있었다. 이 돌들은 전부 1906년에 세워졌다고 한다.

짐작이 갔다. 1905년 러일전쟁이 끝난 뒤 일본 사회는 메이지유신 20년 만에 서구열강인 러시아에 승리했다는 자신감에 가득 찬 사회였을 것이다. 그리고 굉장히 호전적인 사회였을 것이다. 이런 분위기에서 300년 전에 벌어졌던 세키가하라 전장은 기념할 만한 장소였을 것이고 이런 기념물을 설치했을 것이다.

이런 점을 보면 기존의 생각과는 달리 일본민족이 의외로 사이어인*(?) 같은 전투종족이라는 생각이 들었다. 그렇지만 섬나라의 특성상 그들만의 리그에서 투닥거리는 독자적 군사문화였고, 자신들만의 독자적인 군사문화는 결국 세계를 상대한 전쟁에서 그 잔인성과 취약성을 여지없이 드러내지 않았을까 하는 생각이 들었다.

진터 옆에는 묘지가 하나 있었다. 호국영원護國靈苑이라는 비석이 세워져 있고 뒤편에는 육군대장 혼조 시게루(本庄繁)가 썼다는 글이 적혀져 있었다.

---

*   인기 만화 '드래곤볼'에 나오는 전투종족.

관동군의 자작극으로 시작된 1931년의 만주사변은 태평양전쟁까지 이어지는 15년 전쟁의 헬게이트를 여는 사건이었다. 혼조 시게루는 만주사변 당시 관동군 사령관이었다. 만주사변을 일으킨 책임을 지고 전후 전범으로 몰려 재판을 받을 위기에 처하자 재판 대신 할복자살로 생을 마감한 인물이다.

넓지 않은 묘지지만 군인묘지라 그런지 어제의 육탄삼용사 묘지와는 다르게 통일된 모습이다. 비석 몇 개를 읽어 보니 묘지에 누워 있는 전사자들의 전사시기가 메이지 시대부터 쇼와시대까지 섞여 있었다. 러일전쟁 전사자와 15년 전쟁의 전사자가 함께 누워 있는 것을 보니 이 지역 출신들의 공동묘지가 아닐까 하는 생각이 들었다.

세키가하라 역사민속자료관

왠지 날씨가 심상치 않다. 조금씩 내리는 비는 앞으로 닥칠 운명을 예고하는 듯했다. 일단 비를 피해 서둘러 역사민속자료관으로 들어갔다. 자료관 1층에는 세키가하라 전투가, 2층에는 교통의 요지로서의 세키가하라에 대한 내용이 잘 전시되어 있었다.

평일 아침이고 날씨가 좋지 않은데도 관광객들이 꽤 있었다. 커플도 보이고 가족끼리 같이 온 관광객도 있고, 나처럼 혼자 온 사람도 있다. 하지만 외국인은 없고 전부 일본인인 듯했다.

전시 내용 중에 가장 인상 깊었던 것은 전투 직후부터 현대까지 계속해서 시대의 발전에 맞게 변주되어 온 세키가하라 전투상황도였다. 비슷한 시기의 우리나라 전투에는 관련된 상황도가 없기에 당시 전투 양상을 떠올리기 위해서는 모든 군사지식과 상상력을 총동원해 유추해야만 한다. 그런 점에서 이런 자료들이 부러웠다.

이 정도 연구 수준이라면 비슷한 시기, 설화만이 지배하고 있는 우리나라 군사사 담론과는 다른 수준의 연구가 진행되었을 것이다. 비슷한 시기 행주산성만 예로 들어 보아도 민가 한 채 들어설 곳 없는 토성 내부에서 부녀자를 동원하고 행주치마로 돌을 날랐다는 말도 안 되는 설화가 존재한다. 세키가하라 전투처럼 그 당시의 정확한 자료들이 존재한다면 이런 설화 따위는 끼어들 공간이 없을 것이다.

그 밖에도 많은 내용들이 알차게 구성되어 있었다. 도쿄와 교토를 잇는 나가센도가 지나가는 세키가하라는 역참이 설치되어 있던 교통의 요지였다. 그렇기에 1600년의 전투뿐만 아니라 672년에도 '진신의 난'이라 불리는 내란의 무대이기도 했다. 제국일본 시기에는 나고야 육군병기보급창의 분창인 세키가하라분창이 위치하기도 했다.

전시관 내용도 중요했지만, 이곳을 들른 가장 중요한 이유는 자전거 대여였다. 넓은 전장을 신속히 돌아보고 다음 일정에 맞게 기차를 타기 위해서 기동력은 필수 요소였다. 때문에 자전거는 최우선적으로 획득해야 할 목표물이었다. 그렇기에 자료관의 문을 여는 시간에 맞추어 방문했다.

마침 비도 그쳐서 거리낌 없이 자전거를 대여했다. 돈을 주고 자전거 키를 받으며 가야 할 곳을 몇 군데 필담으로 물어보니 담당직원이 지도 위에 형광펜으로 친절하게 표시해 주었다.

그런데 자전거를 타고 출발하자마자 다시 비가 내리기 시작한다. 우천 시를 대비해 준비해 온 물품들이 빛을 발할 때였다. 누가 군인 아니랄까 봐 허리에는 고무링으로 일회용 우의를 휴대했고 PX에서 구매한 군장덮개도 가방에 들어 있었다.

자전거 앞 바구니에는 휴대물품을 넣은 후 군장덮개로 감싸고, 우의를 착용했다. 카메라에는 레인커버까지 씌워 만반의 준비를 갖추고 세키가하라 전장으로 출진하였다.

결전지와 이시다미쓰나리 진터(feat. 물에 빠진 생쥐)

　바구니가 달려 있는 겉모습을 보고 조금은 무시했는데, 브릿지○○
이란 브랜드에 3단 기어와 잠금장치까지 내장되어 있는 좋은 자전거
였다. 페달을 밟으니 잘 나갔다.

　하지만 비가 더욱 심해지는 가운데 자전거를 타고 있자니 몸이 흠
뻑 젖기 시작했다. 일회용 우의라서 그런지 페달을 밟는데 다리 부분
이 걸리적거렸다. 판초우의 생각이 절실했다.

　자료관에서 멀지 않은 곳에 세키가하라 전투의 결전지 비석이 보였
다. 전투가 진행되면서 서군의 다이묘들이 차례로 배신하고 동군 쪽
으로 돌아서자 동군은 승기를 잡았다고 판단했다. 이에 가용병력을
모아 서군의 총대장인 이시다 미쓰나리의 본진으로 집중공격을 시작
했다.

　근처의 나지막한 고지에 위치한 미쓰나리의 군대와 동군의 군대가
최후 결전을 벌인 곳이 바로 이곳이다. 가까운 곳에 미쓰나리의 본진
이 위치한 사사오(笹尾)산이 보였다.

비가와도 자전거의 기동성은 뛰어났다. 동남아시아의 정글에서 활동한 제국일본의 은륜부대가 떠올랐다. 하지만 갑자기 차가 나타나 물을 튕기며 사사오 산 아래 주차장으로 앞질러 가 버렸다. 나를 앞지른 차 안에서 한 사람이 우산을 쓰고 내린 뒤 산을 올라가는 것이 보였다. 왠지 모를 서러움이 느껴졌다.

일본군은 석유가 없어 자전거부대를 운용했을 뿐, 자전거부대보다는 기계화부대가 더 마음에 든다. 열심히 페달을 밟던 나는 머지않아 비에 흠뻑 젖었고, 전투력은 급속히 저하되어 갔다. 이 찝찝함….

사사오 산 앞에는 주차장이 마련되어 있었다. 산 위에는 전장 분위기를 살리기 위한 이시다 가문의 깃발과 마방책 장애물이 둘러쳐져 있다. 장애물 가운데는 정상까지 올라갈 수 있는 길이 있었다.

오랜만에 우의를 입고 고지를 오르니 일주일 내내 비가 내리던 유격훈련장에서의 도피 및 탈출 훈련 느낌이 났다. 거친 숨을 몰아쉬며 한달음에 정상까지 올라갔다.

서군의 지휘소가 위치했던 곳답게 전망대에 서니 한눈에 전장이 내려다보였다. 전망대 옆에는 양 군의 포진이 그려져 있어 이해를 도왔다.

전투 당시의 부대배치를 보면 동군은 사방이 포위되어 있었다. 반면 더 우세한 병력을 가진 서군은 상대적으로 높은 지형에서 동군을 감싸고 있었으며 퇴로까지 막아놓은 상태였다. 메이지 시대에 서양의 군사학을 전수하러 온 군사전문가인 독일의 메켈소령은 부대배치만 보고 서군이 이길 수밖에 없는 모습이다라고 한 일화도 전해져 내려온다.

양 군의 모습을 놓고 따져 보면 손자병법의 아홉 가지 지형 중에서 위지圍地 정도에 해당하는 것 같다. 위지즉모圍地則謀라 하여 위지에서는 꾀를 사용해야 한다고 손자는 말했다. 이에야스 역시 사전에 서군 다이묘들의 배신을 염두한 듯 불리한 지형으로 병력을 이끌고 들어왔다. 그리고 불리한 전황 속에서도 고바야카와 히데아키(小早川秀秋)와 와키자카 야스하루(脇坂安治)에게 배신을 종용하여 서군에서 동군으로 갈아타게 하는 등 적의 취약점인 심리적 연결고리를 공략하여 승리를 거둔다.

높지 않은 고지였지만, 한 번 올라갔다 내려오니 우의 속은 땀으로 흠뻑 젖었다. 이제는 땀이 비인지, 비가 땀인지 모르는 비땀일체 모드다. 고어텍스가 괜히 실용적인 것이 아니다.

결국 물에 빠진 생쥐가 되어 버렸다. 정신줄도 같이 놓아 버릴 뻔했는데 카메라는 비싸니 카메라까지 놓아 버리면 안 되겠다는 생각이 들어 카메라의 레인커버를 힘껏 움켜쥐고 다시 자전거에 올랐다.

전국시대 속으로, 세키가하라 워 랜드

다음 행선지는 세키가하라 워 랜드였다. 세키가하라 전투의 모습을 실제 사람 크기의 모형으로 전시해 놓았다는 설명을 보고 이곳도 계획에 포함을 시켰다. 조금 멀긴 했지만, 자전거가 있었다.

비는 시야를 가렸다. 잘 보이지도 않는 초행길에 한 손에는 카메라를 젖지 않게 파지하고 한 손으로만 자전거를 몰고 있으니 불안감이 엄습했다. 소로 길을 나와 트럭들이 다니는 큰 길가를 달릴 때는 공포도 느껴졌다. 큰 트럭이 굉음과 함께 지나갈 때마다 일본의 시골에서 객사하는 거 아닌가 하는 생각도 들었다.

워 랜드를 알리는 입간판이 보였다. 전국시대의 이미지를 강조하기 위해 길의 초입에는 여러 다이묘의 깃발이 나부끼고 있었다.

입구에 도착했는데 출입구의 문이 반쯤 닫혀 있다. 혹시 쉬는 날이 아닌가 하고 긴장했는데, 다행히 문을 열 준비를 하는 모습이 보였다. 내가 첫 손님인지 입장료를 내고 들어가자 알아들을 수 없는 일본어 방송을 틀어 주었다.

부지가 꽤 넓었다. 전장의 실제 지형을 100분의 1 크기로 축소시켜 놓은 약 3만㎡의 부지에 200여 명에 달하는 사람 크기의 콘크리트 조형물이 전국시대의 모습을 그대로 재현하고 있었다.

워 랜드는 1964년에 개관한 후 오늘날까지 이어져 내려오고 있는 곳으로 연간 이용객이 십만 명 정도 된다고 하니 나름 잘나가는 사설 자료관이었다. 사람과 말의 모양을 한 콘크리트 조형물은 이곳에서 직접 수리하는지 수리도구가 가득 쌓여 있는 작업장도 마련되어 있었다.

워 랜드에는 오늘 내가 돌고 있는 코스 그대로 전시물이 배치되어 있었다. 답사를 처음 시작한 동군진지로부터 도쿠가와 이에야스의 본진, 결전지, 서군 진지 순으로 돌아보도록 코스가 되어 있었다.

마침 날씨도 전투가 벌어지던 날처럼 비가 오고 안개가 낀 날씨였다. 조총도 쏘고, 칼도 휘두르며 말을 타고 달리는 전국시대 무사들을 보고 있으니 어느새 치열한 전국시대의 전투 현장에 들어와 있는 듯했다.

군용덮개 호로의 유래

콘크리트 등신대 중에 등에 거북이처럼 신기한 것을 메고 다니는
인원들이 있다. 거북이 등껍질 같기도 하고, 가방 같기도 한 이 물건
은 호로(母依)라는 설명이 붙어 있다. 코와붕가를 외치려나 싶었다.

비 오는데 육공트럭 호로 좀 씌우자, 호로 씌우고 적재칸에 병력탑
승 금지 등등 군 경험자라면 한 번쯤 들어봤을 단어 '호로'. 평소에도
일본어 같다는 심증은 있었지만, 물증은 없었다.

호로(ほろ, 幌)는 비, 바람, 햇빛 등을 막기 위해 차량에 다는 덮개라
는 뜻이다. 호로의 어원은 '호로(ほろ, 母衣)'에서 나왔다. 착용하고 있는
거북이 등껍질 같은 것이 호로였다.

호로는 헤이안 시대*부터 기마무사들이 착용하던 것이며, 화살을 막기 위해 갑옷의 뒤에 길게 늘어뜨리던 천으로 처음에는 망토처럼 생겼었다. 이후 모습이 바뀌어 앞에서 보는 것처럼 대나무 바구니를 넣은 모양을 갖추게 되었다.

일본의 사무라이 하면 칼을 든 무사로만 생각을 하지만, 무로마치 시대**까지의 사무라이는 말을 타고 활을 쏘는 기마무사였다. 주무기가 활이었기 때문에 화살을 방어하기 위한 호로가 나온 셈이다.

"무사도란 죽는 것이다."라는 섬뜩한 말이 등장하는 『하가쿠레』라는 무사도 해설서에 호로와 관련된 재미난 장면이 나온다.

임진왜란 때 조선에서 있었던 일이었다. 어느 날 나베시마 나오시게 (鍋島直茂)가 높은 곳에서 자기 병력들을 보고 있었다. 군기가 빠진 채 화살을 막는 호로를 모두 벗어 버리고 휴식을 취하는 것을 본 나오시게는 매우 화를 냈다.

"진중에는 무구를 벗는 것은 있을 수 없는 일이다. 누가 가서 호로를 맨 처음 벗은 자의 이름을 물어보고 오라. 죄를 물어야겠다."라고 하자 모두들 안절부절하고 있었다. 이때 오야마 헤이고자에몬이라는 자가 "20명의 호로를 입은 무사들이 서로 눈짓을 하여 모두 동시에 호로를 벗었다."라고 답했다.

이를 전해 들은 나베시마는 "미운 놈들이구나, 그렇게 말한 자는

---

* 헤이안 시대(平安時代, 794~1185년)는 794년 간무 덴노가 헤이안쿄(平安京)로 천도한 것으로부터, 가마쿠라 막부의 설립까지의 약 390년간을 지칭하는 일본 역사의 시대 구분 중 하나이다.
** 무로마치 시대(室町時代)는 무로마치 막부가 일본을 통치하던 시기로, 아시카가 다카우지 (足利尊氏)가 막부를 세운 1336년부터 1573년까지를 가리킨다.

아마도 헤이고자에몬일 것이다."라고 말하며 불문에 붙였다.

『하가쿠레』에서는 모름지기 무사는 이래야 한다고 말하고 있다. 고지식하게 말하여 범인이 밝혀졌으면 어쩔 수 없이 그를 처벌하게 될 것이며, 이는 부하 사랑이 남달랐던 나오시게가 바라던 바가 아니었다. 그렇다고 서로 자기가 아니라고 발뺌하는 모습도 상상하기 싫은 볼썽사나운 풍경이었을 것이다. 헤이고자에몬은 재치 있는 대답으로 주군의 마음을 읽었다는 것이라는 일화이다.

호로는 방어구의 이름에서 나온 일본말이었다. 어원대로라면 60트럭의 호로가 총알을 막아 줄 것을 기대할 수 있을지도 모르는 일이다. 그러나 조만간 국군의 차량에서 호로 대신 강철판이 그 역할을 대신 해주었으면 한다.

볼거리는 많았지만, 가용시간은 많지 않았기 때문에 외부 전시물과 내부 전시물을 간단하게 둘러본 뒤에 다음 목적지로 자전거를 몰았다.

시마즈 요시히로와 신숭겸

다행히 비가 그치더니 해가 나오기 시작했다. 이제 남은 것은 서군의 진지들이었다. 처음으로 나타난 진지는 시마즈 요시히로(島津義弘)의 진터였다.

시마즈 요시히로를 한마디로 표현하면 매우 나쁜 놈이다. 그는 규슈 지역 다이묘로 임진왜란에 참전하여 칠천량 해전에서 원균과 수많은 조선 수군을 수장시켰다. 2차 진주성 전투에도 참전하여 진주성을 합락하는 공을 세웠다. 사천 전투에서는 수적 열세에도 불구하고 명군의 공격을 성공적으로 방어하기도 했다.

나쁜 짓의 화룡점정은 노량해전. 우리나라를 떠나 일본으로 퇴가하는 고니시 유키나가를 보호하기 위해 시마즈 군대는 해전에 참전했다. 마지막 한 명의 적까지 섬멸하려던 이순신 장군은 시마즈 군의 총탄에 맞아 전사하게 된다. 수많은 일본군이 전사한 가운데서 요시히로는 목숨을 부지하여 간신히 도망칠 수 있었다.

도망가는 데 일가견이 있는 자라 이곳 세키가하라에서도 도망으로 명성을 떨쳤다. 전투가 막바지에 이르고 서군의 패색이 짙어지던 오후, 자신이 정치적으로 줄을 잘못 섰다는 실수를 비관하여 요시히로는 자결하고자 했다. 그러나 조카인 시마즈 토요히사가 만류했고, 그는 자결 대신 자신의 병력 1,000여 명을 데리고 적진돌파를 감행하기로 결심했다.

부하에게 자신의 갑옷을 입힌 후, '스테가마리(捨て奸)전법*'을 사용하여 적진돌파를 시도하였다. 이순신 장군을 상대로 발휘했던 지휘관 저격은 이곳에서도 효과를 발휘하여 동군의 이이 나오마사와 마츠다이라 다다요시에게 부상을 입혔다.

자신의 갑옷을 입은 부하도 전사하고, 조카인 토요히사도 전사하는 등 격전을 치루었고, 결국 요시히로는 적진돌파를 성공했다. 그와 함께 고향인 규슈까지 살아 돌아온 인원은 오직 80여 명.

---

*   간교하게 버린다는 뜻으로, 소수의 병력이 적과 대항하여 시간을 끄는 사이 다수병력이 적과의 접촉을 차단하는 전술.

시마즈 요시히로의 일화에서 문득 고려의 신숭겸 장군이 생각났다. 그는 927년 대구의 팔공산 일대에서 벌어진 공산전투에서 후백제의 견훤에게 포위된 고려 태조를 위해 갑옷을 바꿔 입고, 대신 전사한 인물이다. 후백제군이 전사한 그의 수급을 베어 갔기 때문에 목 없는 시신을 발견한 왕건이 슬퍼하며 금으로 그의 머리를 만들어 장사를 지냈다는 이야기도 전해져 내려온다.

경기도 연천에는 숭의전이라는 곳이 있다. 사적 제223호로 조선시대에 전 왕조인 고려왕조의 제사를 지내던 사당이다. 고려의 태조, 현종, 문종, 원종 4명의 왕과 16명 공신이 모셔져 있다.

연천에서 근무할 때 한 번 가본 적이 있다. 위패를 보니 익숙한 이름들이 많아 16명 전부를 한 번 확인해 보았었다. 확실히 고려는 조선 같지 않아 문관보다 무관의 수가 많았다.

무관 8명(복지겸, 홍유, 신숭겸, 유금필, 배현경, 김취려, 안우, 이방실), 문관(김부식, 정몽주), 문관이면서 무관 같은 인물 6명(강감찬, 윤관, 서희, 김방경, 조충, 김득배)으로 무관이 압도적이었다. 이는 문만을 숭상하던 조선과 고려의 차이가 아닐까 생각된다.

조선시대에 충무공 이순신 장군을 제외하고 이 정도의 네임밸류를 가진 무관이 누가 있을까? 실제로 권율 장군처럼 고위 지휘관 중 대다수는 문관이었으며, 조금이라도 명성을 얻었다 싶은 무관들은 대개 정치적 논란에 휩싸여 좋지 않은 결말을 맞이했다.

일본에서 시마즈 요시히로의 갑옷 바꿔 입은 이야기는 유명하지만, 우리나라에서 신숭겸의 갑옷 바꿔 입은 이야기는 그렇지 않다. 우리나라의 군담들은 무덕을 강조하기 위한 것이 아니라 정치사를 설명하기 위한 장치로서 전설이나 신화로만 존재하는 것이 아닌가 싶다. 군담과 설화를 넘어 실질적으로 도움이 되는 군사사로 발전하기까지 아직 갈 길이 멀다.

임진왜란의 원수들을 만나다

세키가하라 전투의 서군에는 익숙한 이름들이 많다. 총대장인 이시다 미쓰나리부터 임진왜란 참전자다. 그는 지휘관이라기보다는 행정형의 인물로 임진왜란 당시 일본군의 작전지속지원을 담당했다. 그러면서 행주산성에서 패배의 쓴맛을 보기도 했다.

이번 목적지인 고니시 유키나가(小西行長)의 진터였다. 소서행장으로도 잘 알려진 고니시 유키나가는 임진왜란에서 말이 필요 없는 중요 인물 중 한 명이다. 임진왜란의 선봉을 맡아 1592년 부산진에 처음으로 상륙한 것으로 알려져 우리에게는 임진왜란 전범의 상징과 같은 인물이다.

　고니시 유키나가의 진터 바로 앞에는 세키가하라 전투 개전지가 있다. 동군의 마쓰다이라 다다요시와 이이 나오마사의 소부대가 이치방야리의 공을 위해 명령을 어기고 우키다 히데이에의 부대를 공격한 곳이다.

　개전지를 알리는 큼직한 비석과 달리 고니시 유키나가의 진지를 알리는 비석은 초라한 모습이다. 그가 일본에서 푸대접을 받는다는 것을 여기서 다시 한 번 실감할 수 있었다. 그는 상인 출신으로 전통적인 사무라이와는 다른 계급 출신이었으며, 에도시대 이후 금단으로 치부된 가톨릭교도로서 역사 속에서 잊혀져 간 인물이다. 특히 세키가하라에서 패배한 후 가톨릭교도로서 자살을 택할 수 없다 하며 명예를 지키는 수단인 할복을 거부한 것은 오늘날까지 두고두고 일본인들에게 미움을 받는 계기가 되었다.

오늘날에도 일본의 어느 지역에 고니시의 동상을 세웠다가 테러 위협 때문에 하루 만에 슬레이트로 가려 버리는 일이 있었을 정도로, 그에 대한 일본인의 평가는 비우호적이다.

멀지 않은 곳에 우키다 히데이에의 진지도 있다. 우키다는 행주산성 전투에서 총통에 맞아 중상을 입은 것으로 유명하다. 부상을 입자 부하가 그를 들쳐 업고 도망쳐서 목숨을 건졌다.

그의 진터를 가기 위해서는 자전거에서 내려 숲 속으로 걸어 들어가야 했기 때문에 입구에서 깃발 사진만 찍고 돌아섰다.

적의 적은 아군이라 하기도 한다. 실제로 도쿠가와 이에야스는 조선과 재수교를 맺을 때 자신들은 도요토미 히데요시 정권과는 다른 정권임을 내세웠다. 이 논리를 토대로 전쟁 종료 후 채 10년도 되지 않은 1607년에 조선과 일본은 국교를 회복했다.

하지만 1716년, 에도막부의 실권자 아라이 하쿠세이는 그의 책에서 '재조지은*'을 주장한다. 도쿠가와 가문이 도요토미 가문을 멸망시켜 조선의 원수를 갚아 주고 재침략 위험에서 구해 주는 '재조지은'이 있는데, 이를 인정하지 않으니 괘씸하다는 것이다.

하지만 도쿠가와 가문이 중심이 된 동군에도 임진왜란 원수들이 있었으니 이는 억지 논리다. 고니시와 사사건건 대립하던 가토 기요마사(加藤清正)도 동군이었고, 구로다 나가마사(黑田長政), 애꾸눈 다테 마사무네(伊達政宗) 역시 임진왜란 참전 다이묘이면서 동군이었다.

조선은 정말 동네북이었다. 명나라도 임진왜란의 '재조지은' 갚아라,

---

* 再造之恩, 거의 망하게 된 나라를 구해 준 은혜.

청나라도 병자호란 시에 너희 나라 망하지 않게 살살했으니 '재조지은' 갚아라, 심지어 일본까지 '재조지은'을 말하고 있었다. 그런데 우리는 남인, 북인, 노론, 소론도 모자라 서로 벽파니 시파니 하면서 싸우고 있었다. 이런 시파時派….

아직 못 돌아본 곳은 많지만, 다음의 일정을 위해 세키가하라는 접기로 한다. 그래도 핵심은 다 본 셈이다.

비도 그쳤고 한 손 운전에도 자신감이 붙었다. 카빈총을 든 기마병처럼 안장 위에서 셔터를 난사하며 반납 장소로 향했다. 그러다가 초등학생들 앞에서 넘어질 뻔한 건 안 자랑….

정치적 목적을 위한 제한전쟁

자전거를 반납하고 다시 세키가하라역으로 향했다. 가용시간 범위 내에서 잘 돌아본 보너스로 다음 환승역인 마이바라역에서 대기시간이 좀 주어질 것 같다.

자판기에서 뽑은 물로 목을 축이며 세키가하라 관광지도 앞에서 당시 전황을 되새겨 보았다. 생각하면 할수록 전형적인 일본식 전투였다.

세키가하라 전투는 동군과 서군의 일대일 결투가 아니었다. 다이묘라는 여러 플레이어가 가자의 정세에 맞는 정치적 판단과 군사적 선택을 통해 벌어진 전투였다. 돈을 가지고 튀거나 이름표를 제거하는 주말 예능프로그램에서 흔히 볼 수 있는 배신과 암투가 난무하는 그런 전투였다.

그들에게 전투의 의미는 적을 섬멸하는 것이 아니었다. 기묘하고 영활한 전술을 통해 단기간에 최대한 성과를 낸 후 적의 심리적 동요를 가져와 정치적 목적을 달성하는 것이다.

모든 다이묘들은 덴노의 편이었다. 그들은 서로 다른 입장에서 덴노를 옳지 않은 길로 이끄는 악당을 처벌하기 위해 자신들의 무력을 사용한다고 주장했다. 다이묘들의 목적은 덴노를 위한다는 명분과 자신의 세력을 키우는 실익 두 사이에서 교묘하게 외줄을 타는 것이었다. 일본 특유의 내전형식은 에도막부에 대항해 메이지 정부를 수립하는 300여 년 후에도 변하지 않았다.

심지어 대내전쟁이 아닌 대외전쟁인 청일전쟁과 러일전쟁 역시 그러했다. 두 전쟁은 적과 비슷하거나 적은 군사력을 가지고 한 도박으로 블러핑을 통해 적과의 정치적 합의를 이끌어내는 것이 목적인 전쟁이었다.

국사 시간에 조선의 국권침탈과정으로 외우는 시모노세키 조약*과 포츠머스 조약**은 제한전쟁이라는 도박으로 이끌어낸 포상금이었다.

일본은 청·일전쟁과 러·일전쟁의 성공에 대해 지나친 자신감을 가졌다. 자신의 능력을 제대로 파악하지 못하고 일으킨 태평양전쟁 역시 단기섬멸전략을 통해 정치적 강화를 목표로 벌인 전쟁이다.

하지만 삼세번이라 했던가. 타짜 미국이란 거대한 나라를 빙다리 핫바지***로 보았던 아귀 같은 일본의 도박은 함마에 손모가지가 날아가는 정도가 아니라 아시아 전체를 전쟁의 참화 속에 날려 버린다.

기묘하고 영활한 방법을 통해 정치적 의지를 적절히 구사함으로써 군사적으로 훨씬 더 강한 상대를 격퇴한다는 일본의 제한전쟁 수행 방식은 일부 사람들이 4세대 전쟁이라 칭하는 전쟁과 비슷하다.

4세대 전쟁은 존재하는가?

4세대 전쟁은 1980년대 후반에 처음 등장한 전쟁이론이다. 2000년대 들어 최근에 아프간 전쟁과 이라크 전쟁으로 인해 다시 주목을 받기 시작했다.

1980년대 4세대 전쟁을 주장한 이들은 막연한 생각과 어림짐작으

---

* 1895년 3월 20일부터 야마구치 현 시모노세키 시에서 열린 청일전쟁의 강화회의로 체결된 조약.
** 1905년 9월 5일, 미국 뉴햄프셔 주 포츠머스에서 맺은 러일 전쟁의 강화 조약.
*** 영화 '타짜'의 명대사. 무식하고 어리석은 사람을 낮잡아 이르는 말.

로 미래전의 테러 위협을 실제보다 과장한 새로운 이론을 내놓았다. 그들의 이론은 잠깐 흥미를 끌다 잠잠해진 후 2000년대 9·11테러 이후에 이론의 미흡한 점을 보강하여 다시 등장하기 시작했다.

정치적 의지를 적절히 구사함으로써 경제·군사적으로 훨씬 더 강한 상대를 격퇴한다는 4세대 전쟁은 사실 오래전부터 있어 왔던 전쟁의 한 형태이다.

4세대 전쟁이라 칭하는 비정규전이야말로 정규전보다 더 오래된 역사를 가지고 있다. 도시로부터 촌락이 만들어진 것이 아니라 촌락으로부터 도시가 형성되듯 정규전에서 비정규전이 만들어진 것이 아니라 비정규전으로부터 정규전이 만들어진 것이다.

가장 오래된 4세대 전쟁의 기록을 찾자면 트로이 전쟁에서의 트로이 목마를 들 수 있다. 동로마제국 마우리키우스, 중국의 손자, 인도 카우틸랴 등 고대의 유명한 병법가들은 우리가 비재래식이라 말하는 전쟁에 대한 방법을 다루고 있는 이들이다.

4세대 전쟁이라는 것은 특히 동아시아에서는 오래전부터 친숙한 전쟁방식이다. 우리가 손쉽게 접하는 소설 삼국지나 다른 전쟁 이야기를 떠올려 보면 대부분이 비정규전이면서 상대방의 정치적인 붕괴를 위한 행위를 다루고 있다. 실제 정사에도 어느 군이 얼마만큼의 피해를 입었는가를 중점으로 기록된 것이 아니라 어떤 정치적 결과를 가져왔느냐는 것으로만 역사에 기록되곤 했다.

서양에서도 크게 다르지 않다. 오늘날 세계 최강이라 불리는 미군은 영국 정규군과 싸우던 비정규군인 시민 민병대로부터 이어지는 역사를 지니고 있다.

빨치산(파르티잔)이나 게릴라 같은 용어는 19세기 초 나폴레옹의 스페인반도전쟁에서 등장하기 시작했다. 프러시아에서는 미국의 독립전쟁과 나폴레옹전쟁을 보고 이에 대한 연구를 진행하여 수많은 성과를 가져왔다. 클라우제비츠는 1810년부터 2년간 베를린 전쟁대학에서 나폴레옹전쟁의 스페인 전역을 참고하여 대게릴라전 요령과 빨치산전쟁 수행 요령을 교육하기도 했다.

19세기 제국주의 시기에도 서구국가들은 식민지국들을 상대로 끊임없이 4세대 전쟁을 치러 왔다. 1차 세계대전에서의 아라비아의 로렌스나, 2차 세계대전의 친디트들도 넓은 범주에서 비정규전의 전문가들이다.

이견을 가진 학자들은 4세대 전쟁이론이 역사에 대한 무지를 토대로 기존의 복잡한 비정규전의 형태에 모호함만 더 안겨다 주었다며, 새로운 전쟁이 아니라 전쟁의 역사와 함께 존재해 온 전통적인 분란전*이 세계화와 과학기술의 발전을 통해 이슈화된 것으로 받아들여야 한다고 주장한다.

전쟁의 단순화와 이론화는 전쟁의 본질을 보지 못하게 만든다. 그렇기 때문에 클라우제비츠는 전쟁의 단순화와 이론화에 반대하고 복잡한 논리를 따라가며 전쟁의 본질을 공부할 수 있도록 한 『전쟁론』을 남긴 이유이기도 하다.

그는 전쟁은 카멜레온 같아 그 모습을 미세하게 변화시키므로 전쟁의 목표와 수단은 시대정신과 상황의 특성에 적합해야 한다고 하였으

---

* insurgency, 파괴와 무력충돌을 통해 기존에 구성되어 있는 정부의 파괴를 목표로 하는 조직적 행위로 비정규전의 한 분야.

나 항상 전쟁의 본성에서 끌어낸 보편적 결론으로 결정되어야 한다고 주장한다.

오늘날 비정규전의 복잡성으로 인해 전쟁의 본질이 변화한 것으로 오인되기도 한다. 하지만 전쟁의 본질은 변하지 않는다. 일부에서는 적의 특수전 부대 위협에 대해 정규전을 상정한 군사력 건설이 비현실적이라고 비판하지만, 경보병과 특수전 위주의 군사력으로 적의 도발을 억제 가능하다고 보는 것 역시 비현실적이다.

과거와 같이 미래도 다양한 전쟁 유형의 종합으로 특징지어질 것이라고 판단하는 것이 현명하다. 역사의 한 시기를 무 자르듯이 나누어 전쟁의 어떤 한 형태에 의해서만 지배된다고 하는 것은 착각이다.

02

나가시노 성터: 죽음의 의미, 헛되거나 참되거나

복잡한 일본의 기차

세키가하라에서 기차를 타고 다시 마이바라역으로 왔다. 신칸센을 타고 도요하시(豊橋)역으로 이동해서 이이다(飯田) 선 기차를 타고 나가시노로 가는 복잡한 여정이 기다리고 있었다.

이이다 선은 일본 중부지방의 험한 계곡을 통과하는 노선으로 급커브와 급경사가 많으며 일본 최고의 급경사 구간까지 있어 철도 마니아들의 사랑을 받는 시골 철도라고 한다.

모든 것을 작고 세분화시키는 일본답게 철도도 지나치게 복잡했다. 기차 피규어와 기념품에 열광하는 '철덕*'들을 양성하는 데는 좋을 수 있지만, 관리 측면에서는 비효율적일 것 같다는 생각이 들었다. 그래서 기차표가 그렇게 비싸겠지만…. 물론 나는 JR패스 여행자!

---

*   철도 덕후의 줄임말로 철도 마니아를 뜻하는 인터넷 신조어.

그러나 복잡한 노선에도 불구하고 5일 동안 1분의 오차도 경험할 수 없었다는 것이 대단한 점이었다. 시계만 보고 정해진 플랫폼에 들어오는 기차만 타면 되니 히라가나 까막눈의 기차여행도 그렇게 어렵진 않았다.

세키가하라에서 서둘렀기 때문에 마이바라역에서 30분의 여유가 생겼다. 가장 먼저 코인로커에 맡겨둔 짐을 찾아 옷을 갈아입었다. 젖은 옷과 양말이 체온을 떨어뜨리고 피로감을 증폭시키는 것을 수없이 경험했기 때문에 나온 생존을 위한 조치였다.

준비해 온 지퍼백에 젖은 옷을 담고 마른 옷을 꺼내 갈아입으니 이제 좀 살 것 같았다. 하나밖에 없는 신발이 크게 젖진 않아서 다행이었다.

벌써 점심시간이다. 이번에도 현지조달을 위해 역내 매점에서 도시락과 음료수를 골랐다. 기차 안에서 먹을 수 있도록 봉지에 잘 담아서 도요하시행 신칸센을 기다렸다. 이번 기차는 신칸센 중 가장 낮은 등급의 고다마 654호다. 12시 24분에 출발해서 도요하시역에 13시 20분에 도착하는 장거리(?) 노선이다.

생선이 밥을 감싸고 있는 이번 도시락은 성공보다는 실패에 가까운 느낌이었다. 하지만 시장이 반찬인지라 입안으로는 잘 들어갔다. 식후 잠깐 눈을 붙이고 일어나니 금세 도요하시역에 도착했다.

도요하시역은 이이다 선의 출발역답게 출발 15분 전에 이미 기차가 들어와서 문을 열어놓고 대기 중이었다. 시골의 단선 철도답게 1시간에 1대 간격이라 계획 수립 시에 가장 골치 아팠던 노선이기도 하다.

피로감을 몰아내기 위해 편의점에서 커피 한 잔을 뽑아들고서 창밖을 구경하기 좋은 맨앞자리에 앉았다. 기차를 운전하는 조종석까지 훤히 들여다보였다. 이곳의 하늘은 맑게 개어 있었다.

하지만 30분 정도 지나 목적지에 가까워져 오니 다시 비가 쏟아진다. 오늘 날씨 너무한다 싶었다.

정확히 54분을 달려 나가시노조(長篠城)역에 도착했다. 주택가를 지나는 노선이어서 그런지 교복 입은 학생들이 여럿 있었다. 내가 내리는 곳에서도 학생들 몇 명이 함께 내렸다. 함께 내린 승무원이 플랫폼에서 표를 검사하고 다시 올라탄 뒤 나를 내려 준 기차는 떠나갔다.

나가시노조역은 시골역답게 조촐한 대합실 한 칸이 전부였다. 우리나라 간이역 같았다. 안에는 기차 시간표와 각 역까지의 요금이 붙어 있었고, 역을 나가면 바로 주택가였다.

나가시노 전투

　일본의 많은 곳 중에서 교통편도 좋지 않은 나가시노 옛 전장에 반나절을 투자한 데는 이유가 있다. 이곳은 전국시대에서 오다 노부나가의 부대가 조총병을 집단으로 활용하여 승리를 거두었다고 알려진 곳이다.

　나가시노 전투는 1575년 5월 21일, 오다 노부나가와 도쿠가와 이에야스의 연합군이 다케다 가쓰요리(武田勝賴)의 군대와 싸워 승리한 전투다.

　1572년 다케다 신겐(武田信玄)은 도쿠가와 이에야스를 공격하여 이에야스를 궁지에 몰아넣었다. 이에야스는 지금의 하마마쓰(浜松) 근처인 미카타가하라(三方ヶ原) 전투에서 다케다 군에 쫓겨 도망가다 말 위에서 대변을 지릴 정도로 큰 패배를 당했다.

　하지만 신겐이 급작스럽게 사망하면서 분위기는 반전되었다. 다케다 군은 본거지로 회군하였고 이에야스는 한숨을 돌리게 된다. 신겐의 사망에는 여러 일화가 있는데 신빙성은 떨어지지만 가장 널리 알려진 설은 조총에 의한 저격설이다.

　나가시노조역까지 오는 중간에 노다조(野田城)역을 지나왔는데 한문 이름에서부터 야전 냄새가 물씬 풍기는 이 성과 관련된 일화다.

　노다 성을 포위 공격하던 어느 날, 신겐은 성안에서 들려오는 피리 소리에 홀려 밤중에 의자를 가져다 놓고 이를 감상하고 있었다. 그러다 이를 노린 성 위의 병사에게 저격당해 부상을 입고 회군 도중 사망했다는 설이다. 물론 신빙성은 떨어진다.

　신겐의 사망 후 아들 가쓰요리는 다시 군사를 일으켜 이에야스의 영지를 침공했다. 가쓰요리와 이에야스가 나가시노 성을 두고 벌인 전투가 바로 나가시노 전투다.

　구로사와 아키라 감독의 고전 영화 '카게무샤(1980)*'는 나가시노 전투의 이야기를 각색한 영화다. 미학적으로 뛰어난 영화라고 하는데, 너무 길어서 지루했다(152분). 다만 CG 없이 촬영한 기병의 대규모 돌격 장면이 인상 깊었다. 또 총에 맞아 쓰러진 척하는 말의 수준급 연기력도 깊은 감동을 주었다.

　나가시노 전투에서 가장 결정적 장면은 오다 군의 조총부대가 다케다 군의 기마부대를 섬멸하는 것이었다. 다케다 군이 포위 공격하는 나가시노 성을 구원하기 위해 오다·도쿠가와 연합군은 나가시노 주변에 진을 쳤다. 그리고 다케다군의 기마부대를 유인하여 시타라가하라(設楽原) 들판에서 미리 준비한 마방책을 활용해 일제사격으로 적을 격멸한다. 화력과 장애물을 통합 운용하여 공격하는 적을 격멸한 전투이다.

　오늘날까지 시타라가하라 들판의 전투는 오다 노부나가의 혁신사례로 유명하다. 오늘 이곳에 온 목적은 과연 시타라가하라의 전투는 사실이었는지, 그리고 동양에서의 군사혁명은 어떻게 진행되었는지를 보기 위함이었다.

＊　　影武者, 그림자 무사란 뜻으로 중요 인물의 신변보호를 위해 대역으로 활동하는 사람.

나가시노 성지를 돌아보다

비가 약해져서 우의를 입는 대신 우산을 펼쳤다. 배낭은 젖지 않게 군장덮개를 씌웠다. 군장덮개를 챙겨 오긴 잘했다. 역 앞에는 나가시노 성터에 세워진 사적 보존관까지 도보로 8분이라는 표지판이 붙어 있다. 세키가하라 역처럼 나가시노 역에도 나가시노 전투의 전적지를 다룬 지도가 세워져 있다.

경차만 통행이 가능할 것 같은 조그만 소로길을 따라 우산을 쓰고 털레털레 사적 보존관으로 향했다.

나가시노 성이 있던 터에 사적 보존관이 세워져 있었다. 옛 성의 흔적은 공터로만 남겨져 있었다. 전국시대에 각지에 세워졌던 성은 1615년, 오사카전투 직후 도쿠가와 이에야스의 후계자, 히데타다의 일국일성령一國一城令*에 의해 대부분이 사라졌다. 이때 나가시노 성도 없어졌다고 한다.

사적관 내부로 들어가기 전에 주변을 조금 더 둘러보기로 한다. 성터에는 성이 있었다는 표시로 비석이 세워져 있었다.

압권은 성 주변을 감싸고 흐르는 천연 해자 도요가와 강이었다. 깊은 계곡 사이에 단선의 철교가 걸쳐져 있었다. 잠깐 울타리를 넘어 철교 가운데로 향했다.

"나 다시 돌아갈래!"를 외치며 목숨을 걸고 간 것은 아니고 철도 옆에 사람이 지나갈 만한 조그만 통로가 따로 있었다. 그리고 보니 '박

---

* 성을 거점으로 한 모반을 막기 위해 1국(일본의 지역 단위)에는 다이묘가 머무르는 1개의 성을 제외하고 다른 성을 모두 파괴하라는 지시.

하사탕' 영화 속 철교랑 비슷하게 생긴 것 같기도 했다.

강 위에서 나가시노 성지를 바라보니 그곳은 말이 필요 없는 천연 요새였다. 영화에나 나올 법한 계곡 사이로 흐르는 강 위로 비와 함께 물안개가 은은하게 끼어 있었다. 도요가와 강은 나가시노 성터의 주제로 다룰 도리이 스네에몬과 깊은 관련이 있는 강이다. 심지어 강 건너 바로 있는 기차역의 이름도 '도리이'역이다.

사적관 뒤편에는 왠지 익숙한 공간이 있었다. 90% 정도 확률로 조총 영점사격장(?)이지 싶었다.

건물 2층에 있는 사적관에 입장하여 티켓을 구입했다. 이 티켓은 조금 떨어져 있는 시타라가하라 역사자료관을 같이 이용할 수 있게 되어 있었다.

오늘의 일정을 소화하기 위해 티켓을 파는 직원에게 필담을 시도했다. 둘러볼 구역이 꽤 넓기에 시간을 최대한 아껴야만 오늘 저녁에 도쿄까지 갈 수 있었다. 나가시노조역에 도착한 시간은 14시 36분, 5㎞의 종심을 가진 전장을 둘러보고 미카와토고(三河東鄕)역에서 17시 27분 차를 타야만 복잡한 기차 환승을 거쳐 오늘의 숙소에 도착할 수 있었다. 그래서 선택한 이동수단은 택시였다.

여행 출발 전 신시로(新城)시 관광안내 홈페이지를 뒤져 가며 택시회사 번호를 확보해 갔지만, 전화로 직접 부르기에는 일본어 의사소통에 문제가 있는지라 사적관의 직원을 이용하기로 미리 계획했다.

택시를 이용해 도리이 스네에몬의 비석과 묘지, 시타라가하라 결전장을 거쳐 역사자료관을 가고 싶으니 택시를 불러서 기사에게 잘 설명해 주었으면 좋겠다고 수첩에 적었다.

그리고 이 내용을 한문 필담과 손짓, 간단한 영어로 의사소통을 시도했고, 성공했다. 택시가 오는데 20분 정도 걸린다니 서둘러 사적관을 둘러보기로 했다.

리멤버 알라모, 리멤버 나가시노

사적관 건물에는 광고용 수식어가 참 많이 붙어 있었다. 나가시노성이 일본 100대 유명한 성 중 46번째라는 것이나 성의 주인이었던 가문의 문장을 그려 넣은 것들은 그럴듯했다. 그런데 뜬금없게도 태

평양 건너편 미국의 알라모라는 지명이 등장한다. 알라모 기념비 100
주년 전시회를 하고 있다는 것이다.

약 100년 전인 1914년 11월, 미국에서 유학하고 있던 일본 오카자키
출신의 지리학자 시가 시게타카(志賀重昻)는 알라모 전투와 나가시노 전
투의 유사성을 발견하고 샌 안토니오시에 기념물을 세웠다고 한다.

알라모 전투는 텍사스 독립전쟁 당시인 1836년 2월 23일부터 3월 6
일까지 벌어진 전투로 멕시코 대통령 산타아나가 이끄는 수천 명의
멕시코군에 의해 포위된 알라모 요새에서 186명의 텍시언*들이 13일
동안 장렬하게 싸우다가 여자 1명과 아기 1명, 그리고 노예 1명을 제

---

*   영어를 사용하는 텍사스 주민, 멕시코로부터 독립하여 미국 편입을 주장.

외한 모든 인원이 전사한 전투다.

"알라모를 기억하라!"라는 말과 함께 미국의 프런티어 정신을 상징하는 전투로 남아 있으며, 존 웨인이 주연을 맡았던 영화 '알라모(1960)'로 더욱 유명해졌다.

"승리 아니면 죽음을!"이라는 구호 아래 텍사스군을 이끌던 윌리엄 트래비스 대령이나 제임스 보이, 데이비 크로켓 등의 인물도 유명하지만, 나가시노 전투와 가장 관련 있는 사람은 제임스 본햄이라는 30살의 청년이다.

본햄은 알라모 요새가 포위되기 전에 트래비스 대령의 지시를 받고 주변의 부대를 돌아다니며 증원을 요청했다. 하지만 다른 곳도 전황이 좋지 않은 관계로 지원을 얻을 수 없었다.

여러 곳을 전전하다가 트래비스 대령과 절친한 윌리엄스 소령에게 요새의 구원을 위해 여러 노력이 진행되고 있다는 사실을 확인하는 편지를 받을 수 있었다.

알라모가 포위당한 것을 알면서도 그는 3월 3일, 요새 안의 전우들에게 희소식을 알리러 요새로 돌아갔다. 그리고 요새가 함락되던 3월 6일에 요새 안의 전우들과 함께 전사한 것으로 전해지고 있다.

죽음의 아이콘, 도리이 스네에몬

전시관 입구에 비호감스럽게 생긴 인물 한 명이 십자가와 비슷한 형틀에 19금 복장으로 묶여 있는 모습이 있었다. 그런데 전시관 여기 저기에 계속해서 등장한다. 사적관 입구에도, 기념 도장에도 이 인물 이 있다. 도리이 스네에몬(鳥居强右衛門)이다.

나가시노 전투에서 나가시노 성 성주 오쿠다이라 사다마사(奧平貞能) 는 500명의 병력만 가지고 천혜의 요새를 방어하고 있었다. 잘 싸우 고 있었으나 다케다 군에게 포위당한 후 5일째 되는 날, 성의 북쪽에 있는 군량 창고가 불타버려 더 버티기 힘든 상황이었다.

사다마사는 도쿠가와 이에야스가 있는 오카자키까지 가서 원군을 요청하고자 했다. 하지만 이 역할을 맡을 자를 구하기는 쉽지 않았 다. 대규모 병력이 포위된 성에서 섣불리 나가는 것은 자살행위였기 때문이었다. 하지만 도리이 스네에몬은 이 역할을 자청했다.

스네에몬은 야음을 틈타 성의 하수구를 이용하여 도요가와 강을 건넜다. 다음 날 아침 성에서 멀리 떨어진 곳에서 자신은 무사하다는 봉화를 올린 뒤 오카자키 성으로 향했다. 야음을 틈타 강안으로 침투하고 아침에 신호를 전송하는 개념이 북한군 강안침투각이다.

나가시노 성과 오카자키까지 거리를 확인해 보면 약 44㎞ 정도가 된다. 걸어서 이동한다면 9시간 정도 걸리는 거리다. 하지만 스네에몬은 긴급 상황이었으니 더 빨리 도착했을 것이다.

그는 이에야스에게 상황보고를 했다. 하지만 이미 도쿠가와 군은 오다 노부나가와 같이 연합하여 원군을 편성하고 있었다. 이 사실을 안 스네에몬은 결과 보고를 위해 다시 포위당한 성으로 향한다.

전날 봉화를 올린 곳에서 다시 봉화를 올려 자신이 들어간다고 성 안으로 신호를 보낸 후, 다음 날 새벽 성안으로 들어가고자 하였다. 하지만 봉화가 오르자 성 안의 반응이 이상했던 것을 관측한 다케다 군은 경계태세를 증강 운용하고 있었다. 결국 스네에몬은 다케다 군에게 생포되었다.

다케다 군은 살려 줄 테니 성안에 대고 원군은 오지 않는다고 이야기하도록 제안을 했다. 방어군의 사기를 떨어뜨릴 좋은 기회였다. 스네에몬은 이 제안을 순순히 승낙하고 성이 보이는 강 대안에서 성을 향해 말했다.

"주군이 이미 대군을 거느리고 오카자키에서 출발하였습니다. 3일 안으로 반드시 운이 트일 것이니 성을 지켜 주십시오"

다케다 군은 바로 스네에몬에 달려들어 구타 및 가혹 행위를 자행하였고, 결국 성에서 내려다볼 수 있는 자리에서 처형대에 묶인 채 처형을 당하게 된다.

하지만 주군을 위해 목숨을 바치는 스네에몬의 최후에 감동을 받은 다케다 군의 가신 오치하이 사헤이치는 적군임에도 불구하고 이 장면을 그림으로 남겼다. 이에 스네에몬의 이야기는 후세로 전해져 내려왔고 일본의 무사도 정신을 상징하는 인물로 남아 있다.

에몬(衛門)의 의미

일본의 전국시대를 배경으로 한 작품을 보다 보면 수많은 '에몬'들이 등장하여 읽는 사람을 혼란에 빠뜨리곤 한다.

얼마 전 어떤 연예인으로 인해 다시 주목받은 '도라에몽'이란 만화가 있다. 도라에몽은 도라네코(도둑고양이)와 옛 일본에서 흔하게 사용되던 이름인 에몬을 합친 이름을 가진 로봇 고양이다.

에몬은 에몬후(衛門府)의 준말로써 경비를 맡았던 관청을 말한다. 우측이냐 좌측이냐에 따라 우에몬(右衛門), 사에몬(左衛門)으로 나뉘고, 우에몬이 이름에 들어가면 에몬으로 발음이 된다. 그래서 스네에몬(强右衛門)은 강한 우위문이 되는 것이다.

밀리터리적인 분위기를 풍기는 에몬이란 이름은 전국시대에 굉장히 흔하게 사용되었다. 강력한 신분제 사회였던 조선에서 하인을 가리키는 이름인 소인小人을 줄인 '쇠'와 비슷한 용법으로 사용되었던 것 같다. 돌쇠, 마당쇠, 변강쇠 등등….

위문에서 위衛는 지키다란 뜻이다. 한자 문화권에서는 군사용어나

관청을 뜻하는 용어로 자주 사용되는 한자어이다. 고려 때 2군 6위나 조선의 중앙군인 5위 등 우리나라에서도 흔하게 쓰였다.

스네에몬이 살던 시기 조선에서는 5위 진법을 발전시키며 전, 중, 좌, 우, 후의 5위로 중앙군체제를 이루었다. 5군도총위의 통제를 받았던 5위는 이후 비변사의 역할 강화와 임진왜란 때 보여준 비효율성으로 인해 훈련도감을 비롯한 5군영이 생기며 유명무실해지는 조직체계다.

조선전기의 군사조직은 5위 외에도 족친위, 충의위, 충찬위, 별시위, 친군위 등등 수많은 위가 존재했다.

우리나라에서는 위衛를 '아'로 발음하기도 했다. 개화기에 등장하는 통리기무아문에서의 '아문衙門' 역시 이 한자어이며, 흔히 말하는 하급 벼슬아치 '아전衙前' 역시 '위'를 사용한 이름이다.

풍림화산風林火山

사적관에는 다케다 신겐의 자료도 전시되어 있다. 신겐이 피리 소리에 홀려 저격당하는 장면을 그린 그림도 있었고, 그의 군대를 상징하는 14자의 깃발도 걸려있다.

'疾如風徐如林侵掠如火不動如山(질여풍서여림침략여화부동여산)', 빠르기는 바람과 같고, 서서히 움직일 때는 수풀과 같으며, 침략해 약탈할 때는 불과 같고, 움직이지 않을 때는 산과 같다는 뜻이다. 손자병법의 7편 군쟁에서 나오는 구절로 14자 그대로 보다는 이를 축약한 '풍림화산'으로 더 유명하다.

신겐의 부대는 전투 시에 항상 기를 휴대하고 다니며 문구를 되새겼다고 한다. 풍림화산 전술을 사용한 뒤 한 번도 패배하지 않았다는 설화도 전해져 내려온다.

'풍림화산'은 아직도 일본에서 레토릭하게 사용되곤 한다. '테니스의 왕자' 만화 속에서 중학생들이 테니스를 하면서 외치는 기술 이름이 기도 하고, '스트리트 파이터' 게임 속에서 류와 켄의 기술인 아도겐과 워류겐의 배경으로도 등장하기도 한다.

유식해 보이고 임팩트 있는 문구를 원해서 14자의 긴 문장을 택했는지는 모르겠지만, '풍림화산'의 의미를 포함한 핵심내용은 바로 다음 구절이다. 움직일 때는 마치 천둥과 벼락이 치듯이 신속하게 움직인다는 뜻의 '동여뇌정動如雷霆'.

군에서 강력함을 비유할 때 천둥 번개를 자주 사용한다. 강력함과 스피드를 갖추고 두려움을 이끌어내기 때문이다. 비가 쏟아지는 한여름밤 낙뢰조치의 두려움을 포함해서….

영어 및 독일어로 'Blitzkrieg(번개전쟁)'이라 하고, 한글로는 '전격전電擊戰'이라 하는 전쟁방식에는 공히 번개가 들어간다. 지뢰의 뢰雷도, 어형수뢰魚形水雷에서 어뢰의 뢰도 번개를 뜻하며, 무기의 이름 중에 '라이트닝(lightning)'이 들어가는 무기도 흔히 볼 수 있다. 부대 이름이나 마크에 번개가 들어가는 것도 동서양을 막론하고 흔하다.

그러나 손자병법에서 무조건 번개와 같은 빠르기만을 주장한 것은 아니다. 물리학적으로 표현하자면 속력보다는 속도를 중요시했다. 우직지계迂直之計다.

군쟁편의 핵심인 우직지계는 돌아가는 길이 결국에는 더 빠른 길이 되게 하는 계책이란 뜻이다. 주력이 먼 우회로를 택해도 조력부대가 적에게 이로움을 보여 주어 잘못된 곳으로 유인해냄으로써 적보다 늦게 움직이더라도 더 유리한 위치를 차지할 수 있다는 것이다.

속도 말고 고려해야 할 점이 또 한 가지 있다. 군대가 움직이는데 병참이 빠질 수 없다. 손자는 보급을 받을 수 없는 곳까지 나아가는 것 역시 경계하였다. 병참이 가용한 범위 내에서 기동하되 우직지계를 통해 절대적인 속력이 아니라 상대적인 속도를 높여 번개처럼 기동하는 것이 손자병법 군쟁편의 핵심이다.

병법적 측면에서 엄밀하게 따져 보자면 신겐의 '풍림화산'은 텍스트 그대로만 받아들여야 할 것이 아니다. 손자병법의 군쟁편에서 지속되는 논리의 과정에 있는 하나의 비유로 받아들여야 하는 내용이다.

도리이 스네에몬의 비석과 묘지

사적 보존관을 둘러본 후 주차장으로 나가 택시를 기다렸다. 택시가 도착했고, 말로만 듣던 일본 택시 자동문을 처음 볼 수 있었다. 택시기사에게도 목적지를 적은 쪽지를 보여 주었더니 이해한 듯했다. 괴발개발 한문인데도 의사소통이 잘된 것 같았다.

첫 번째 들른 곳은 도리이 스네에몬의 비석이었다. 택시기사가 차가 못 들어가기 때문에 철도 건널목 앞에서 내려서 가야 한다고 차를 세워 주었다.

차에서 내려서 논둑길을 걸어가자 도리이 스네에몬을 기리는 비석
이 나왔다. 강을 사이에 두고 나가시노 성이 잘 보이는 곳으로 스네에
몬이 처형당한 장소라 한다. 현재는 나무가 크고 수풀이 우거져 강
건너편의 성터는 보이지 않았다.

도리이 스네에몬이 주목받기 시작한 것은 메이지유신 이후이다. 일
본 육군에서는 청일전쟁 이후 일본의 전쟁사를 집대성하려는 노력이
있었다. 나가시노 전투를 연구하는 과정에서 스네에몬의 고사가 향토
사학자에 의해 알려졌다. 일본 전쟁사의 나가시노 편은 1903년 완성
이 되었는데, 그 이후로 스네에몬이 조명받기 시작했다고 사적 보존
관의 페이스북 페이지에 적혀 있는 것을 보았다.

이 비석 역시 1903년에 나무로 세워졌는데 나무가 썩어 1912년에 다
시 돌로 세웠다고 한다. 지역단체와 철도회사의 후원으로 세워졌다고
하는데 그래서 그런지 바로 앞에 있는 기차역의 이름도 '도리이'역이다.

다음 목적지는 스네에몬의 묘지였다. 비석 근처인 도리이역 바로 앞
에 있다고 지도에서 확인했었다. 하지만 택시기사는 잘 몰랐는지 차
를 주변에 세워 놓고 미터기를 멈추어 놓은 다음 직접 민가로 들어가

서 물어봐 주는 친절함을 보여 주었다. 말로만 듣던 일본인의 친절이 이런 것이구나 하고 느꼈다. 속내가 어떻든, 보이는 행동 자체로 손님의 입장에서 고맙게 느껴졌다.

다행히 차를 세운 곳 바로 앞에 묘지가 있었다. 다른 일본의 묘지처럼 여기도 비석만 세워져 있는 것은 같았다. 비석 역시 죽음 직후가 아닌 근대에 새로 생긴 것 같았다.

일본군의 사생관과 정신전력

도리이 스네에몬은 일본인의 사생관 중 하나인 '죽더라도 포로는 되지 않는다.'라는 모습을 떠올리게 한다. 제국일본군의 '전진훈'에서 강조하는 바로 그 모습이다.

정신제일주의만이 지상 최대 과제였던 일본군들이 이런 정신교육 자료를 놓칠 리 없었다. 전쟁이 한창이던 1942년 개봉한 '도리이 스네에몬'이라는 영화 속 대사로 전진훈의 구절인 '살아 포로의 치욕을 받지 않고'가 실제 언급되었다는 기록이 남아 있다.

물론 정신전력을 중요하다. 동서고금의 전사가 이를 증명한다. 하지만 지나치게 정신력 위주의 군대로만 나아가는 군대의 후환 역시 역사가 증명한다. 제국일본 군대, 극단적 종교주의자들, 그리고 총폭탄이 되자며 주둥이를 놀려대지만, 겁을 주지 못하는 우리 머리 위에 살고 있는 골칫덩이들이 그러한 실패 사례들이다.

클라우제비츠의 탁견을 또 소개 안 할 수 없다. 흔히 '물질이 칼집이라면, 정신력은 칼집에 있는 시퍼런 칼날'이라며 정신전력을 강조하는 내용으로 잘못 알려진 구절이 있다.

실제 독일어, 영어, 한글책을 다 살펴봐도 이런 내용은 없다. 대신 『전쟁론』 3장 3편의 '정신적 요인' 편에는 이런 구절이 있다. '물리적 원인과 결과는 칼의 목제 손잡이에 불과하지만, 정신적 원인과 결과는 귀한 금속, 즉 광택 나게 연마된 본래의 칼날이라 할 수 있을 것이다.'

클라우제비츠에 따르면 물질전력과 정신전력은 완전히 용해되어 있다. 화학적으로 결합되어 있어서 물리적으로 분리할 수 없다는 이야기이다. 그렇기 때문에 전쟁의 모든 규칙에서 정신전력이 차지하는 비중을 반드시 염두에 두어야 한다고 주장한다.

그렇기 때문에 물질과 정신은 분리될 수 없는 한 몸을 이루고 있다. 물질이라는 칼 손잡이를 활용해야지만 정신이라는 칼날로 적을 벨 수 있다는 소리다. 물질전력이라는 칼 손잡이가 없거나 정신전력이라는 칼날이 무디다면 적을 벨 수 없다는 것이다.

클라우제비츠는 그러므로 정신적 요인의 가치와 엄청난 영향은 역사를 통해 효과적으로 증명되며, 역사에서 얻을 수 있는 가장 고귀한 영양소라고 주장한다. 200여 년이 지난 오늘까지도 말이 필요 없는 명쾌한 설명이다.

03

시타라가하라 평원: 3단 사격의 진실 혹은 거짓

삼단철포는 사실일까?

공성전이 벌어지던 나가시노 성 주변을 둘러본 후, 오다와 도쿠가와 연합군이 성의 포위를 풀기 위해 다케다 군과 교전을 벌였던 시타라가하라 벌판으로 이동했다.

택시에서는 말 달리는 게 제일 무섭다. 미터기 속의 말은 언제나 적진으로 돌격하는 말처럼 갤럽*이다. 일본 택시에서는 말이 달리지 않지만 그래도 무서웠다. 점점 미터기 요금이 올라가고 있었다. 하지만 그럴 각오를 하고 탔기 때문에 다시금 기합을 넣고 택시에 올랐다. 다음 목적지인 시타라가하라(設楽原) 평원 역시 말을 달리던 곳이다.

---

* 말의 속도는 워크(walk)-트롯(trot)-캔터(canter)-갤럽(gallop) 순이다.

위성지도로 보면 이곳은 드넓은 벌판이라기보다는 기동로가 제한되어 방어에 유리한 횡격실 능선의 지형이었다. 남아 있는 기록에는 오다·도쿠가와 연합군이 마방책을 쳐놓고 다케다 군의 공격을 기다렸다가 조총의 일제사격으로 이들을 격멸했다고 한다.

일제사격과 관련하여 노부나가의 삼단철포三段鐵砲, 또는 산단우치(三段撃ち)라 불리는 전술이 잘 알려졌다. 조총이 장전하고 쏘는 데 시간이 오래 걸리기 때문에 3오로 서서 순서대로 조총을 발사한다는 내용의 전술이다. 하지만 개인적으로는 허구라 생각한다.

호사가의 솔깃한 이야깃거리나 흥미를 위한 전쟁사라면 삼단철포를 통해 노부나가를 희대의 전술가로 평하는 것이 솔깃할지도 모른다. 하지만 조총만이 승리의 원인이었다는 것은 지나친 왜곡이다.

조총이 없었어도 시타라가하라의 승패는 변함없었을 것이다. 병력은 38,000여 명 대 15,000여 명으로 공자인 다케다군이 수적으로 열세였다. 열세한 병력에 앞뒤로 포위까지 당한 다케다 군에게 승리할 확률이란 매우 희박했다.

조총이 3오로 일제사격을 한다 해서 간단없는 사격이 이루어졌을 것이란 생각은 오산이다. 군담이나 설화로 존재하는 전쟁 이야기 대신 비슷한 시기 유럽의 기록을 살펴보자.

조총(arquebus, 이후 matchlock musket으로 발전)을 가장 먼저 체계적으로 운용하기 시작한 나라는 스페인이다. 스페인의 테르시오(Tercio)는 16세기 나타난 방진대형으로 접근전에 취약한 총병을 보조하기 위해 만들었다. 이 대형은 장창병 10개 중대와 총병 2개 중대로 이루어져 조총의 긴 장전시간을 보완했다.

총이 등장하기 전 유럽의 원거리 무기는 석궁이었다. 크레시 전투라든지, 아쟁쿠르 전투 등에서는 적 기병의 돌격을 막기 위해 석궁과 장애물을 통합 운용하여 기병을 잡아내곤 했다.

장전시간이 긴 석궁의 대체물로 등장한 총 역시 석궁처럼 장애물 뒤에서 운용하는 것을 원칙으로 하였으며 접근전을 위한 장창병을 필요로 하는 것도 같았다.

1503년의 체리뇰라 전투, 1525년의 파비아 전투 등에서 총은 효과적으로 운용되었다. 그 반대로는 1512년의 라벤나 전투 등에서는 프랑스군의 기병이 테르시오 진형을 패퇴시킨 사례도 있었다. 총이 만능은 아니었다. 장애물과의 통합, 장창과 포병의 제병협동이 잘 이루어져야지만 승리를 거둘 수 있었다.

총을 이용한 전술을 획기적으로 발전시킨 인물이 네덜란드 나사우 지방의 마우리츠(Maurice of Nassau)였다. 1607년 제작된 세계 최초의 그림책 교범을 가지고 실시한 표준화된 훈련으로 네덜란드 육군은 당대 최고의 군대가 되었다.

마우리츠는 고대 로마군에게 영감을 받았다. 그래서 하스타티, 프린키페스, 트리아리의 3오로 나뉜 로마군처럼 네덜란드군도 3오 대형으로 대대를 편성하였다. 반면 비슷한 시기 프랑스군 같은 경우에는 5오로 편성했던 것을 보면 나라마다 조금씩 진형의 모양이 달랐다고 볼 수 있다.

총병과 창병은 함께 운용되어야만 했다. 총병이 단독으로 운용되는 것은 17세기 후반 플린트락 머스켓*과 소켓형 총검**이 나오면서부터였다. 총과 창의 비율을 따져 보면 15세기 테르시오는 총1:창4였다. 17세기 중반에 이르러서야 1:1 비율이 구성되었으며 17세기 후반에는 그 비율이 6~7:1로 총병이 더 많아지기 시작했다.

서양에서 상비군제도를 두고 치열하게 무기와 전술발전을 시켰음에도 17세기 후반이 되어서야 총병이 단독으로 임무를 수행할 수 있었다. 16세기 일본에서 상비군이 아닌 아시가루***만으로 조총이 전투에서 결정적 활약을 했다고 보기는 어렵다.

1632년에 스웨덴의 구스타프 아돌프는 총병은 최상의 조건에서야

---

*   flintlock, flint(부싯돌)을 사용하는 머스켓.

**   Socket Bayonet, 총검을 꽂은 상태에서도 사격이 가능한 방식의 총검, 기존에는 총구를 사용하여 총검 장착 시 사격을 할 수 없었음.

***   足輕, 발이 가볍다는 뜻으로 일본 전국시대의 최하위 무사계급, 농사와 병역을 겸하였으며 강제징발하는 경우가 많았다.

겨우 분당 2발의 사격이 가능하다고 실제로 언급한 기록이 있다. 장기간 훈련되지 않은 시타라가하라에서의 아시가루들이 그보다 더 빨리 사격하기란 쉽지 않았을 것이다.

50년의 세월을 앞서 시타라가하라에서의 조총병들이 3오.로 서서 구스타프 아돌프 군대와 같은 사격속도를 유지하였다 하더라도 분당 6발, 10초에 1발씩 발사하였을 것이다. 기병이 접근하기 전까지 총병은 기껏해야 한 발에서 두 발 정도밖에 발사하지 못했을 것이다. 아무리 임진왜란에서의 충격이 컸다 하더라도 오늘날의 기관총처럼 화력을 뿌리는 모습으로 조총을 이해해서는 안 된다.

시타라가하라와 탄금대, 그리고 달천평야

1575년의 시타라가하라는 1592년 4월의 달천평야 전투를 떠올리게 한다. 이 전투는 신립 장군의 탄금대 전투라 알려졌지만, 뜬구름 잡는 당시 기록에 설화까지 얽혀진 덕분에 당시 전투 양상을 알기 위해서는 제한된 자료를 가지고 상상의 나래를 펼쳐야 한다.

근무지와 가까워서 올해 4월 할 일 없는 주말에 충주로 잠깐 답사를 다녀온 적이 있다. 탄금대라 불리는 고지에는 조선군 8,000여 명을 기리는 '팔천고혼위령탑'과 신립 장군이 순국했다는 '열두대' 등의 기념물이 설치되어 있었다. 하지만 직접 돌아본 결과 탄금대는 전혀 전투장소로 볼 수 없었다.

특히 가장 당황스러웠던 것은 '열두대'의 유래였다. 열두대는 남한강이 보이는 절벽 위에 있는 바위로 신립 장군이 투신했다는 이야기가 전해져 내려온다는 곳이다.

3천 궁녀의 설화가 전해져 내려오나 신빙성은 약한 낙화암의 모습과 열두대의 모습은 도플갱어다. 전투 중에 신립 장군이 활을 매우 빠르게 쏘아 활의 열기를 식히고자 이 바위를 열두 번이나 오르내려서 '열두대'라는 이름이 붙었다는 설명을 보고 어이가 없었다. 그 설명이 사실이라면 오늘날의 화약무기처럼 조선시대의 활도 수랭식, 공랭식으로 나뉘어서 전쟁영화에서 다급한 경우에 공랭식 박격포를 소변으로 식히듯이 공랭식 활을 식히는 데 소변을 사용하곤 했다고 전해져 내려올지도 모를 일이다.

신립의 자결 일화는 구전설화로 조선시대의 전형적인 순절무인담이다. 탁월한 무인이 전세가 불리해지면 순절 의지를 가지고 왕에게 절한 후 순절한다는 내용으로 성리학적 질서 아래 충절을 실천하는 순절자의 모습을 그린 설화에 지나지 않는다. 열두대에서 투신했다는 기억 자체도 경치 좋은 열두대에서 술을 벗 삼아 한량을 즐기던 선비들이 지어낸 일화일 가능성이 높다.

실제 탄금대 지역에서 전투가 벌어졌을 가능성은 드물다. 해발 108m의 고지인 탄금대에서 신립부대의 주력인 기병을 운용했을 리가 없다.

또한 이곳은 충주에서 서울로 가는 길목과는 동떨어진 곳이므로 구태여 조선군이 지켜야 할 이유도 없었고, 일본군이 이곳의 조선군과 전투를 벌여야 할 이유도 없는 곳이다.

충주를 지나 서울로 가는 영남대로는 단월역에서 달천나루를 건너는 루트로 현재 3번 국도와 동일하다. 3번 국도가 지나지 않는 충주성과 탄금대는 서울로 가는 길목과는 해당 사항이 없는 곳이다.

선조수정실록에 전투현장이 탄금대라고 나와 있지만, 수정 전의 선조실록에는 신립이 단월역(현재 충주시 단월동 유주막 삼거리 일대) 앞에 진을 쳤다고 적혀 있다. 또 1958년 발간된 '예성춘추'란 향토지에서도 탄금대 앞의 평야가 아닌 단월역 뒤쪽의 달천평야(모시래들)가 전쟁터로 알려졌음을 알려 주고 있어 이에 대한 연구가 학자들에 의해서도 일부 진행된 상태이다.

나 역시 현장을 답사해 보고 탄금대보다는 달천평야에서 전투가 벌어졌다는 생각이 강하게 들었다. 신립이 기병을 운용하기 좋은 호리병 모양의 달천평야에 위치하여 적과 교전을 벌였지만, 실전 경험이 풍부한 일본군이 우회기동을 통해 수적으로 열세한 신립군을 포위하였다는 가설이다.

유성룡의 징비록 기록에는 신립이 진을 친 곳이 탄금대 앞이라고 나와 있지만, 적의 한 부대가 산을 돌아 동쪽으로 나왔고 또 한 부대는 강을 따라왔기에 포위당하였다고 적혀 있다. 탄금대 일대에는 산을 돌아 우회할 지역이 없다. 오히려 달천평야 일대가 유성룡의 설명에 들어맞는다.

실제 지형에 가본 적 없는 유성룡이 징비록을 편찬하며 인근의 유명한 지형지물인 탄금대를 착각하고 넣었고, 이후 계속해서 탄금대가 진리로 자리 잡지 않았을까 하는 생각이 든다.

신립의 오해와 진실 (1) - 조령

기왕 신립의 이야기가 나온 김에 신립에 대해 더 언급해 보고자 한다. 대부분의 사람들은 신립이 왜 조령의 길목을 막지 않았느냐고 말한다. 이 이야기는 사대주의가 팽배한 조선시대에 나온 이야기로 곧이곧대로 들어서는 안 된다는 생각이다.

명나라 장수 이여송이 조령을 넘으며 "신총병(신립)은 지모가 없다."라는 말을 했다고 한다. 선조실록에는 등장하지 않지만, 징비록과 선조수정실록에 등장하는 이야기다.

조선에서는 하늘과 같았던 명나라 지휘관이 이런 말을 했다면 무조건 맞다고 해야 했다. 하지만 조령은 알려진 바와는 다르게 중요한 지형이 아닐 수도 있다.

조령을 다른 말로 새재라 한다. 새재는 하늘재(마골령)과 이우릿재(이화령) 사이에 있는 고개라 새재라는 이름이 붙었다.

조령 옆의 이화령 하면 요즘은 자전거 길로 유명하지만, 6·25전쟁에서는 이화령 전투가 벌어졌던 곳이다.

1950년 여름, 아군 제6사단은 지연전을 수행하며 물밀듯이 남쪽으로 내려오는 적을 방어하고 있었다. 춘천에서의 성공적인 지연전과, 동락리의 승리를 뒤로하고 문경까지 내려온 6사단은 조령과 이화령에서 적 2개 사단과 맞붙게 되었다. 사단은 조령에 1개 연대, 이화령에 1개 연대, 문경에 예비 1개 연대를 각각 배치하여 적을 맞이했다.

알려진 것과 달리 조령은 난공불락의 지형이 아니었다. 이화령에서는 1개 연대가 적 1개 사단에 대항해 강력한 방어에 이은 역습으로 승리를 거두었지만, 조령에서는 적 1개 연대와 아군 1개 연대가 1:1 비율로 붙었음에도 고전 끝에 조령 관문을 내주게 되었다. 이로 인해 이화령에 있던 부대도 전선조정을 위해 부대를 뒤로 이동시키며 계속해서 지연전을 펼친 전례가 있다.

가까운 곳에 여러 기동로가 있음에도 적이 지나갔을지도 모르는 조령만을 지키러 소로 길로 병력을 이동시킨다는 것은 전술적으로 맞지 않는 행동이다. 실제 신립이 조령으로 이동했다 하더라도 일본군보다 일찍 도착할 수 없는 상황이었다.

또한 당시 조령에는 방어 시설물이 전혀 없었다. 현재 문경새재에 있는 3곳의 관문은(주흘관, 조곡관, 조령관) 임진왜란 뒤에 사후약방문격으로 설치한 관문이다.

조선시대처럼 사대하는 국가도 아니고, 엄연한 한 나라의 장교로서 명나라 장수 한 명이 한마디했다고 해서 조령이 중요한 곳이라고 받아들이지는 못할 것 같다. 지형적 이점을 지녔다고 할 수 없는 조령의 진실에 대해 좀 더 알아야 할 것 같다.

달천평야를 전장으로 선택한 신립의 결정은 당시 정치적 상황에서 최선이었다. 군사적으로 최선의 선택은 지연전을 통해 시간을 벌며 병력을 추슬린 후 서울 인근의 중요 지역을 틀어막으면서 적을 유인한 후, 강력한 적의 숨통이었던 병참선을 치는 것이었을 것이다.

하지만 그 당시 정치적 상황에서 신립은 소수의 병력을 가지고 어느 한 곳을 택해 결전을 벌일 수밖에 없었다. 이것이 패전의 진정한 원인이다.

전략적 실패의 책임을 전술적 실패로만 돌리기에는 임진왜란 당시의 조선 조정의 전략적 실책이 너무 컸다.

신립의 오해와 진실 (2) - 배수진

배수진 역시 고사에 비유하기를 좋아하는 조선시대의 특성상 고대 배수진의 고사를 덧붙여 확대 재생산된 설화에 불과하다 생각된다.

배수진은 '초한지'에 나오는 한신의 고사에서 유래된 말로 다수의 적을 상대하려고 일부러 강을 등지고 진을 쳐 승리한 것에서 나온 말이다. 손자병법의 구지九地편에서 나오는 아홉 가지 지형 중 사지死地를 뜻하는 말로 생각하면 맞을 것 같다.

지휘관은 각자 자기만의 스타일이 있다. 그래서 인사가 중요한 것이다. 세계최강 미군의 강력함은 인사에서부터 시작한다.

6·25전쟁의 미군 지휘관을 보면 그러한 점을 알 수 있다. 맥아더는 태평양 전쟁에서의 경험으로 상륙 덕후*였다. 그렇기에 인천 상륙작전의 성공이 있었다. 물론 원산 상륙작전의 실패도 있었지만 말이다. 낙동강 전선에서 투입된 불도그 같은 성격의 워커 장군은 'Stand or Die'를 외치며 성공적인 방어전을 수행했다. 그리스 독립전쟁을 치러 봤던 밴 플리트 장군은 그리스군에 이어 대한민국 국군의 체질 개선도 성공시켰으며, 휴전회담이 진행되던 전쟁 말기의 클라크 장군은 이탈리아에서의 산악전 경험과 함께 정치적 감각을 갖춘 군인이었다.

지휘관은 자기 스타일대로 싸운다는 점에서 비추어 보면 북방의 오랑캐들을 상대하며 기병의 기동전을 주로 운용해 왔던 신립이 배수진을 쳤다고 생각하기에는 그 스타일이 조금 낯설게 느껴진다.

2만여 명의 일본군에 비해 수적으로 적은 조선군은 적에게 포위를 당할 위험 때문에 측·후방에 신경을 쓸 수밖에 없었다. 전술적인 판단으로는 당연히 측·후방을 지형지물로 보호받을 수 있는 지형을 선택해야 했다.

전장을 선택할 수 있는 방자의 이점을 최대한 살려 앞의 가설대로 신립은 달천평야에 진을 쳤을 것이다. 하지만 적 정보 획득에 실패하

---

* 한 가지 분야의 마니아를 뜻하는 인터넷 신조어.

여 지형으로부터 측·후방을 방호받을 수 있던 지형이 오히려 독이 되었을 것이다. 보이지 않게 측면으로 우회한 적에게 포위당한 신립의 진형은 본의 아니게 배수진이 되어 버렸으리라는 것이 현장을 둘러본 나의 생각이다.

몇천 년 전의 배수진 고사와 연관 짓기 위해 다른 시기의 전쟁을 단순하게 임의 판단하는 것은 잘못된 것이다. 전쟁을 인문학의 모습으로 단순화하여 바라보는 비전문가들이 흔히 저지르는 실수다.

전쟁은 전쟁으로 바라본 후 응용문제를 풀어야지 전쟁에 대한 ABC도 모르면서 전쟁에 오늘날의 경영을 가져다 붙이고, 감성적인 인문학을 가져다 붙이고 하는 것은 말장난에 지나지 않는다.

클라우제비츠의 『전쟁론』에는 이 상황과 관련해서는 이런 말이 적혀 있다. '모든 시대의 사건은 그 시대의 특수성에 비추어 판단되어야 한다. 해당 시대의 주요 결정적 특징들을 적확하게 연구하는 사람만이 그 시대의 야전 사령관을 이해하고 존중할 수 있다.' 군사사를 연구하며 반드시 유의해야 할 사항이다.

정말 『전쟁론』은 평생을 두고 곱씹어볼 만한 책이다. "전쟁은 정치의 연속"이라는 한 구절로 넘겨 버리기에는 너무 아깝다.

시타라가하라 역사자료관

택시의 마지막 목적지는 시타라가하라 역사자료관이었다. 4,000엔

가까운 거금을 지불하고 택시에서 내렸다. 지금까지 타본 택시비로는 역대급이었지만, 시간은 돈이라는 생각으로 위안 삼기로 했다.

택시에서 내려 건물을 바라보니 오묘한 느낌의 현대식 콘크리트 건축물이었다. 나가시노 성지에서 1+1으로 구입한 표를 보여 주고 내부로 들어갔다. 건물 외부에서 풍기는 분위기답게 나가시노 성지 사적 보존관보다 현대적인 냄새가 나는 자료관이었다.

시타라가하라라는 이름답게 나가시노 전투 중에서도 시타라가하라 평원에서 벌어진 전투를 위주로 한 전시가 주였다. 당시 전투에서 사용되었던 조총 및 각종 장구류를 포함한 여러 내용이 전시되어 있었다.

이곳에서도 역시 시타라가하라 전투에 대한 에도시기의 기록물, 메이지유신 이후의 기록물, 현대의 기록물의 변화를 함께 전시하여 보여 주는 것이 부러웠다. 우리는 신립 장군이 어디서 어떻게 싸웠는지도 모르는데….

그 밖에도 전시관에 걸려 있는 영화 가케무샤 포스터, 매년 축제 기간 시타라가하라 벌판에서 벌어지는 리인액트 행사 사진 등이 흥미롭게 다가왔다.

마상용 화승총과 구스타프 아돌프

역사자료관에서 재미있는 물건을 발견했다. 말 위에서 사용하는 화승총으로 오늘날의 권총처럼 생겼다.

동아시아에서 기병의 무기라 하면 활을 쉽게 떠올릴 수 있다. 고구려 벽화에서부터 이순신 장군이 부러진 다리를 졸라맨 후 말 타고 활

을 쏜 일화까지 전통적으로 기사騎射를 중요시한 우리나라는 물론 유라시아를 지배한 몽골기병, 기마궁수로부터 탄생한 일본의 사무라이까지 기병이라 함은 주로 궁기병을 뜻했다.

반면 서양에서는 기병하면 랜서*들의 토너먼트**시합을 주로 떠올릴 수 있듯 창기병 위주로 운용되었다. 하지만 기사의 시대가 가고 훈련된 보병이 밀집대형을 갖추면서 집단운용되기 시작하고, 화약혁명을 통한 소구경화기가 등장하면서 기병들은 전장에서 살아남기 위한 고민에 빠졌다.

그래서 등장한 부대가 독일어로 기병을 의미하는 라이터(Reiter)이다. 이들은 말 위에서 짧은 화승총을 들고 보병 밀집대형에 사격을 실시하여 대형에 균열을 내고자 하였다. 조를 나누어 말로 빠르게 접근한 후, 급선회하여 보병대형에 사격하고 다시 대형으로 돌아오는 전투방법을 사용하였다. 화승총 자체가 단발이기 때문에 이런 전투방법을 사용해야만 화력을 집중할 수 있었다.

하지만 이러한 변화는 기병을 오히려 전술적으로 쓸모없게 만드는데 기여하였다. 보병은 사거리가 더 길고 강한 총을 들고 있으며, 보병보다 덩치가 커다란 기병은 표적이 되기 훨씬 쉬웠다.

잘못된 방향으로 향하고 있는 기병의 전술을 개혁한 것은 스웨덴의 구스타프 아돌프였다. 구스타프 아돌프는 보병이 일제사격을 한다 해도 발사 속도의 제한으로 충분한 화망을 구성할 수 없다는 것을 알았다. 그러므로 오히려 빠르게 접근하여 기병의 충격력을 활용해 보병대

---

* 　　창기병, 랜스(lance)라 불리는 긴 창을 사용하여 이름 붙였다. 프리랜서의 어원이다.
** 　　중세의 마상 창 시합 대결.

형을 분쇄하도록 기병을 운용하였다. 기병은 마상용 화승총으로 한 발을 사격한 뒤 바로 사브르***를 꺼내 들어 보병대형을 휘저었다.

1632년의 브라이텐펠트 전투에서 스웨덴군은 구스타프 아돌프의 지휘 아래 포병이 기병과 보병을 엄호하고 보병대형의 사이에서는 기병이 순식간에 달려 나와 적 진영에 돌격을 가하는 보·포·기 제병협동 전술의 전형적인 모습을 보여 주며 큰 승리를 거두었다.

구스타프 아돌프에 의해 정립된 기병의 역할은 기관총으로 인해 더 이상 마상 돌격이 제한되었던 20세기 초까지 이어지게 된다.

신립 장군의 부대와 비교해 보아도 흥미롭다. 당시 기록에 따르면 신립의 부대는 궁기병이었으며, 적진으로 돌격하는 치돌馳突이 아닌 활로 상대방을 제압하는 치사馳射를 통해 싸웠다고 한다.

당시 조선군은 오랜 평화와 북방 오랑캐와의 소규모 국지전으로 인해 창과 칼보다는 활을 사용하는 궁기병 위주의 부대가 운용되었다. 만약 오랜 행군에 지친 왜군을 상대로 정예기병들이 치돌을 해서 싸웠다면 어떻게 되었을지 궁금하기도 하다.

실제로 임진왜란 시 일본은 명나라 기병의 돌격에 고전을 면치 못했다. 정유재란이 벌어진 1957년 일본군은 천안 근처의 직산까지 진격하였다. 하지만 직산전투에서 수적으로 우세한 일본의 보병들이 명나라 기병의 돌격에 고전하는 모습을 보이며 북상이 저지된 사례가 있으며, 동년의 울산전투에서는 명나라 철갑기병에 의해 일본군이 괴멸되는 사례도 있었다.

*** Sabre, 기병용 검, 영어로는 세이버(Saber).

이처럼 조총을 가진 일본의 보병이라도 적극적인 돌격을 펼치는 기병에게는 고전을 면치 못했다. 그러나 신립의 부대가 적극적인 돌격전을 펼쳤더라도 수적 우위를 극복하기는 어려웠으리라는 것 역시 아쉬운 사실이다.

급속행군은 실패로 끝나고

역사관까지 전부 둘러보았다. 택시비는 비싼 값을 충분히 해주었고 미카와토고 역까지 빠르게 이동한다면 계획보다 30분 빠른 기차를 탈 수도 있는 상황이었다.

역사관 출구에서 안내직원에게 자세한 역 위치를 물어보았다. 직원은 지도를 한 장 주며 색연필로 친절하게 설명해 준다.

뒤에 배낭을 메고서 오랜만에 급속행군을 시도했다. '거뜬히 카메라 메고 나서는 오후, 눈 들어 눈을 들어 앞을 보면서' 뛰기 시작했다.

하지만 중요한 것은 놓치지 않았다. 전국시대 일본의 싸움터에서 발견되는 것 중 하나인 목을 씻는 연못이 이곳에도 있었다. 사진을 찍으며 당시 목을 닦는 연못은 일본에서 전쟁 필수 시설물이었을 것이란 생각이 들었다.

여기서 중대한 실수를 저질렀다. 오던 길로 그대로 갔어야 하는데 사진을 찍고 서둘러서 생각 없이 뛰다 보니 다른 길로 뛰어 버렸다.

이쯤 뛰었으면 역이 나올 거 같은데 한참을 가도 철길만 보이고 역은 보이지 않았다. 그렇게 10분 정도 갔을까? 그제야 반대 방향으로 가고 있었다는 사실을 알아 버렸다.

지나치게 서두르면 서두르지 않느니만 못하다는 것을 몸으로 체험하며 뛰어 왔던 길을 다시 터벅터벅 걸어갔다. 뛰어올 때는 금방이었는데 걸으려니 멀게만 느껴졌다. 뛰다 멈추니 체열은 급격히 상승해 땀은 비 오듯 쏟아졌다.

보이는 자판기에서 물 한 통을 뽑아 원샷을 하고 있는데 철길 옆으로 내가 탔어야 하는 기차가 지나간다. 마음을 비우고 기존 계획대로 도요하시역에서 식사도 좀 하고 천천히 도쿄로 향하기로 한다. 역사관 앞에 있는 다케다 신겐의 묘를 보지 못하고 소득 없이 힘들게 뛰었다는 것이 아쉬웠다.

일본 기차 속 풍경

드디어 미카와토고역에 도착했다. 올 때 내렸던 나가시노조역보다 기차로 10분 정도 앞에 있는 역이다. 출퇴근용으로 보이는 환승(?) 자전거가 여기저기 놓여 있는 간이역이었다.

이번에도 정시에 기차가 도착했다. 올 때처럼 갈 때도 제일 앞칸에 자리를 잡고 기차를 운전하는 걸 지켜보았다.

시골 마을을 잇는 기차라 그런지 학생들이 많이 보였다. 여중생 두 명이 휴대전화를 가지고 수다 떠는 모습은 우리나라의 모습과 크게 다를 바 없어 보였다.

하루 온종일 뛰어다니느라 몸이 온통 땀에 젖어 있었다. 옆자리에 앉은 사람에게 민폐가 되지 않을까 싶었는데 다행히 자리가 넉넉해서 4인석에 혼자 앉아 도요하시역으로 돌아왔다.

도요하시역에서 신기한 걸 목격했다. 나와 같은 기차에서 내린 중학생 정도로 보이는 작은 소녀가 굉장히 기다란 물건을 들고 개찰구를 통과하는 것이었다. 바로 몰래 사진을 찍었다.

일본의 장궁처럼 보였다. 아마 클럽활동의 일환으로 활을 쏘는 소녀 궁사였던 것 같다. 그리고 보니 아침부터 저녁까지 기차를 타고 일본 중부를 쏘다니는 동안 활동적인 모습의 학생들을 많이 볼 수 있었다. 무더위가 기승을 부리는 8월임에도 불구하고 남녀 할 것 없이 축구, 야구, 배구, 배드민턴 등등 수많은 운동부 복장을 한 학생들을 볼 수 있었다. 그들의 구릿빛 피부가 아름다워 보였다.

같은 입시지옥 신세지만 각종 미디어(주로 만화)에서 보았던 것처럼 일본의 학생들은 과외활동이 활성화되어있다는 느낌을 받을 수 있었다. 개인적으로도 고등학교 때 동아리 활동을 너무나도 재미있게 했던지라 많이 부러워 보였다.

본의 아니게 더 빨리 도쿄로 갈 수 있던 기차를 놓치는 바람에 도요하시역에서 조금의 여유가 생겼다. 역과 붙어 있는 쇼핑몰로 들어가 오늘 처음으로 도시락이 아닌 식사를 하는 여유를 가졌다. 주문한 오므라이스가 나오는 데는 시간이 걸렸지만, 식탁에 도착하자마자 순식간에 사라졌다.

쇼핑몰에 금요일 맞이 식품 할인이라고 붙어 있는 광고를 보고서야 오늘이 금요일임을 깨달았다. 금요일답게 사람들이 많았다. 무적패스인 JR패스로 도쿄까지 가는 신칸센의 일등석을 예약했다. 하지만 역 안의 많은 사람들을 보니 일반석으로 예약했으면 힘들었겠구나 하는 생각이 들었다.

도요하시에서 도쿄까지는 신칸센으로 1시간 정도 소요된다. 소요시간으로 보면 서울에서 대전까지와 비슷했다. 금요일 밤의 대전역처럼 이곳에서도 캐리어를 끌고 기차를 기다리는 사람들이 많이 보였다. 충북 영동에서 교육을 받을 때 금요일 밤에 집에 갈 때면 대전에서 서울 올라오는 KTX 자리 잡기가 쉽지 않았었는데, 이곳도 비슷하다는 느낌이 들었다. 하지만 나는 일등석 그린샤 고객!

플랫폼에 있는 매점에도 사람이 붐볐다. 대부분이 캔맥주와 안줏거리를 사 가는 걸 보니 일을 마치고 집으로 향하는 것 같았다.

　18시 47분에 도요하시를 출발해 도쿄 시나가와역에 20시 3분에 도착하는 히카리 530호에 올랐다. 그린샤 치고는 사람이 꽤 있었다. 오늘 아침부터 비도 맞고 땡볕에서 헤매기도 해서 꽤 고단한 하루를 보냈다. 자리에 앉아서 수첩에 이것저것 조금 끄적이다가 금방 눈이 감겨 왔다.

　눈을 잠깐 감았다 뜨니 시나가와역이었다. 여기서 숙소가 있는 이케부쿠로역까지는 JR야마노테선을 타고 이동을 해야 했다. 환승하러 어지러이 움직이는 사람들을 보니 일본 전국시대에서 순식간에 현대의 도쿄로 넘어왔다는 사실이 새삼 와 닿았다.

　야마노테선(山手線)은 도쿄의 주요 거점을 순환하는 철도노선으로 우리나라의 지하철 2호선과 비슷하다. 금요일 밤의 지하철 2호선이라…. 배낭을 메고 야마노테선 기차에 올랐는데 딱 그 느낌이었다. 민폐를 끼치는 외국인이 되지 않기 위해 조신한 몸가짐으로 손과 발에 힘을 딱 주고 숙소가 있는 이케부쿠로역으로 향했다.

　그리고 숙소에 도착하니 21시쯤이 되었다. 그냥 짐을 풀고 대충 몸만 닦은 뒤 그대로 침대 속으로 향했다.

01

도고 신사: 러일전쟁 승리의 상징

주말 아침의 도쿄

피곤하다. 시차가 300년 정도 나다 보니 시차 적응도 힘들고, 어제 비 맞으며 오래 걸었던지라 아침에 일어나기가 힘들었다. 하지만 돌아볼 곳이 많기 때문에 피곤해도 아침 일찍 길을 나섰다. 오늘은 러일전쟁 시대부터 오늘날의 일본자위대까지 100여 년 정도의 역사를 둘러볼 예정이다.

숙소의 조그만 창문을 통해 들어오는 햇살이 따가웠다. 어제와는 또 다른 날씨다. 아침 시간인데도 이러하니 한낮의 햇살이 걱정되기 시작한다. 준비해 간 토시를 하고, 선크림을 덕지덕지 바르며 무거운 배낭을 둘러메고 출발.

원래는 2일 차에 도요하시에서 편하게 쉬고 3일째 되는 날 아침에 도쿄로 올 예정이었다. 하지만 도쿄에서도 봐야 할 것들이 하나둘씩 늘어나면서 두 번째 날에 조금 무리해서라도 도쿄로 들어오는 것으로 계획을 변경하였다.

계획이 변경되다 보니 3, 4일 차의 도쿄 숙소는 이미 예약이 꽉 차서 일박을 추가할 수가 없었다. 할 수 없이 다른 숙소에 자리를 잡았기 때문에 배낭을 들고 다시 다른 숙소로 이동해야 했다.

이케부쿠로는 학창시절 사회시간에 나오던 도시의 도심과 부도심의 개념에서 부도심의 역할을 하는 곳이었다. 그래서 그런지 이케부쿠로 역과 주변 상권은 꽤 커 보였다. 하지만 토요일 아침이라 거리는 한산했다.

오늘도 코인로커를 이용하기로 했다. 어제의 실수가 반복되지 않도록 설명을 잘 읽어 보고 안전하게 짐을 넣은 후 야마노테센 기차를 탔다. 아침 8시도 되지 않은 시간인데 기차 안에는 의외로 사람이 많았다. 어제의 만원 기차만큼은 아니라 다행이었다. 10분 정도 걸려 목적지인 하라주쿠에 도착했다.

왠지 이름이 익숙한 하라주쿠다. 한때 유행하던 티셔츠에서도 봤던 거 같기도 하고, 무언가 패셔너블한 이미지를 주는 지명이다. 이미지에 걸맞게 하라주쿠역 건물도 서구적이고 고풍스러운 느낌이었다.

고풍스러운 느낌과 다르게 주변 상권은 현대적이고 번화한 모습이었다. 이곳의 상권은 1964년 도쿄 올림픽 선수촌이 들어서면서부터 일본의 신세대들이 모여들어 형성되었으며 오늘날에는 세계적인 거리 패션의 중심지로 자리 잡았다고 한다.

하라주쿠의 메인 스트리트라는 다케시타도리(竹下通り)로 발걸음을 옮겼다. 평소 아침 먹는 시간이 지나서 몸이 신호를 보내기 시작하는데 역시나 아침이라 대부분의 상점문은 닫혀있었다. 딱히 아침을 해결할 곳이 없어 그대로 강행하기로 했다.

여행 가이드북에서 유명 맛집으로 나온 '마리온 크레페'라는 유명한 크레페 가게 옆으로 도고 신사로 가는 길의 표지판이 보였다. 얼마 가지 않아 도고 헤이하치로 제독을 상징하는 Z기가 보이기 시작했다.

도고제독과 쓰시마해전

도고 헤이하치로(東郷平八郎) 제독은 러일전쟁의 결정적 장면이었던 쓰시마해전을 승리로 이끌어 일본인들의 추앙을 받는 명장이다. 쓰시마해전은 러일전쟁에서 일본이 정치적 승리를 거두는 결정적 역할을 한 전투로 포츠머스조약을 체결하고 러일전쟁을 마무리하는 계기가 되었으며 일본이 급속한 근대화를 완성하여 서구의 강대국 러시아를 물리치는 상징적인 사건이었다.

1905년 5월 27일부터 28일까지 벌어진 쓰시마 해전은 일본의 연합함대가 지구를 반 바퀴 돌아 동아시아로 들어온 러시아의 발틱함대와 맞붙은 해전이다.

러일전쟁이 발발하자 일본 해군은 서해 일대의 러시아 태평양함대를 먼저 격파한 후 우리나라의 진해만에 자리를 잡은 채 러시아의 발틱함대가 도착하기를 기다리고 있었다. 반면 러시아 제정의 무리한 주문으로 인해 로제스트벤스키가 이끄는 발틱함대는 상트페테르부르크에서 출발해 남아프리카의 희망봉을 도는 7개월의 항해를 거쳐 블라디보스토크까지 가야 했다.

러시아 함대의 이동로는 일본 연합함대가 예측한 그대로였다. 이미 전장을 선택하고 만반의 준비를 마친 일본함대는 발틱함대가 지나가는 곳에 대기해 있다가 기습공격을 가했다. 그리고 2일에 걸친 교전 끝에 대승을 거두었다.

러시아 함대는 전사 4,830명을 포함, 16척의 배가 격침되었다. 스스로 자침한 배가 5척, 나포된 배는 6척이었으며, 단 9척 만이 도망갈 수 있었다. 반면 일본의 피해는 어뢰정 3척 침몰에 전사 117명으로 매우 경미했다.

쓰시마 해전으로 전쟁 의지를 잃어버린 러시아는 일본과의 강화조약을 원했다. 일본도 만신창이가 되어 전쟁의 피해가 감당하지 못할 정도로 컸기에 마지못해 협상을 받아들이는 식으로 강화회담이 진행되었다. 1905년 9월 5일, 각국의 중재를 통해 미국 포츠머스에서 일본과 러시아 간의 강화조약이 체결된다. 그 결과 대한제국은 일본의 손아귀에 완전히 넘어갔다. 동년 을사조약이 체결되면서 우리나라의 본격적인 흑역사가 시작되었다.

러일전쟁의 영웅인 도고제독이 일본에서 군신으로 추앙되고 신사까지 설치되는 것은 당시 일본 사회에서는 당연한 일이었다. 해전이 벌어진 5월 27일은 해군의 공식 기념일로 지정되어 1945년 패전 전까지 성대한 행사를 치르기도 했다.

Z기에 얽힌 이야기

도고 신사로 올라가는 길에는 도고 신사를 나타내는 Z기 천지다.

우리나라 절에서 이름을 써서 연등을 걸어 놓듯 도고 신사에서는 자신의 이름을 Z기에 적어 놓고 행운을 비는 것 같았다. 신사로 향하는 길옆에는 도고 유치원이 있다. 유치원 이름에 전쟁영웅 이름이 들어가는 것이 섬뜩하게 다가왔다.

　온 천지가 도고의 상징인 Z기로 뒤덮여 있었다. Z기는 말 그대로 알파벳 Z를 표시하는 깃발이다. 무선통신이 생기기 전까지 바다에서 함선 간의 의사소통은 매우 힘들었다. 거리도 멀고 시끄러운 바닷소리로 인해 음성이 잘 들리지 않기 때문이었다. 그래서 함선끼리의 신호수단으로 시호통신*을 사용하곤 했는데 그 중 알파벳 Z를 표시하는 깃발이 여기서 언급하는 Z기이다.

Z기는 쓰시마 해전의 개전 신호로 쓰여 유명해졌다. 도고제독의 참

---

*　두 지점에서 수기手旗나 광선같이 서로 볼 수 있는 것을 써서 주고받는 통신.

모이며 『언덕 위의 구름』의 주인공이기도 한 아키야마 사네유키(秋山真之)는 전투의 시작 전 '황국의 흥망은 이 전투에 달려 있다. 각 대원은 한층 분발 노력하라'라는 메시지를 전 부대에 전파하면서 더 이상 우리에게 뒤는 없다는 뜻으로 알파벳의 마지막 글자인 Z를 뜻하는 Z기를 게양하였다.

쓰시마해전 이후 일본에서는 결전을 뜻하는 Z기의 일화가 널리 퍼졌고, 이에 감명받은 해군 제독들에 의해 Z기는 전통으로 자리 잡았다. 태평양 전쟁 당시 기함에서 전투 시작 전에 Z기를 다는 것이 관례가 되었으며, 심지어 오늘날 해상자위대에서도 이 관습이 내려오고 있다. 또한 민간사회에서도 Z기가 승리를 뜻하며 스포츠 경기, 시험 등에서 부적으로 사용되고 있다고 한다.

그렇기 때문에 도고 신사에 들어가기 전부터 온통 Z기로 도배가 되어 있는 것이었다. 신사의 내부는 물론 기념품까지 모두 Z기였다. 일본 군국주의의 상징물로 볼 수 있는 Z기이므로 좋아 보이지는 않았다.

도고와 이순신 장군

쓰시마 해전이 시작되기 전 일본해군은 진해만에 위치한 거제도에 진을 치고 있었다. 진해만 주변은 오늘날에도 대한민국의 여러 해군 기지와 해군사관학교가 위치한 중요한 요충지다.

임진왜란 당시에도 진해만을 중심으로 크고 작은 전투가 많이 있었

다. 옥포, 합포, 안골포, 당항포, 영등포, 그리고 한산도대첩까지. 한
산도대첩은 임진왜란의 3대 승전에도 포함되는 큰 승리이지만 개인적
으로도 감회가 깊은 전투다.

2004년 수능시험 날, 수험장에서 긴장된 마음으로 시작을 기다리
고 있었다. 1교시 언어영역 시험지를 받고 듣기평가인 1번 문제를 보
면서 깜짝 놀랐다. 드라마를 들으며 주요 내용을 지도에 적은 것인데
잘못된 것을 고르라는 문제로 지도에는 이순신 함대의 3차 출전도가
나와 있었다.

문제를 듣기도 전에 'ⓒ 견내량'의 설명이 잘못되어 있다는 것을 알
수 있었다. 견내량은 한산도대첩에서 적을 유인해 낸 좁은 수로이지
만, 문제에는 적군과 결전을 벌인 곳이라고 나와 있었다. 2차까지 붙
어 있었던 육군사관학교에 입학하라는 계시인지 수능의 시작인 듣기
평가 1번 문제부터 나만의 맞춤 문제가 출제되었다. 이 문제 하나로
시작부터 버프를 받은 수능시험에서 평소의 실력보다 훨씬 더 좋은
성적을 받을 수 있었다.

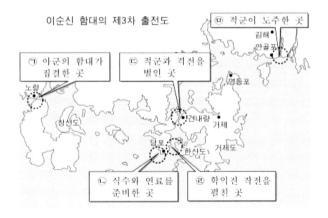

이순신 함대의 제3차 출전도

그러나 진해만이라고 해서 임진왜란 당시 좋은 기억만 있는 곳은 아니었다. 원균이 조선수군을 말아먹었던 칠천량 역시 진해만에 있다. 하필 러일전쟁 당시 도고가 지휘하던 일본해군이 주둔한 거제도의 송진포가 바로 칠천량이다. 역사의 아이러니가 아닐 수 없다.

도고제독의 이름이 우리나라에서도 낯설지 않은 이유는 이순신 장군과의 일화 때문이다. 도고제독이 이순신 장군을 흠모했기에 쓰시마해전에서 이순신 장군의 전략 전술을 활용해서 승리했다는 일화이다. 일부는 맞고 일부는 틀린 이야기다.

도고가 이순신 장군을 흠모했다는 것은 충분히 가능성 있는 이야기다. 일본은 무엇이든 신이 될 수 있는 나라로 사람뿐 아니라 물건 또한 신이 될 수 있다. 일단 끝난 일에 대해서는 아군이었는지 아니면 적이었는지를 크게 따지지 않는 이이토코토리*의 나라인 일본에서는 적군의 장수도 군신이 되는 데 전혀 문제가 없다.

도고제독은 사쓰마번 출신으로 노량해전에서 간신히 도망쳐 나온 시마즈 요시히로의 시마즈 가문을 섬기던 수군가문 출신이었다. 충분히 이순신 장군의 무용을 접했을 가능성이 있다.

이순신이 거의 주인공급으로 등장하는 징비록 역시 오래전부터 일본에서 널리 읽혔다. 그러므로 도고제독은 이순신에 대해 잘 알고 있었을 가능성이 높다.

하지만 러일전쟁 후 도고 자신을 이순신으로 비유하는 기자에게 어떻게 이순신 장군과 자기를 비교하느냐며 성을 냈다는 이야기의 진

---

* 良いとこ取り, 좋은 것을 취한다는 뜻.

실 여부는 알 수 없었다. 그러나 일본 해군이 전투를 하기 위해 진해만을 떠나갈 때 수뢰정의 한 정장이 이순신의 영령에 빌었다는 기록이 남아 있다.

여러 전후 상황으로 따져 보면 약간의 과장이 섞여 있을 수는 있지만 도고제독이 이순신 장군을 흠모했다는 것은 근거 없는 이야기는 아닌 것으로 생각된다.

하지만 학익진에서 배운 T자(또는 ㅜ자)전법으로 승리했다는 이야기는 사실과 다르다. 학익진의 지나친 신격화다.

한산도 대첩에서 이순신 장군이 지형을 활용하여 일본군을 유인한 후 학익진 대형으로 적을 포위 공격하여 대승을 거둔 후 학익진은 이순신 장군과 동의어가 되어 버렸다. 그러나 학익진은 조선시대에 존재하는 여러 진형 중 하나였을 뿐이다.

이순신 장군은 학익진으로 승리한 것이 아니라, 적 상황과 지형에 맞는, 전문용어로 METT-TC** 요소를 고려하여 아군의 훈련된 여러 방책 중 하나인 학익진을 택한 것이다. 학익진은 아군 병력을 분산하는 진형으로 자칫 잘못된 상황에서 학익진을 사용했다가는 오히려 각개격파 당할 위험이 있다.

한산도대첩에서 학익진 그 자체보다는 거센 조류의 바다에서 진행되는 임무수행을 가능케 한 조선 수군의 평소 교육훈련과 실전에서도 일사불란하게 학익진 대형을 갖출 수 있도록 한 지휘통신이 주목

**   Mission, Enemy, Terrain and Weather, Troops and Support Available, Time Available, Civil Considerations의 약자로, 상황판단을 위한 임무, 적, 지형, 기상, 가용부대, 가용시간, 민간요소를 뜻한다.

받아야 한다.

도고제독이 사용한 T자 전법은 위험을 감수하고 적에게 화력을 집중하기 위한 진형이었다. 일본해군의 독창적인 전법이라기보다는 화포의 등장 이후 모든 함대전투에서 추구하는 전투 형태였다. 적을 삼면으로 둘러싸는 학익진과는 다른 모습이다.

T자는 개념상의 모습일 뿐 시시각각 움직이는 피아의 함선이 정확히 그 모습을 그리기란 불가능하다. 쓰시마해전에서도 T자 모습보다는 서로가 평행선을 그리며 움직이는 11자의 모습에서 일본해군의 과감한 몇 차례 방향전환을 통해 러시아 해군에 화력을 집중하는 모습이 그려졌다. 이는 마치 기총으로 도그파이트를 벌이는 전투기들이 서로 꼬리를 잡기 위해 선회전을 펼치는 모습과 비슷하다.

T자 전법은 학익진을 모방했다기보다는 적에게 최대한 화력을 집중하기 위해 고심한 끝에 위험을 무릅쓰고 적 앞에서 과감한 방향전환을 성공시켰던 고급기동으로 보는 편이 적절할 것이다.

전쟁연구에서는 사실을 직시하는 것이 제일 중요하다. 일본해군이 학익진을 모방하지 않았다고 해서 이순신 장군의 위엄이 떨어지는 것은 아니다.

오히려 조선 수군이 학익진 기동을 가능하게 했던 것처럼 쓰시마해전에서 일본해군의 과감한 기동을 가능케 했던 지휘통신분야에서의 36식 무선 전신기 역할과 진해만에서 실시한 일본해군의 포술교육훈련을 주목해야 한다.

특히 일본해군은 진해만에 주둔하고 있던 3개월 동안 평시 연습탄의 1년 소비량을 10일 만에 다 사용할 정도로 축사탄 사격을 활용한 포술 교육훈련을 철저히 했다.

이순신 장군의 위대함을 강조하기 위해 학익진을 억지로 가져다 대는 것보다는 실제 모습을 들여다보기 위한 노력이 중요하다. 이런 자세가 우리 사회의 군에 대한 담론을 발전시킬 것이라 믿고 싶다.

체스터 니미츠, 야마모토 이소로쿠, 그리고 도고

신사의 내부를 좀 더 둘러보았다. 여기저기 Z기가 나부끼는 가운데 도고의 일대기를 설명하는 그림이 곳곳에 붙어있었고, 주변에는 전통 복장을 한 신사 직원들이 바닥을 쓸고 있다.

도고는 1934년, 87세의 나이로 사망하였으니 꽤 장수한 셈이다. 일본의 다이쇼 민주주의가 실패한 이후 1930년대는 한창 군국주의가 성행하던 시기였다. 그가 살아있을 때부터 도고의 사후에 신사를 만들어 군신으로 모시겠다는 이야기가 대중 사이에서 흘러나왔다. 도고는 그 이야기를 듣고서 자기를 신으로 만들겠다는 것은 당치도 않다는 입장을 표명했다.

하지만 도고 사후 본인의 의지와는 상관없이 도고 기념회가 만들어졌고, 태평양전쟁 발발 전인 1940년에 도고 신사가 세워졌다. 하지만 5년 뒤 도쿄 대공습으로 인해 신사는 불타 없어졌다.

이를 되살리기 위한 노력으로 신사는 1958년 재건작업을 시작했고, 1964년에 재건되어 현재까지 이어지고 있다.

일본과 적으로 싸웠던 미국의 체스터 니미츠 제독이 도고 신사를 재건하는 데 도움을 주었다는 이야기는 유명하다. 미국의 니미츠급 항공모함으로 잘 알려진 니미츠 제독은 태평양전쟁에서 활약한 5성 장군, 미 해군 원수다.

일본의 진주만 공습 직후 니미츠는 졸지에 소장에서 대장으로 진급하여 미 해군 태평양 함대 사령관을 맡게 된다. 벼락진급에 대한 주변의 우려가 있었지만, 니미츠는 특유의 리더십을 발휘하여 지휘권을 장악하였으며 태평양 전쟁의 전환점인 미드웨이해전의 승리를 시작으로 미군의 승리를 이끌어갔다.

그는 해군으로서 도고제독을 존경하고 있었다. 쓰시마해전 당시 도고제독의 기함인 미카사호*가 전후에는 고철로 팔려 갈 뻔하자 이를 보존하도록 도움을 주었으며, 1960년 자신의 회상록 일본어판의 인세를 미 해군 이름으로 도고 신사에 기증하여 도고 신사의 재건에도 도움을 주었다.

니미츠는 해군사관학교 생도 시절 도고를 만난 적이 있었다. 러일전쟁 후 전승 축하연을 가지는데 마침 요코스카 항에 기항 중이던 미

---

* 현재 요코스카 항에 정박하여 박물관으로 이용.

군 전함 오하이오에도 '오하이오 고자이마스'하고 초대장이 전해졌다. 축하연에 참석한 미 해군들은 직접 도고와 만나는 시간을 가질 수 있었다. 이 자리에서 도고와 직접 대화를 나누었던 니미츠는 도고제독에 대한 존경심을 가지게 되었다고 한다.

도고와 만났던 생도 5명 중에 윌리엄 홀시 제독도 같이 있었다는 것도 재미있다. 홀시 제독은 황소라는 별명답게 전쟁 중 "이 전쟁이 끝나면 일본어는 지옥에서나 쓰는 언어가 될 것이다." "쪽바리(JAPS)를 죽여라, 죽여라, 더 많이 죽여라!" 등의 말을 남기며 일본에 강한 적대감을 품었던 제독이다.

니미츠의 성공 요인에는 미 해군 정보조직의 활약도 컸다. 태평양전쟁 발발 후 니미츠가 활성화시킨 미 해군 정보조직은 일본군의 무선통신을 완벽히 해독하고 있었다. 미드웨이 해전은 슬리퍼를 신고 지하 사무실에 근무하는 정보조직의 미군 장교에게 일본 해군 주력이 살상되었다는 말이 나올 정도이며, 일본 연합함대 사령장관 야마모토 제독의 지휘기 격추 역시 정보조직의 활약이었다.

야마모토 이소로쿠(山本五十六)는 일본해군의 진주만 공습작전을 승리로 이끌었으며 이후에도 계속해서 일본해군의 총지휘관 역할을 해오고 있었다. 1943년 4월 이소로쿠가 부겐빌 섬으로 전선시찰을 간다는 암호문을 입수한 미군은 그가 지나가는 길목을 노려 항공기 2대를 전부 격추시키는 전과를 올리게 된다.

니미츠의 조직에 의해 전사한 야마모토 역시 러일전쟁에 도고제독의 휘하에서 해군 소위로 참전하여 사고로 손가락 두 개를 잃은 전력이 있었다. 도고를 사이에 둔 니미츠와 야마모토의 인연은 이렇게 40

여 년 뒤 아이러니한 운명을 보여 주게 된다. 도고는 정말 많은 사람에게 영향을 끼친 인물이었다.

그냥 신사를 빠져나오기 허전했다. 동전지갑에 있는 잔돈으로 기념품, 아니 전리품을 하나 구매했다.

해군 특년병의 비와 잠수함 순국 기념비

일본해군의 성지인 신사 주변에는 러일전쟁뿐 아니라 태평양전쟁을 기념하는 비도 여럿 있었다. 신사가 태평양전쟁 직전에 세워졌으며, 도고는 해군의 군신으로 여겨졌기 때문이리라.

먼저 해군 특년병의 비를 둘러보았다. 태평양 전쟁이 시작된 1942년부터 모집하기 시작한 해군 특년병을 기리는 비이다. 모집 시 특년병의 자격 기준은 14살이였다.

새파란 소년병은 극단적인 종교에 빠진 이들의 군대인 줄만 알았는데 여기에도 있었다. 이들 역시 신도에 빠진 소년병이었을 것이다. 그러나 이 정도 전쟁 범죄는 당시 일본에서 전쟁 범죄 축에도 끼지 못하는 일이긴 하다.

옆에는 잠수함 순국 기념비도 있었다. 1958년에 건립된 이 비는 잠수함 승조원으로 전사한 이들을 기리는 비였다. 기념비 왼쪽의 높이 솟은 것은 잠수함의 잠망경을 뜻한다고 한다.

태평양전쟁 기간 약 120척의 잠수함에서 10,000여 명의 군인들이 생을 달리했다. 그런데 그 잠수함의 종류 중에 특수잠항정과 가이텐* 이 같이 언급되고 있다는 것이 거슬렸다. 무의미한 특공이 기릴만한 희생정신인지, 그에 앞서 이들이 죽은 것이 희생정신인지 아니면 강요에 의한 억지죽음이었는지를 먼저 구분해야 되지 않을까 싶다.

한 가지 궁금한 점도 있었다. 잠수함 희생자에 육군 잠수함 탑승자들도 포함되어 있는지 의문이었다. 잠수함이라면 해군의 전유물로 여겨지지만, 당시 육군에서도 잠수함을 운용하였다.

제국일본의 육군과 해군은 서로 다른 나라의 군대라 보아도 무방할 정도로 합동성이라는 것이 전무한 군대였다.

전쟁 말기 미 해군에 의해 수송수단이 모두 사라져 버린 일본해군은 태평양의 외딴 섬에서 버티고 앉아 있는 일본육군에 대한 보급선을 유지할 수 없었다. 보급선 유지가 제한되자 딴에 육군이 해결책이라고 내놓은 것이 육군 잠수함 건조이다.

1943년 10월, 초도함이 진수된 육군의 잠수함 '3식수송잠항정 마루유(まるゆ)'는 1944년부터 대량생산에 들어갔다. 총 400척을 만들려 했던 육군은 4곳의 공장에 일을 맡겼다. 우리나라에도 잠수함 공장이 있었다. 인천에 있는 '조선기계제작소'였다.

---

* 　回天, 사람이 탑승하여 직접 조종해 목표물을 타격하는 자폭용 어뢰.

중국에 있는 일본군의 보급을 위해 1940년 12월, 인천에 만들어진 일본군의 조병창의 역사는 오늘날까지 이어지고 있다. 지금의 부평 지역에 있는 인천 조병창에서는 해방 전까지 10,000여 명에 달하는 인원을 동원하여 다양한 무기를 제작하였다. '조선기계제자소' 역시 인천 조병창의 통제를 받아 잠수함을 생산하였다.

6·25전쟁 당시 미군의 인천 상륙작전 작전도를 보다 보면 신기한 이름을 발견할 수 있다. 다른 이름은 전부 한글 이름을 영어로 표기한 것이지만, 영어 약자로 표기된 이름이 하나 있다.

애즈컴 시티(ASCOM* city), 군수지원사령부란 뜻의 지명을 군사지도에서 볼 수 있는데 이곳이 바로 일본의 인천 조병창이 위치했던 곳이다. 해방 이후 일본군의 시설물을 인계받아 미군이 군수지원사령부로 사용했던 곳으로 6·25전쟁 후에도 미군 지원시설물로 사용되었다. 이후 주한미군의 개편에 따라 1973년 애즈컴이 폐쇄되었고, 현재 근처에 남아 있는 캠프 마켓도 2016년에 반환될 예정이다.

해군경리학교, 반성하지 않는 자들

주변에는 제국해군의 해군경리학교 정문 비석도 있었다. 종전 후 해군경리학교가 해체되면서 가져온 듯했다.

---

*   Army Support Command.

　오늘날 일본과 주변국과의 갈등에는 일본의 침략전쟁을 어떻게 볼
것인가 하는 전쟁관의 차이도 하나의 원인이라 볼 수 있다. 일본 사회
의 전쟁관 중에 '해군사관'이라는 시각이 있다.

　해군사관은 '육군은 악인, 해군은 선인'이라는 패전 이래 오래된 일
본인의 전쟁관 중 하나이다. 15년 전쟁을 치르는 동안 해군은 육군에
떠밀려서 어쩔 수 없이 전쟁에 참여했다는 전쟁관으로 거칠고 정신주
의적인 육군과 달리 해군은 자유주의적이고 합리주의적이었기에 육
군의 억제 혹은 저항세력으로 기능했다는 식의 주장이다. 이러한 기
억은 전후의 일본 해군 '단현(短現, 단기현역 해군주계과 사관)' 출신들의 활
약에 일정 부분 기인한다.

　단현이란 전쟁 중에 대학 등의 졸업자 중에서 선발된 인원을 대상
으로 2년 단기복무 현역경리장교로 임용하는 제도를 말한다. 단현 출
신들이 1970년대 이후 정·관·재계 요직을 점하면서 주목받기 시작했

다. 1982년부터 87년까지 일본의 총리를 지낸 나카소네 야스히로가 단현 출신의 대표적 인사이다.

1978년 4월 11일, 일본 국회의원 중 해군과 관련된 이들이 '올드 네이비 클럽'의 설립총회를 열었다. 상당수 단현 출신을 포함한 47명의 의원 전원이 해군 장교용 전투모를 쓰고 제국일본해군의 나팔곡에 맞춰 경례 및 묵념, 군가 제창 등의 행사를 진행한 적이 있다. 이는 일부 일본 지도층의 삐뚤어진 엘리트의식을 보여 주는 개념 없는 행동이라 할 수 있을 것이다.

육군은 사회 엘리트층을 함부로 객사하게 내몰았던 반면에 해군이 단현 제도를 통해 인재를 채용하고 전후 재건을 위한 인재를 보존하는 커다란 유산을 남겼기에 해군은 잘못이 없었다는 주장을 하곤 한다.

단현 출신의 전사율은 20%도 되지 않지만, 다른 해군 출신의 장교 전사율이 70%에 육박한다는 통계가 있다. 이 이야기를 돌려 말하자면 특권을 가지지 않은 일반 국민은 전장에서 죽을 수밖에 없다는 이야기다. 텐노의 군대인 제국일본군에서는 이해가 되겠지만, 국민이 주인이 되는 민주주의 국가에서는 나올 수 없는 발상이다. 그러나 과거에 사로잡힌 일본 지도층의 전쟁관 수준은 이 정도였다.

또 해군이 자유주의적이고 합리주의적이었다는 주장은 장교가 아닌 부사관과 병의 시선에서는 전혀 그렇지 않았다. 전후에 해군 장교들에 대한 깊은 분노를 담고 나온 부사관과 병 출신의 수많은 회고록들이 이를 증명한다.

원폭과 이후의 다급한 국제정세에 의해 성급하게 진행된 일본의 전후처리 생겨난 비틀어진 일본인의 전쟁관에 대해서는 감성적으로만 접근해서는 안 된다. 이성을 가지고 좀 더 알아봐야 할 필요성이 있다. 그래야 그들의 본질을 알고 지혜롭게 대처가 가능할 것이다.

메이지 신궁

도고 신사를 한 바퀴 둘러본 후 전철을 타기 위해 왔던 곳으로 다시 되돌아간다. 여름의 햇살이 점점 따가워진다. 올 때와 다르게 샛길로 한 번 가보기로 한다. 샛길에서 본 애니메이션 전문 성우학원은 이곳이 일본이라는 느낌을 더해 주었다.

무언가 무섭게 느껴지는 포스터도 보았다. 전쟁을 포기한다는 일본의 헌법 9조항 변경을 반대한다는 내용으로 내용은 문제없으나 포스터의 좌측에는 이렇게 적혀 있었다. '일본 공산당'.

나중에 알아보니 한때 일본의 공산주의자들 역시 과격투쟁을 일삼았으나 이후 일본 공산당이 탄생하면서 무장투쟁 노선과는 결별했으며 북한의 행동에는 과격하게 비판하는 의석수 5위의 정당이었다. 그나마 로동당이 아니라 다행이었다.

하라주쿠 역 옆에는 메이지(明治) 신궁이 자리 잡고 있다. 메이지유신을 이룩한 일본의 메이지 텐노를 기리는 신궁으로 지금 둘러보고 있는 도고 신사, 그리고 다음 목적지인 노기 신사와도 관련이 있다.

1867년부터 1912년까지 재위한 메이지 텐노는 일본을 근대화시켰다는 업적으로 일본인들에게 많은 사랑을 받았다. 이에 힘입어 1912

년 사망 후 1920년 현재의 자리에 신궁을 지어 신으로 모신 것이다. 하지만 1910년을 기억하는 우리에게는 원수 같은 인물이다.

부지가 매우 넓어 보여 내부로는 들어가지 않았다. 신궁 앞에서 신궁의 입구를 장식하는 도리만 찍고 역 안으로 들어갔다.

JR패스를 허락지 않는 도쿄의 지하철을 타야 하기 때문에 역 자판기에서 펭귄이 그려진 스이카* 카드를 발급받았다. 교통카드다. 3,000엔을 내면 보증금 500엔을 제외하고 2,500엔이 충전된 카드가 만들어지는데, 도쿄에서의 3일 동안 남김없이 쓰고 보증금 환불 대신 기념품으로 들고 왔다. 3일 동안 약 2만 5천 원, 일본의 교통비는 매우 비쌌다.

---

*   Super Urban Intelligent Card.

02
노기 신사: 의로운 죽음의 상징?

노기 마레스케와 여순전투

하라주쿠역과 붙어 있는 메이지진구마에역에서 지하철을 타고 두 정거장을 가면 노기자카역이 나온다. 노기 마레스케(乃木希典)와 관련이 있는 역으로 주변에 노기 신사가 있다.

아침을 안 먹었더니 어느 순간 갑자기 허기가 져 걷기가 힘들어졌다. 노기자카역에서 나와 근처 편의점에 들렀다. 편의점 내부는 우리나라의 편의점과 크게 다르지 않았다. 보기만 해도 식욕을 돋우는 초록색의 메론빵 하나를 사서 순식간에 먹어 치웠다.

편의점 건너편에는 노기의 자택이 있었는데 아쉽게도 내부 보수공사로 문이 닫혀 있었다.

러일전쟁 당시 일본 해군에 도고 헤이하치로가 있다면, 일본육군에는 노기 마레스케가 있었다. 노기는 일본 육군의 전형적인 모습을 보여 주는 인물이다.

　노기 장군의 명성은 청일전쟁과 러일전쟁에서 있었던 두 차례의 여순전투에서 흘린 수많은 부하들의 피로 만들어졌다. 청일전쟁 당시에는 보병 제1여단장으로 복무하면서 후퇴하는 청군의 뒤를 따라가 하루만에 여순요새를 손쉽게 점령한 경험을 가지고 있었다. 하지만 러일전쟁에서는 달랐다.

　러일전쟁이 발발하자 그는 일본 제3군의 사령관으로서 다시 한 번 여순요새를 공략하는 임무를 부여받게 된다. 하지만 러일전쟁 당시의 여순요새는 청일전쟁 당시의 그곳이 아니었다.

　뤼순(旅順)은 요동반도 끝에 있는 항구로 오늘날 중국의 다롄(大連) 지역이다. 이곳은 항구 입지를 갖추고 있으며, 주위는 고지군으로 보호를 받는 지형이라 군사적으로 중요한 지역이었다.

　러일전쟁 당시 러시아군의 태평양함대가 여순항에 위치해 있었으므로 러시아군은 여순항을 지키기 위해 주변 고지에 강력한 방어진지를 구축해 놓았다.

반면 사전 정보가 없었던 일본군은 일주일이면 여순항을 점령할 수 있을 것이라 낙관하고 육군 병력을 들이밀었다. 쉽게 끝나리라 믿었던 전투는 8월에 시작하여 이듬해까지 이어졌다.

8월에 실시한 최초 공격에서 일본군은 5일 동안 1만 5천여 명의 인명을 희생시켰으면서도 러시아군의 작은 보루 하나 빼앗지 못했다. 수차례 공격이 이어졌지만, 여순은 끄떡없었다. 무의미한 희생이 늘어가는 가운데도 노기군 사령부는 정면공격을 고집했다.

일본군은 급해지기 시작했다. 지구를 반 바퀴 돌아 이곳으로 향하고 있는 러시아의 발틱함대가 도착하기 전까지 여순요새 내부에 있는 러시아 태평양함대를 각개격파해야 했다. 그렇지 않으면 일본해군은 양쪽에서 러시아 해군을 맞이해야만 했다.

해군은 육군이 203고지만이라도 먼저 점령한 후 고지에서 포격을 퍼부어 태평양함대를 몰아내 주길 요청했다. 수차례 무의미한 공격 끝에 고집을 꺾은 육군은 11월 말부터 203고지로 눈을 돌렸다. 다른 곳에 비해 취약한 203고지였지만, 전투의 중심이 203고지로 옮겨가는 시점에서는 요새화가 완료된 상태였다. 203고지를 공격하는 일본군은 말 그대로 녹아 버렸다. 벙커와 시즈탱크 방어선 앞에서 어택땅 저글링* 신세였다.

12월 5일이 되어서야 일본군은 수많은 사상자를 내고 간신히 203고지를 점령할 수 있었다. 203고지는 여순항 내부의 감제와 타격이

---

*　게임 '스타크래프트'에서 나온 비유로 제일 약한 유닛의 무모한 공격을 말함.

가능한 곳이었다. 고지에서 발사되는 포들은 여순시내와 여순항에 정박되어 있는 러시아 해군의 함정 사이로 떨어지기 시작했다.

203고지 돌파구가 형성되고 나서야 일본군의 공격은 숨통이 트이게 되었다. 포병은 화력을 집중하는 사이 수많은 희생을 치러 가며 공병이 갱도를 파 들어가 적의 보루를 일일이 폭파하는 전술을 사용하며 격전을 벌인 끝에 주변의 진지를 하나하나 제압해 들어갔다. 이듬해 1월 2일 여순요새의 러시아군은 일본군에게 항복했다.

반 년 동안 지속된 여순전투에서 러시아군은 3만 5천여 명의 전투원 중 1만 2천여 명의 사상자가 발생하였으며, 전사자는 2~3천여 명 수준이었다. 반면 일본군은 러시아군의 약 3배인 10만여 명을 투입하여 사상자 60,212명, 전사 15,400명이라는 상처뿐인 승리를 거두었다.

진지를 감싸고 있던 철조망과 기관총으로 구성된 방자의 화망으로 달려드는 공자의 막대한 사상자 숫자로 특징지어진 여순전투는 앞으로 벌어질 1차 세계대전 참호전의 전주곡이었다. 그러나 막대한 사상자 발생을 무기체계의 변화로만 돌리기에는 일본군의 무식한 돌격 정신이 가져온 결과가 너무 참혹했다.

노기는 그런 장군이었다. 우직하게 목표를 성취하려 했지만, 그것이 전부인 장군. 그의 무의미한 명령에 일본군은 죽을 줄 알면서도 포화 속으로, 탄막 속으로 몸을 던졌다. 노기 자신도 전장에서 장남 노기 가쓰스케 중위와 차남 노기 야스스케 소위를 잃었다.

노기 마레스케의 순사殉死

　　노기 장군은 여순전투로 명성을 얻었지만 죽음으로 더 유명해졌다. 그는 러일전쟁 직후 수많은 장병을 죽음으로 몰아넣은 죄책감으로 할복을 꾀하였으나 메이지 덴노가 그를 말렸다.

　　하지만 메이지 덴노가 사망한 후 1912년 9월 13일, 장례의식을 치르던 그날 밤 노기와 그의 부인은 자택에서 할복자살을 결행했다. 일본의 역사 속에서 근근이 이어지다 1663년 에도막부에서 금지한 이후로 자취를 감춘 순사*가 근대사회에서 다시금 등장한 것이다.

　　근대사회에서 벌어진 전근대적인 순사는 그 시대 사람들에게 당혹감을 안겨 주었다. 당시 육군 고관들은 노기의 죽음을 접하고 당혹감을 느끼며 그의 죽음이 폄하되는 것을 염려하였다. 실제로 일부 언론에서는 구시대로 역행하는 것이냐는 비판적인 어조의 논설도 등장하였다.

　　하지만 일본인들은 이미 자신들이 이룩한 제국국가에 대한 자긍심이 가득한 상태였다. 그의 죽음에 대한 일본인들의 당혹감은 곧 열광적인 모습으로 변해갔다.

　　노기의 죽음은 무사도의 발현으로 보아야 한다는 의견이 지배적이었다. 일부 비판적인 논조의 언론도 곧 노기를 칭송하는 기사만을 쓰기 시작했다. 두 아들을 전쟁에서 잃은 노부부가 함께 자결하여 그의 가문이 끊겼다는 것도 그의 죽음에 비장감을 더해 주었다.

---

*　　殉死, 모시던 주군이나 주인이 세상을 떠났을 때 신하나 하인이 자결하는 것.

9월 18일 거행된 노기 부부의 장례식 때는 20만 명의 인파가 참석하여 성대하게 장례를 치렀다.

노기는 전사자가 아니므로 야스쿠니 신사에서 제사를 지낼 수 없었다. 하지만 아들 둘이 모두 러일전쟁에서 전사했기 때문에 제사를 지내 줄 사람이 없다는 이유로 국민들은 그의 제사를 직접 지내야 한다는 여론이 확산되었다. 그리하여 저택 옆 부지를 비롯한 6개소에 노기 신사가 창건된다. 노기는 죽음으로 군신이 되었다. 저택 옆에 창건된 노기 신사는 1923년 11월 1일 완공되었다.

서울의 한복판인 남산에도 노기 신사가 있었다. 오늘날 남산에 있는 리라초등학교 뒤편에 노기 신사, 우리말로 내목 신사가 위치해 있었다.

노기는 육군사관학교 교정에 전시된 제정 러시아시대 열차포와도 연관이 있다. 여순전투에서 실제 사용되었다는 러시아산 155㎜ 대포는 일본군이 전리품으로 가져와 서울 남산 노기 신사에 전시해 놓았다. 해방 후 신사가 없어지면서 방치되어 있던 대포는 1967년 3월 1일, 육군박물관이 있는 육사 교정으로 옮겨졌다. 오늘날에는 육사박물관 앞의 학과출장길에 위치해 있어 봄, 가을마다 생도들의 분대 사진 배경으로 쓰이고 있다.

노기 신사의 내부

노기의 저택 아래로 내려오니 노기 신사의 입구로 이어지는 조그만 공원이 있었다. 이곳에도 지하철역 출구가 있었다. 반대편 출구로 나와 한참을 걸어왔는데 낚인 기분이었다. 한국에서나 일본에서나 지하철 출구는 잘 찾고 볼 일이다.

승리의 상징인 도고보다 노기가 대중적인 인기가 떨어지는 이유에서인지는 몰라도 도고 신사보다 작아 보였다.

노기 신사는 미국에 의한 도쿄 대공습이 한창이던 1945년 5월에 미군의 폭격으로 잿더미가 된 이후 1957년에 다시 세워진 것이다. 도고 신사 역시 50년대 후반부터 재건을 시작한 것을 볼 수 있는데, 이는 전후 일본의 움직임과 무관하지 않다고 생각된다.

종전 후 미국에 의해 평화국가로 다시 태어난 일본은 6·25전쟁의 영향으로 인한 안보의 불안감으로 안보적이나 경제적으로 전쟁 후유증을 신속하게 극복해야 한다는 움직임이 나타났다. 그래서 전쟁 후유증 극복을 위해서는 국민을 묶을 수 있는 구심점이 필요했을 것이다. 경제 위기에 항상 따라 나오는 일본의 우익화와 '보통국가화' 움직임과도 연관성이 있을지도 모른다.

신사 내부에는 조그만 전시관이 있었다. 노기와 그 부인이 자결할 때 이용했다고 하는 실제 칼이 전시되어 있었는데, 날이 시퍼런 것이 섬뜩했다. 칼을 숭배하는 일본에서만 느낄 수 있는 문화적 차이이리라.

요시다 쇼인과 정한론

직접 가보기 전에는 몰랐는데 노기 신사 경내에 한 개의 신사가 더 있었다. 노기와 같은 고향인 죠슈번의 요시다 쇼인(吉田松陰)과 그를 가르친 숙부인 타마키 분노신(玉木文之進)을 기린 세이쇼(正松)신사였다.

매스미디어와 관련된 역사적 시기가 유행을 타는 것은 어느 나라나 같은가 보다. 이 신사의 주인공인 요시다 쇼인이 다룬 NHK에서 절찬리에 방영되고 있는 대하드라마 '꽃 타오르다(花燃ゆ)'의 등장인물로 출연 중이라는 홍보물이 이곳저곳에 붙어 있었다.

요시다 쇼인은 근대 일본의 주요 사상가이다. 그는 막부 말기의 인물로 숙부 타마키가 세운 쇼카손주쿠(松下村塾)라는 학당을 이어받아 조슈번에서 '존왕양이'를 주장하는 그의 사상을 널리 알렸다. 하지만 이를 탐탁지 않게 여긴 막부에 의해 붙잡혀 1858년 30살의 많지 않은 나이에 처형되었으나 학당에서 그에게 배운 제자들에 의해 유지가 계승되었다.

안중근 장군에게 사살된 이토 히로부미(伊藤博文)를 비롯하여 메이지 유신에 기여한 타카스기 신사쿠(高杉晉作)나 일본 군국주의의 아버지로 불리는 야마가타 아리토모(山縣有朋) 등의 거물들이 쇼인의 제자다.

제자들의 행보를 보아 알 수 있듯, 요시다 쇼인이 한국에 널리 알려지게 된 것은 좋은 것 때문이 아니라 그의 '정한론' 사상 때문이다.

요시다 쇼인은 1854년 저서 '유수록'에서 서양 세력이 일본을 넘보지 못하게 하기 위해서는 조선을 복속시켜야 한다 주장하였다. 일본은 서양과의 불평등조약으로 인해 손해를 보고 있으니 그 손해를 만회하고 일본의 근대화를 서두르기 위해 조선을 제압하여야 한다는 주장이었다. 당시 조슈번 출신 일본 고위관료들이 '정한론'을 주장하는 데에 많은 부분 영향 끼쳤다고 볼 수 있는 인물이다.

러일전쟁에 정한론까지···. 노기 신사 주변은 기분 나쁜 곳이다.

러일전쟁, 제국일본군 정신주의의 탄생

노기 신사를 돌아보며 제국일본군의 정신세계에 대해 생각해보았다. 여순전투에서 나온 사상률 60%라는 수치는 10만여 명으로 이루어진 야전군이란 제대에서 도저히 나오기 힘든 수치이다.

압도적인 적에게 괴멸당한 부대도 아닌 주도권을 가진 공자가 이런 손실을 입었음에도 명장이란 소리를 듣는 근대 일본의 모습은 오늘날의 관점에서 이해하기 힘들다.

말도 안 되는 극심한 사상자 수치는 여순에서만 볼 수 있는 것이 아니었다. 비슷한 시기 만주벌판에서 벌어진 흑구대전투에서는 러시아의 공세를 막아내던 일본군 제8사단은 5일 동안 9,000명의 사상자를 낸 기록이 있다. 사단급 규모로는 거의 괴멸에 가까운 피해를 입으며 승리를 거두었다.

러일전쟁에서 화기의 위력, 특히 기관총의 등장으로 인한 화력의 위력은 러시아와 일본 양군에 심각한 피해를 강요했다. 반면 수송수단의 증가로 인해 전투에 투입되는 부대의 규모는 기존의 전쟁보다 훨씬 커졌다.

게다가 전투 기간도 길어졌다. 청일전쟁 당시의 주요 전투는 전부 하루 만에 결판이 났던 것과는 달리 러일전쟁에서 벌어진 봉천회전 같은 주요 전투는 2주 정도의 기간을 필요로 했다. 화력과 부대규모의 증가, 그에 더해 전투 기간의 증가로 인한 사상자의 급속한 증가는 당연한 결과였다.

일본 사회에서 러일전쟁은 국가의 명운이 달린 전쟁이었다. 러일전쟁에서 일본의 승리는 일본의 군대가 근대화를 시작한 지 반세기 만에 큰 희생을 치르고 서구 제국주의의 강력한 군대를 꺾은 대사건이었다. 그렇기에 어느 정도의 희생을 감수하는 사회 분위기가 조성되어 있었다.

더구나 일본은 전통적으로 전장에서의 인명 경시 풍조가 만연해 있는 사회였다. '무사도란 죽는 것이다'라는 식의 일본 특유의 비장한 문화는 큰 희생에도 불구하고 러일전쟁이 일본 사회에서 수용될 수 있는 이유가 되었다.

문제는 러일전쟁 이후였다. 러일전쟁의 성공으로 근대전쟁을 바라보는 일본의 시각은 여전히 전근대적인 시각으로 남게 되었다. 부족한 물질전력을 정신력으로 이겨낸 경험의 마약 같은 짜릿함으로 인해 러일전쟁의 승리원인을 오로지 정신력에서만 찾고자 했다.

러일전쟁 종료 후 일본군에서 실시한 '러일전쟁 승패의 원인을 논한다'라는 논문 모집에서 입선한 논문들을 보면 모두 결론은 "승패의 최대 원인은 피아 군인정신 우열의 차이로 귀결된다"였다고 한다. 그렇기 때문에 러일전쟁의 교훈을 되새기며 군인정신의 강화를 위해 일본의 전통인 무사도를 더욱더 고취시켜야 한다는 주장이다.

군에서 펴낸 공간사公刊史 역시 마찬가지였다. 일본 육군에서 만든 '러일전사'에서도 전쟁 승리의 원인을 덴노의 성덕과 장병의 충용에서 찾았다. 러일전쟁의 승리는 정신승리였다는 잘못된 전훈을 토대로 군대의 교육훈련은 오직 정신주의 강화에만 초점을 맞추기 시작했다.

무기의 발달로 인해 밀집대형 위주에서 산개대형의 전투양식으로 근대전의 양상이 바뀌었고, 이에 따라 오늘날 말하는 융통성 있는 임무형 지휘가 중요해진 것은 사실이다. 산개대형의 전투에서는 밀집대형보다 병사 개개인의 자발적 전투 의지와 사기 역시 중요해졌다. 하지만 다른 원인은 다 제쳐 놓고 승리의 원인을 정신력에서만 찾는 것은 잘못된 행동이었다. 제국일본군의 지나친 정신주의 강조는 전투력 발전에 전혀 도움이 되지 않았다.

러일전쟁의 승리로 자만감에 찬 일본군부는 기존의 외국 교범을 모방하여 사용하던 교범 내용을 '우리식대로' 전면 개정한다. '공격 정신', '필승의 신념', '군기' 등 정신주의가 교범 곳곳에 등장했다. 그러나 전근대적 병학 수준에 머무는 일본군의 빈약한 군사사상으로는 큰 규모의 군을 운용하는 데 필요한 독자적인 전략전술 체계를 만들어 낼 수 없었다. 일본식 자주국방을 내세워서 할 수 있는 것이라고는 오로지 기존의 외국 교범을 번역한 후 추가로 정신요소를 강조하는 것밖에는 없었다.

한문과 세로쓰기의 압박이 있긴 하지만, 우리나라에서도 번역 출판된 『통수강령』이라는 책에서 그 황당함을 맛볼 수 있다. 말을 빙빙 꼬아 거룩하고 좋은 이야기를 나열하였지만 정작 내용은 없다. 구체적인 술術이나 이론의 체계 대신에 정신력을 다룬 현학적인 이야기만 늘어놓은 책이 그들이 1급 비밀로 관리하던 고급장교의 리더십 교범인 『통수강령』이다.

러일전쟁의 운 좋은 승리로 비합리적이고 독선적이며 정신주의 일색으로 흐른 일본군의 비현실적 정신주의 사상은 물질을 극단적으로 경시하기에 이른다. 그리고 그 결과는 미국과의 태평양전쟁에서의 파멸로 증명되었다.

클라우제비츠의『전쟁론』에서 말하듯 물질과 정신 전력은 금속합금처럼 화학적으로 분리될 수 없는 요소이다. 그러나 전쟁에서 가장 중요한 정신적 요소를 무시해 버리는 것도 답은 아니다. 이 정신적 요소를 어떻게 다루어야 할까 하는 과제를 남긴 채 노기 신사를 나와 다음 목적지로 향했다.

일본 헌병대, 그 잔인한 이름

노기 신사를 둘러본 후 노기자카 역에서 지하철을 타고 와코시역으로 향했다. 와코시역으로 향하는 지하철에는 '진격의 거인' 실사판 영화로 도배가 되어 있었다. 차내의 모든 광고판은 물론이고 출입문 위 전광판에서도 15초의 광고 영상이 무한재생되고 있었다. 이 광고를 지겹게 보며 40여 분을 지하철에 앉아 있어야 했다. 러일전쟁 이후 벌어진 일제의 헌병통치가 생각나지 않을 수 없었다.

『진격의 거인』은 일본과 우리나라에서 선풍적인 인기를 끌었던 만화다. 현재도 계속 연재가 되고 있으며, 애니메이션도 인기를 끌었다. 한창 인기를 끌던 2013년에 만화책을 한 번 읽어 보았는데 만화 속 세계관이 일본 군사문화를 대변하고 있다는 것을 느꼈었다.

여자 주인공의 이름부터가 미카사였다. 쓰시마 해전에서 도고의 함대 기함 이름인 미카사에서 따온 이름이다.『언덕 위의 구름』주인공

중 한 명인 러일전쟁 당시 기병사단장 아키야마 요시후루를 닮은 대머리 지휘관도 만화 속에 등장했다. 작가의 트위터에 올라온 요시후루를 존경한다는 작가의 트윗으로 인해 우익 논란도 있었다.

만화의 세계관에서 등장하는 병과의 종류가 흥미로웠다. 거인에 대항해 성을 지키는 군대의 병과는 총 3개로 나뉘어 있었다. 성 밖을 조사하는 조사병과, 성을 지키는 주둔병과, 그리고 왕을 위해 성 내부의 질서를 지키며, 임관 성적이 좋아야만 갈 수 있는 곳, 세 병과 중가장 강한 권력을 가진 헌병병과.

일본이 근대국가를 건설한 직후 그들은 눈을 주변국으로 돌렸다. 그리고 제국주의를 본격적으로 뒷받침하기 위해 대외전쟁 준비를 시작했다. 없는 살림을 쪼개 군비를 확장하고 징병제를 실시하여 군대의 몸집을 키우기 시작했다.

　일본군은 1886년부터 1889년까지 군부 개혁을 진행하며 헌병을 강화하기 시작했다. 조직이 급속도로 커진 헌병대는 내부소요 진압 업무를 담당하기 시작했고 나머지 군대는 대외전쟁을 준비하는 근대 국민군이라는 이미지를 보여 주고자 했다.

　헌병대는 민간사회의 소요 진압뿐만 아니라 국민과 국가라는 개념을 정립하지 못한 채 억지로 징병된 인원들의 군기 확립의 역할도 수행했다. 봉건적 신분질서의 수호자였다.

　사실 징병제는 프랑스 혁명 당시의 국민 총동원령처럼 의식이 깨어 있는 자유민들을 대상으로 해야만 비로소 가능한 제도이다. 내부적으로 봉건제도를 벗어나지 못한 일본 사회에서는 무리였다. 더구나 일본의 군대는 국민의 군대가 아닌 덴노를 위한 군대였다. 강제로 징병당한 평범한 일본인들은 누구를 위해 무엇을 지키려 싸워야 하는지 알지 못했기에 전투 의지가 떨어질 수밖에 없었다.

　겉으로는 국민국가의 징병제를 통한 국민의 군대였지만 속살은 덴노의 군대라는 모순을 해결하기 위해 일본군은 헌병을 동원해 병사의 자주성과 언론 및 사상의 자유를 박탈하기 시작했다. 구타 및 폭언 욕설, 쓸데없는 기합으로 특징지어지는 일본군의 유명한 X군기의 시작이었다. 안에서 새는 바가지는 밖에서도 샌다고 내부단속을 강압적으로 하던 헌병대는 외부에서도 마찬가지였다. 영어로 'Kempeitai(헌병대의 일본 발음)'라는 단어는 악마와 동일시 될 정도로 외국에까지 그 악명과 잔혹성은 널리 알려졌다.

　러일전쟁 이후 일본은 조선을 삼키기 위한 작업을 본격적으로 시작했다. 이에 반발해 정미의병 같은 격심한 저항이 전 국토에서 벌어졌다. 일본에서는 대한제국을 완전히 식민지화하기 위해 반대세력을 힘으로 누르고자 했다. 을미의병, 을사의병, 정미의병으로 이어지는 의병전쟁에서 일본이 가장 효과적으로 사용한 자원 역시 헌병이었다.

정미의병이 시작되던 1907년 일본의 한국 주답군 헌병대는2,000명에 달했다. 그리고 2년이 지난 1909년에는 조선인 보조헌병제도를 통해 보조헌병을 포함한 6,700명으로 증가시켜 조선의 453개소에 분산 배치하여 의병 소탕작전을 벌였다.

일본은 1910년 대한제국을 강제병합하고 의병 소탕작전을 종료한 뒤 헌병의 임무를 '치안 유지에 관한 경찰 및 군사 경찰'로 하여 헌병정치를 실시했다. 헌병정치는 1919년 3·1운동 이후 문화정치로 태세를 변경하기 전까지 한반도 전역에서 실시되었다.

일본의 헌병과 우리 국군의 헌병은 그 단어는 동일하지만 의미는 천양지차다. 국군은 한 사람을 위한 군대가 아니라 법에 의해 통제를 받는 국민의 군대다. 군대 안에서 군사에 관한 사항에 대해 법에 맞게 행정, 사법경찰 역할을 수행하는 것이 우리 군의 헌병이다. 헌병은 영어로 'Military Police'라 한다. 군대 경찰이란 뜻이다. 자신들이 곧 법이라며 헌憲을 사용하는 제국일본의 헌병의 의미와 군법의 수호자인 우리 군 헌병(보다는 밀리터리 폴리스에 가까운)의 의미는 같지만 같지 않다.

일본군 헌병의 사례는 일본이 군국주의로 가는 전형적인 모습을 보여 준다. 그리고 헌병은 '진격의 거인' 3대 병과에서 가장 센 병과로 나오는 것처럼 일본인들의 집단 기억에는 옛 헌병의 잔상이 강력하게 남아 있는 것을 볼 수 있다. 그런데 왜 일본 헌병대에서 자꾸 수령의 군대에 존재하는 보위사령부가 떠오를까?

정로환征露丸, 러시아를 정벌하라

도고 신사와 노기 신사로 시작된 러일전쟁에서 이 약의 존재를 빼놓을 수 없다. 이 약을 찾기 위해 아프지 않은 데도 약국에 들어가 무작정 셔터를 눌러댔다. 약국 주인은 아마 이상한 사람이라 생각했을지도 모르겠다.

러일전쟁의 무대인 만주는 위험한(?) 곳이다. 석회질 토양이다 보니 수질이 좋지 않다. 생도 3학년 하계휴가 때 또 한 번의 유격이라 불리던 중국 문화탐방을 다녀온 적이 있다. 유격훈련을 포함한 6주간의 하기군사훈련을 마치고 육체와 정신 모두 최상의 상태였던 생도들임에도 육체적인 고통으로 고생했던 경험이다.

만주벌판을 가르는 고구려의 기상과 독립군의 고됨을 체험하는 탐방이어서 그랬는지 일정 자체가 쉽지 않았다. 거듭되는 야간기차 생활과 계속되는 버스 이동으로 육체적으로 힘든 상태에서 몸에 맞지 않는 물과 음식이 들어가자 많은 생도들이 탈이 났었다.

만주에서의 일정을 마치고 베이징으로 들어가자 본격적으로 증상이 시작되었다. 천안문광장과 자금성을 둘러보는데 일행들이 자꾸 한두 명씩 없어졌다, 돌아왔다를 반복하고 있었다. 많은 생도들이 배속에서 대륙의 기상이 느끼며, 화장실 간의 이격거리로 대륙의 규모를 체험할 수 있었다.

러일전쟁 당시에도 그러했다. 러시아군으로 참전했던 군의관이 쓴 수기 형태 소설인 『러일전쟁 군의관』을 보면 만주로 이동하는 도중에 냉소 섞인 이야기를 나누는 구절이 있다. 만주는 수질이 나쁘니까 틀림없이 전염병에 걸릴 것이라는 대화였다.

일본에서도 동일한 문제를 가지고 고민에 빠졌었는데 한 제약회사가 이 고민을 해결했다. 러일전쟁을 한창 준비하던 1903년에 일본의 한 제약회사가 크레오소트를 이용한 설사약을 개발하여 군납을 실시했다. 그리고 러일전쟁 당시 만주벌판에서 큰 효과를 보았다.

이 약이 바로 러시아를 정벌한다는 뜻의 정로환이다. 처음에는 정벌한다는 뜻의 한자인 征을 사용했지만, 국제관계를 고려하여 나중에는 正으로 고쳐 사용하였고, 우리나라에도 正으로 들어오게 되었다. 하지만 오늘날에도 군용 나팔과 함께 20세기 초의 분위기가 물씬 풍기는 약 상자의 겉포장을 보면 정벌하다라는 뜻의 정이 더 어울린다는 것을 알 수 있다.

러일전쟁과 관련 있는 먹을거리는 정로환뿐만이 아니다. 군대에서도 찾아볼 수 있다. 식단표에서 반찬이 부실한 것을 발견하거나, 주먹밥만 주야장천 먹어야 하는 훈련을 나갈 때면 PX에서 잘 팔리는 물건이 하나 있다. ○이랑, ○○라이스 같이 밥에 뿌려서 입맛을 돋우는 후리카케이다.

생선 분말, 김, 깨, 소금 등을 섞어서 만든 가루 모양의 식품을 후리카케라 일컫는다. 일종의 전투식량으로 러일전쟁 때 바다에 멀리 떨어진 만주까지 일본인의 주 반찬인 생선을 운반하기 힘들었기에 밥을 쉽게 먹기 위해 만든 식품이다.

후리카케에는 가쓰오부시(가다랑어포)를 주로 넣었다. 가쓰오부시는 일본어 발음으로 승리한 남자 무사라는 카츠오부시나 적을 이겨야 한다는 뜻의 카츠베시와 발음이 비슷해서 옛날부터 전장에 나가기 전에 행운을 기원하는 것으로 많이 쓰였다고 한다.

몇 년 전 역사를 다룬 한 예능 프로그램에서 이순신 장군을 주제로 한 이야기에서 도고제독의 이야기를 다루며 러일전쟁은 우리나라와 관련이 없다고 이야기하는 것을 본 적이 있다. 공중파 예능에서 이런 소리를 하다니 정말 당황스러웠다.

우리의 의지와는 상관없이 나라가 전쟁터가 되고, 타국에 팔려 가게 되는 가슴 아픈 전쟁이 러일전쟁이며, 그 외에도 많은 것과 관련돼 있는 전쟁이 러일전쟁이다. 오늘까지도 해결되지 않은 문제가 러일전쟁 문제이다. 관심을 가져야 한다.

'러일전쟁 직후에 임자 없는 섬이라고 억지로 우기면 정말 곤란해'

(독도는 우리 땅' 노래 중에서)

03

와코시 육상자위대 공보센터
: 오늘날의 일본자위대

도심 주변부는 군인의 숙명

한 시간 동안 이런저런 생각을 하며 와코시역에 도착했다. 역 앞의 풍경부터 도쿄와는 왠지 달라 보였다. 와코시는 도쿄도와 접하는 사이타마현의 도시였다.

와코시 육상자위대 주둔지내에 위치한 육상자위대 공보센터를 보기 위해서 도쿄 도심을 벗어나 한 시간에 걸쳐 외곽까지 나왔다.

여행계획을 세우며 어느 곳을 가야 자위대의 모습을 볼 수 있을지 고민했었다. 해상자위대 홍보센터는 나가사키의 사세보항에 있고, 항공자위대 홍보센터는 시즈오카현 하마마쓰에 위치해 있다. 하지만 해·공군보다는 육군의 모습이 보고 싶은 데다 도쿄와 가깝다는 이점으로 인해서 육상자위대 센터만 방문하기로 했다.

홍보센터는 역에서도 20여 분을 걸어가야 했다. 구글 지도를 켜고 지도 정치하듯 휴대전화 정치를 한 후 주요지형지물을 확인했다. 한

적한 주택가의 좁은 길목을 지나가야 했지만 스마트한 도구를 이용하니 헤맬 수가 없었다.

시골 분위기의 주택가를 거닐다 보니 문득 일본도 도심지에는 육상자위대가 있을 수가 없었구나 하는 생각이 들었다. 그나마 육상자위대 와코시 주둔지가 도쿄에서 가장 가까워 제일 인기 있는 곳일 텐데 그래도 시골 동네(?)구나 하는 생각이었다.

그래도 인적 하나 없는 곳 아니면 '리' 단위의 시골에서만 군생활을 해온 내 눈에는 대도시였다. 심지어 기지 바로 앞에는 드라이브 스루가 가능한 패스트푸드점도 있었다.

군대가 도시와 멀리 떨어져 자리 잡는 것은 오래된 전통이다. 고대 부족사회에서 전사가 되기 위한 훈련은 마을에서 먼 들이나 숲 속에서 행해졌다.

군사훈련이 속세와 떨어진 곳에서 이루어져야 하는 지에 대해서는 고대 그리스의 철학자 플라톤의 말에서 그 이유를 찾을 수 있다. 그는 군사훈련은 애들 장난이 아니며 수족이나 생명을 잃을 수 있는 행위로 전쟁의 어려움과 공포를 실감 나게 재현하기 위해서는 외부인의 출입을 통제하고 안전규정을 가지고 훈련하는 것이 중요하다는 말을 남겼다.

속세와 떨어진 환경은 통상 거친 지형에 있는데 거친 지형은 체력단련에도 도움이 되고, 강인한 정신을 기르는 데도 안성맞춤이다. 또 군대가 자신들을 강하게 잡아두고 있는 느낌을 받기 때문에 군대에 의미를 부여하지 않으면 안 될 것 같은 생각을 심어 줄 수 있다.

하지만 오늘날 거듭된 도시개발로 인해 우리 군이나 다른 나라의 군대나 오지에 세워진 군부대가 민간 지역 속에 흡수되는 것은 전 세계적인 현상이다.

　그렇다고 땅값이 올랐으니 무턱대고 땅을 팔고 오지로 이전하라는 주장(흔히 지역주민들이 외치는)은 전투력 증강에 도움이 되지 않는다. 군사훈련의 목적은 단순한 전술전기를 익히는 것이 아니라 군대가 가지고 있는 가치와 문화를 흡수하는 것이다. 역사가 오래되고 그 자체만으로 부대의 역사와 전통을 포함하는 부대정신을 느낄 수 있는 곳이 제일 좋은 장소이다.

　훈련장은 거칠고 험한 곳이되 훈련시설은 좋아야 하며 역사와 전통이 깊어 부대정신을 계승해 나갈 수 있는 곳이 최적의 장소다. 그렇기에 서구의 엘리트 군인 양성기관은 모두 짧게는 수십 년에서 길게는 수백 년의 역사를 지닌 곳에서 역사와 전통을 이어가며 국가 안보를 책임지는 인원들을 양성하고 있는 것이다.

　육군사관학교 안에도 선배들의 정신이 깃든 92고지와 각종 시설물들이 있어 과거 선배들의 영광과 희생을 상기시키고 후배들에게 그만한 실력을 갖추라고 요구하는 목소리가 들려오곤 했다.

　지역이기주의로 인해 문화 소외 지역이며 복지 소외 지역에 위치해 높은 물가의 바가지를 써야 하고, 복지시설 하나 짓는 것도 지역주민의 눈치를 봐야 하며, 도시화가 조금만 진행되면 나가라는 시위로 인한 부대 이동은 바뀌어야 한다. 정치적 판단이 아닌 군사적인 판단으로 부대의 위치가 결정되어야만 한다.

　가장 값싼 것이 가장 가치 있는 사회에서는 가장 값싼 문화가 만들어진다는데 우리의 안보를 가장 값싼 것만 추구하는 문화의 군대에 맡길 수는 없는 노릇 아닌가.

특이한 미소녀 모집 포스터

기지로 들어가는 입구에 위병소가 있고 바로 옆에 육상자위대 공보센터가 위치해 있었다. 혹시나 해서 위병소에서 멀찍이 떨어져서 위병 근무자들에게 카메라를 한 번 들이대 봤는데 역시나 찍지 말라는 신호를 준다.

반대 입장에서 찍으면 안 되는 곳에 들이대는 카메라를 막느라 난처했던 경험이 꽤 있는지라 동병상련을 느끼며 조용히 카메라를 내리고 입구로 들어갔다.

전원이 지원자로 이루어지는 자위대답게 입구부터 육·해·공군자위관 모집 홍보 포스터가 한가득이다. 병역자원을 걱정할 필요가 없기 때문에 모집 홍보보다는 친군화 홍보를 주로 하는 우리 군의 홍보 활동과는 달리 자위대 홍보의 핵심은 인원 모집인 것 같았다. 망가의 나라인 일본답게 미소녀 캐릭터가 한가득 그려져 있는 포스터가 특이했다.

일본의 대중매체에서도 자위대와 미소녀의 색다른 조합이 눈에 많이 띈다. 부대에 배부된 모 월간군사잡지를 보다가 신기한 애니메이션을 발견한 적이 있다. 태권도, 유도, 검도처럼 전차도라는 스포츠가 있는데 여고생들이 전차도라는 스포츠를 통해 우정을 쌓고 성장한다는 내용의 '걸스 앤 판저'라는 만화 광고였다.

처음에는 뭐 이런 황당한 스토리가? 하면서 호기심에 보기 시작했다. 하지만 세부적인 디테일의 매니아틱한 면에 빠져들어 N모 포털 사이트에서 전편을 구매하여 본 적이 있다.

이 만화에서도 자위대의 홍보가 숨어 있다. 주인공 학교의 전차도를 지도하는 교관으로 여군 대위가 등장하는데 이 대위의 단차가 일본의 최신식 전차인 10식 전차였다. 흔히 말하는 PPL이다.

하지만 군대가 없는 나라의 지나치게 분방한 사고가 만화 속에 깔려 있었다. '내 생명 전차와 함께!'라 외치며 항상 중장비를 다루는 위험을 안고 손에 기름을 묻혀 가며 전차를 정비하고 임무를 수행하는 실제 전차승무원들에게 전차도는 황당한 이야기로 다가올 것이다.

안전통제 없이 주택가 골목길에서 전차를 타고 다니며, 전차탄을 얻어맞고 전차가 격파 되도 다친 흔적 없이 얼굴만 약간 그을려서 나타나는 미소녀 캐릭터들을 보면 역시 만화는 만화다라는 생각이 들었다.

모집 홍보 포스터에만 미소녀가 등장하는 것이 아니었다. 공보센터를 둘러보고 나오며 들른 기념품점에서도 만화에서 튀어나온 미소녀들이 한가득 있었다.

　모집대상인 20대 남자들에게 가장 먹혀들어가는 홍보 방식이라 수
많은 미소녀가 등장하는 듯했다. 하지만 문화적 차이를 느낄 수 있는
부분이기도 했다. 제복을 입고 여성성을 강조하는 여성 자위관 만화
캐릭터가 많이 보였는데 만약 우리 군의 여군 전우들을 이렇게 취급
했다면 분명 좋아하지 않을 것이다.

좋아하려야 좋아할 수 없는 그들

　일본과의 국제관계에서는 분명 냉철하고 이성적으로 대해야 하겠
지만, 감정적으로는 좋아하려야 좋아할 수 없는 이웃이다. 일본의 주
변 안보 환경을 설명한 게시물에서 이상한 걸 발견했다.

　일본열도 앞에다 독도를 떡하니 그려 놓고 다케시마라고 적어 놓았
다. 영토분쟁 지역을 모두 일본땅으로 만들어 놓은 이 지도를 본다면
한국뿐만 아니라 러시아와 중국에서도 격분할 것 같았다. 일본은 공
식 홍보센터에 이런 지도를 떡하니 올려놓을 수 있는 나라라는 사실

을 다시 한 번 느끼게 해 주었다.

2차 세계대전 종전 후 미국에 의해 강제로 무장해제를 당하고 '보통 국가화' 하는 과정에서부터 잘못 끼워진 단추는 지금도 계속 엇갈린 구멍에 잘못 끼워지고 있다. '보편적 가치관이 아닌 상황 윤리에 맞춰 행동하는' 일본인들이 진실한 반성 없이 전후 일부 전범들에게만 죄를 뒤집어씌운 결과가 경제 대국으로 성장한 오늘날 다시금 고개를 들고 있다.

이에 대해 존 다우어는 『패배를 껴안고』라는 책에서 우려를 나타냈다. 태평양전쟁 패전의 결과는 아직도 진행 중이며 일본인들이 이를 극복하는 과정에서 군국주의 일소와 민주화 달성이라는 목표도 함께 잃어버리고 있다는 것이다.

우리는 일본의 문제에 대해 뜨거운 감성이 아닌 냉철하게 이성적으로 판단하여야 한다. 그리고 영토문제나 기타 안보문제와 관련해 한국과 일본만의 1:1 게임이 아닌 여러 주변국이라는 플레이어와 함께 진행되는 다자게임이라는 것을 염두에 두고 문제를 해결해야 할 것이다.

제국일본과 대한제국의 군악대, 그리고 에케르트

자위대는 군대 아닌 군대다 보니 이미지 관리를 위한 대민지원 분야에 많은 신경을 쓰고 있었다. 대민지원의 선봉에는 자위대 음악대가 있는지 음악대의 다양한 활동이 전시되어 있었다.

비치된 음악대 활동의 홍보 팸플릿을 보았는데 사·여단급부터 본부에 이르기까지 각 제대별로 음악대를 가지고 있으며 음악대를 활용해 다양한 활동을 하고 있었다.

한국과 일본의 서양음악은 짧은 역사에도 불구하고 오늘날 세계적 수준으로 성장하였다. 양국의 서양음악은 군악에서부터 시작되었다.

일본에서 최초로 군악대를 창설한 것은 사쓰마번이었다. 이들은 영국함대와 사쓰마번이 충돌한 1863년의 사쓰에이(薩英) 전쟁에서 처음으로 서양식 군악을 접했다. 전쟁 중 영국 군함 위에서 가끔 군악이 취주되었는데, 사쓰마번의 군인들은 이에 감동하여 자기들도 군악대를 갖추자고 결론을 냈다.

사쓰마번에서는 그 감동을 잊지 않고 있었다. 메이지유신 후인 1869년 요코하마로 29명의 교습생을 파견하여 당시 일본에 주둔하고 있던 영국 해병대 군악장 존 윌리엄 펜튼에게 음악을 배워 사쓰마번 군악대를 창설하였다.

이들은 메이지 정부 군악대의 모체가 되었고 1872년 해군과 육군이 분리되자 해군군악대와 육군군악대가 동시에 창설되었다.

이후 독일과 좀 더 가까워진 일본은 독일로부터 적임자를 추천받아 1879년부터는 프란츠 에케르트를 교관으로 데리고 왔다. 그는 1899년 독일로 귀환하기 전까지 20년간 일본 왕궁과 군악대에서 서양음악을 교육하였으며 1880년 일본의 국가인 '기미가요'를 작곡하였다.

또한 에케르트는 우리나라에 처음으로 서양음악을 소개했으며 대한제국 애국가를 작곡한 인물이기도 하다.

1896년 러시아의 니콜라이 황제 즉위식에 참석하여 군악대를 접한 민영환은 고종황제에게 군악대 창설을 요청하였다. 하지만 별 관심이 없었던 고종은 실제 군악을 접하고 나서는 그 생각이 달라졌다.

1899년 독일 황태자가 방한하면서 25명의 군악대를 같이 데려왔다. 독일병정의 제식과 군악에 문화 충격을 받은 고종은 당장 독일에 군악교관을 요청했다. 일본생활을 접고 독일로 돌아가 프로이센군 왕립악단의 단장을 맡고 있던 에케르트는 적임자로 추천받아 다시 한 번 동아시아로 향했다.

1900년 12월 19일, 우리나라에서는 최초로 별기군 소속 군악대인 '양악대'가 창설되었다. 1901년 2월 방한한 에케르트는 양악대를 맡아 교육을 시작하였다.

양악대의 데뷔는 에케르트가 지휘를 맡은 지 7개월 후인 9월 9일 고종의 50세 생일이었다. 당시 양악대의 초연을 지켜본 외국에서는 호평 일색이었고, 이에 신이 난 고종은 1902년 1월 국가 제작까지 요청했다.

이미 에케르트는 일본에서의 경험으로 국가를 제작해야 하는 상황이 올 것을 예상해 만반의 준비를 하고 있었다. 그는 우리나라의 전통아악과 서양음악을 결합한 '대한제국 애국가'를 작곡했다.

양악대는 각종 행사연주로 고종의 총애를 받았다. 매주 탑골공원에서 공연하던 양악대의 대원 수는 약 100여 명에 달할 정도로 선풍적인 인기를 끌었다.

하지만 1907년, 일제에 의한 군대해산으로 인해 소수만이 군악대가 아닌 이왕직양악대*로 활동하게 되었다. 그리고 1910년 한·일 강제병합 후에는 민간단체인 경성악대로 축소, 이후 해체의 길을 걷게 된다.

하지만 에케르트는 한국에 정이 들었는지 계속 한국에 남아 서양음악 전파를 위해 노력했다. 1차대전 당시 일본의 적국이었던 독일인인 관계로 일제의 관심을 한몸에 받던 그는 결국 1916년 별세하였으며 그의 유해는 양화진의 외국인 묘지에 모셔져 있다.

에케르트의 유지는 독일어 통역장교로 활동하다 얼떨결에 양악대에 들어가 클라리넷과 작곡을 배운 제자인 백우용이 이어나갔다. 그는 한국 관악의 초석을 닦아 우리나라의 수많은 고적대에 영향을 주었으며 이후 한국의 서양음악이 번창하는데 영향을 주었다.

이처럼 동일한 인물에 의해 전래되고 발전한 한국과 일본의 군악은 일제강점기를 거치며 다양한 방식으로 섞이고 재조합되었다. 독립군

---

*   李王職洋樂隊, 순종(이왕)의 직속 양악대라는 뜻.

가나 6·25전쟁 당시의 군가 중에는 일본 군가임을 모르고 단지 익숙하다는 이유로 곡을 재활용한 것이 상당 부분 발견된다.

북한에서는 김일성이 만들었다고 우겨대는 항일 혁명가요의 상당수도 일본 군가를 무단전재한 곡들이다. 군악은 참 흥미로운 것임이 틀림없다.

한·일 군사장비 비교체험

공보센터에서 중점을 둔 것은 체험형 프로그램이었다. 크지 않은 공간이지만 90식 전차 모형을 비롯한 여러 무기들을 가져다 놓았고, 야외전시장에도 일본 자위대의 다양한 무기들이 있었다. 직업상 비교해 보지 않을 수가 없었다.

가장 먼저 지상전의 왕자인 전차, 일본의 MBT*인 90식 전차를 보았다. 일본이 자랑하는 전차라고 하는데 이미 K2전차를 눈앞에서 볼 수 있는 행사를 치러본 경험이 있는 나로서는 그 자랑이 그다지 와 닿지 않았다.

전차 위에서 안전통제를 하던 자위관이 내가 전차 위에서 구경하고 내려오자마자 기다리는 사람이 있음에도 불구하고 출입구를 잠가 버리는 것을 보았다. 나중에 보니까 일부 시간만 정해놓고 안내를 하는

---

*   Main Battle Tank, 주력 전차.

것 같았다. 기계화부대에서 근무할 때 안보체험행사 간에 조금이라도 더 많은 분이 체험할 수 있도록 K2전차 상부에서 벌어지던 탱크 데상 트** 상황에서 안전통제로 전전긍긍하던 상황을 생각해 보면 이해하기 힘들었다.

자위대의 개인 장구류도 전시가 되어 있었다. 낙하산과 군장 배낭, 방탄조끼와 방탄모 등을 직접 착용할 수 있게 전시해 놓았다. 바로 비교체험 들어갔다.

미국에서 개발된 모델을 쓰는 우리나라와는 달리 일본 낙하산은 자체 개발 제품을 사용하고 있었다. 일본에서는 2차 세계대전 때부터 공중정진부대, 줄여서 공정부대라 하는 엘리트 낙하산부대가 활동하였고 오늘날까지도 엘리트부대라는 자부심을 가지고 있는 듯했다.

산악복도 안 입었고 하네스도 착용하지 않은지라 낙하산을 메보았지만 특별한 느낌은 받지 못했다. 사실 낙하산은 몇 번 안 뛰어본 초보라 비교는 어려웠다.

군장 배낭은 안에 이것저것 가득 들어있었다. 실제로 메보니 무게는 매우 많이 나갔지만, 무게중심이 잘 잡혀 있는 듯했다. 우리나라의 앨리스식 구형배낭과는 다른 형태였다. 우리 군에도 신형배낭이 나온 것을 보긴 했지만, 아직 사용해 본 적이 없는지라 이것도 패스! 어서 빨리 반인체공학적인 구형배낭이 교체되어야 할 텐데….

방탄모는 성의 없이 전시되어 있었다. 다 해어져 고무밴드도 늘어난 위장포에 몇 년은 쓴 것 같은 부유대까지…. 창고에서 막 나온 폐

** 보병이 전차에 올라타 같이 기동하는 전술.

품의 모습을 하고 있었다. 내부 지지대는 우리 군의 신형방탄과 똑같았다. 우리나 일본이나 패드형 부유대는 아직인가 보다. 착용감은 그다지 좋지 않았다. 모름지기 방탄모 착용감의 완성은 PX에서 파는 땀받이다.

방탄조끼도 매우 불편했다. 우리나라 구형과 신형방탄조끼, 내부방탄조끼를 모두 입어 보았고, 심지어 미군 방탄복도 구형과 더 빠르게 분리가 가능한 신형 둘 다 입어 보았기 때문에 착용감 비교가 가능했다. 자위대 방탄조끼가 착용감이 제일 떨어졌다. 그냥 무거운 걸 걸쳐놓은 느낌이었다.

외부 전시장에는 벙커화 되어 있는 대대 지휘소와 육상자위대의 대표적인 기계화장비들이 전시되어 있었다.

먼저 대대 지휘소 안으로 들어가 보았다. 지하에 파형강판으로 간단하게 만들어 놓았다. 들어가자마자 보이는 전화기가 친숙했다.

내부에는 상황판 몇 개와 사판이 전부였다. 군사기밀이라 자세하게 밝힐 수 없어서 이렇게 해놓은 것인지는 모르겠지만, 우리 군의 대대 지휘소 수준과 많은 차이가 있었다.

우리 군의 최신에 기계화부대에서 근무경험이 있다 보니, 일본의 기계화장비를 봐도 그다지 신기해 보이지 않았다. 특히 105㎜ 자주포와 155㎜ 자주포가 같이 편제된 것을 보고 역시 일본답다는 생각이 들었다. 다품종 소량생산의 문화적 특성은 어디 가지 않는다.

전차든, 장갑차든, 대공포든 우리나라 것이 더 좋아 보였다. 재미있게도 내가 홍보센터를 방문한 그날, 후지산 고텐바시 훈련장에서는 육상자위대의 화력시범이 있었다고 한다. 시범 간에 급기동도 아닌 기동에 10식 전차의 궤도가 이탈하고, 90식 전차가 쏜 연습탄 파편에 민간인 2명이 맞아 부상을 당하는 말도 안 되는 여러 사건 사고가 벌어져서 인터넷상에서 조롱거리가 되었다는 것을 나중에 영상으로 직접 볼 수 있었다.

그와 대비되게 작년에 한 기계화부대에서 민간인 대상으로 진행했던 성공적인 안보체험행사의 모습이 비교되면서 떠올랐다.

04

도쿄돔과 진혼의 비: 일본의 전쟁 기억

프로야구선수 진혼의 비

우리 육군에 대한 자부심을 다시 한 번 느끼며 공보센터를 나왔다. 와코시역에서 이케부쿠로역으로 이동해서 코인로커에서 짐을 찾은 후 앞으로 2박이 예정되어 있는 숙소로 이동을 시작했다. 중간에 고라쿠엔(後樂園)역에 들린 후 이동하는 계획이었다. 고라쿠엔역에는 일본 야구의 상징인 도쿄돔이 있다.

역을 나오자마자 롤러코스터가 보이고 그 옆에는 돔구장이 있다. 일본 최고 명문 야구팀 요미우리 자이언츠의 홈구장인 도쿄돔이다.

마침 내가 가는 시간에 야구 경기가 진행되고 있었다. 우리나라 야구장 지하철역처럼 혼잡하지 않을까 생각하고 걱정을 했지만, 예상처럼 혼잡하진 않았다.

　분위기는 우리나라의 야구장과 크게 다를 것이 없어 보였다. 가장 큰 차이는 치맥이 안 보인다는 것이었다. 야구 관람의 꽃은 치맥인데, 그것을 모르는 일본 관중들이 불쌍(?)했다. 치맥만 없을 뿐 여러 상점에서 다양한 먹을거리를 팔고 있었다.

　야구시합을 보러 온 것은 아니고 일본의 프로야구선수 중에 2차 세계대전에 참전하여 유명을 달리한 선수들을 기리는 비인 진혼의 비를 보러 이곳에 왔다.

　도쿄돔 일본어 홈페이지에서 간단한 설명을 본 것이 전부라 넓은 야구장 주위에서 어떻게 찾을지도 걱정도 되었다. 다행히 고라쿠엔역과 가까운 곳에 있었다. 야구장에 주차하는 차들만 다니는 인적이 드문 곳이었다.

　'진혼의 비'라고 새겨진 이 비석은 2차 세계대전에서 전사한 일본의 프로야구선수 73명의 영혼을 위로하기 위해 세워졌다. 1981년 4월에 옛날의 고라쿠엔 구장 옆에 최초 건립된 후 1988년 도쿄돔이 완성되자 현재의 위치로 이전되었다.

 일본 프로야구의 역사는 꽤 깊다. 1920년에 최초의 프로팀이 창설되었고, 1936년에는 7개 팀이 갖춰 프로리그를 진행할 정도로 성행하였다. 하지만 일본은 전쟁국가였다.

 1931년 만주사변으로 시작된 일본의 15년 전쟁은 1937년 중일전쟁으로 본격화되었다. 사회의 엘리트인 대학생들도 군대에 강제로 징집되어 가는 와중에 야구선수들도 일본의 징병을 피할 수 없었다.

전쟁 속의 야구선수들

미국 프로야구에서 한 해 동안 가장 잘 던진 투수에게 주는 상이 사이영 상이라면, 일본 프로야구에서는 사와무라 상이 있다. 사이영 상은 메이저리그의 전설적인 투수의 이름을 따서 1956년부터 제정된 상이다. 하지만 그보다 먼저 일본에서는 전설적인 투수인 사와무라 에이지의 이름을 따 1947년부터 사와무라 상을 수여하고 있었다.

사와무라 에이지(澤村榮治)가 그 명성을 알리게 된 계기는 고교생 시절 1934년 미국 올스타팀과의 친선시합이었다. 당시 미국 올스타팀은 베이브 루스, 루 게릭 등 지금까지도 전설로 남아있는 선수들이 속한 최고의 팀이었다.

첫 게임부터 17-1의 스코어를 기록할 정도로 미국팀은 엄청난 실력차를 보여 주었다. 이런 괴물 같은 미국팀을 상대로 한 10번째 시합에서 고교생이 단 1점만을 내주며 완투패한 것이다. 물론 나머지 3번의 등판을 포함하면 평균자책은 10점대로 치솟기 때문에 거품이라 불리기도 하지만 그 당시 일본야구로서는 대단한 성과였다.

1936년, 일본 프로야구 창설 후 그는 요미우리 자이언츠의 전신인 도쿄 교진군에 입단하였으며 팀의 에이스로 활약하였다.

하지만 1937년 중일전쟁이 발발했고 그는 징집을 피할 수 없었다. 중국에서의 전투 중에 어깨를 상하고 왼쪽 손에 총상을 입었으며, 말라리아에 걸리는 등 몸이 망가졌다.

하지만 이에 굴하지 않고 1940년 다시 복귀한 후 컨트롤 위주의 투수로 변신하였다. 1942년에는 두 번째로 징집이 되었다 1943년에 또다시 복귀했지만, 에이스라 불리던 예전의 모습으로 돌아가지 못한 채 1944년, 선수로서는 한창나이인 27살의 나이에 팀에서 해고되었다.

태평양전쟁이 끝날 무렵 그는 또다시 전쟁터로 끌려나가야 했고 세 번째로 전쟁터에 나갈 때 미국 잠수함에 배가 격침되어 전사하고 만다.

통산성적이 63승 22패 방어율 1.74였다고 하니 징병되지 않았다면 어떤 성적이 나왔을지 모르는 일이었다. 그러나 일본의 군국주의는 그것을 용납하지 않았다.

어떤 전사자의 사연이 절절하지 않겠느냐마는 또 다른 비극적인 야구선수 스토리가 있다. 이시마루 신이치(石丸進一)라는 선수이다.

신이치는 형인 토키치의 영향으로 야구를 시작했다. 야구선수로 활약하던 형이 군에 소집되어 중국으로 향하자 신이치는 형의 소개로 1941년 나고야구단에 입단하여 일본 최초의 형제야구선수라는 이름을 얻게 된다.

내야수로서는 초라한 성적을 남겼지만, 투수로 전업한 이후에는 에이스로 거듭났다. 1942년에는 17승, 43년에는 20승을 거두며 승승장구하였지만, 그 역시 군국주의의 손아귀에서 벗어날 수 없었다. 그는 1944년 학도병으로 징집되어 전장으로 향해야 했다.

신이치는 뛰어난 운동신경을 인정받아 해군비행 특기자로 선발되어 비행교육을 받았다. 교육종료 후 1945년 자살폭탄 공격을 위한 카미카제 요원으로 선발되었고 종전을 3개월 앞둔 1945년 5월 11일 오키나와 방면의 미군을 향해 출격하여 결국 돌아오지 못하였다.

출격 직전 기지에서 동료와 함께 캐치볼을 한 후 "이제 미련은 없소, 보도반원 양반, 잘 있으시오."라며 글러브를 건네고 출격한 일화는 유명하다. 이 모습을 기록해 보도한 보도반원은 소설 '도쿠가와 이에야스(한국명 대망)'로 유명한 야마오카 소하치였다.

캐치볼을 한 공과 함께 집으로 배달된 유서에서는 "야구를 할 수 있었던 것은 행복이었다. 충과 효를 이룬 평생으로 스물네 살에 죽어도 후회는 없다."라고 유언을 남겼다고 한다. 한편 야구선수였던 그의 형은 동생의 죽음으로 정신이상자가 되어 비행기만 보면 동생의 이름을 부르며 따라다녔다는 이야기도 전해져 내려온다.

그들이 추구한 것은 진정한 '충'이었는가? 그들은 무엇을 위해 야구를 포기한 채 전장에서 죽어가야 했을까? 군인이 전쟁억제, 유사시 신속한 승리라는 임무를 제대로 수행하지 못한다면 이런 일이 벌어지는 것이라고 마음을 다잡아 보았다.

야구 전당 박물관

일본 야구의 중심지라 불리는 도쿄돔답게 내부에 야구박물관이 있었다. 입장료가 약간 비싸서 망설여졌지만, 동전지갑에 들어 있는 동전을 주섬주섬 꺼내 입장료를 치른 후 안으로 들어갔다.

가격이 비싼 만큼 전시는 잘되어 있었다. 2차 세계대전 발발 전에 계속해서 진행된 미국과 일본의 친선야구시합이 흥미로웠다. 베이브 루스, 재키 로빈슨, 행크 아론 등 친선야구시합에 참가했던 선수 중에 전설로 남은 야구선수들의 배트도 전시되어 있었다.

재키 로빈슨은 최초의 흑인 메이저리거로 유명하다. 배트에도 최초의 흑인 메이저리거라고 설명이 적혀 있었다. 그는 1947년 4월 15일 브루클린 다저스 출신으로 메이저리그 첫 데뷔를 했다. 인종차별로 인해 관중들의 협박도 있었지만, 그의 실력을 인정해 준 구단주 덕분에 메이저리그에서 자리를 잡고 대활약을 펼칠 수 있었다. 그의 메이저리그 데뷔를 기념하여 매년 4월 15일은 '재키 로빈슨' 데이 행사가 진행된다. 이날 모든 메이저리그 선수들은 그의 등번호이자 영구결번인 42번을 달고 경기에 나선다.

재미있는 것은 그를 상징하는 등번호 42번은 그의 군번(?)이기도 하다는 것이다. 우리나라식으로 하면 42-00000. 일본과의 전쟁이 한창이던 1942년부터 44년까지 캔자스 주에 있는 포트 릴리라는 곳에서 기병장교로 군복무를 했다. 재키 로빈슨 역시 유명한 야구선수였지만, 일본과 전쟁을 치렀던 군인이기도 했다.

일본의 학생야구에 대한 전시도 흥미로웠다. 특히 고교야구대회(갑자원)에서 승리한 후 선수들이 기뻐하는 장면을 모아둔 영상이 있었는데 그 젊음과 풋풋함이 조금 부러웠다. 왜 일본 스포츠만화에서 끊임없이 갑자원을 소재로 다루고 있는지를 알 수 있었다.

야구에 관심이 많다면 좋아할 만한 내용이 많이 있었다. 그런데 명예의 전당에서 내 눈에 들어오는 한 익숙한 인물이 있었다.

개념과 용어의 중요성

마사오카 시키(正岡子規)였다. 감명 깊게 읽었던 소설 『언덕 위의 구름』의 세 주인공 중 한 명으로 친숙한 인물이었다. 문학가이며 결핵으로 투병하다 34세의 나이로 요절한 것을 보면 운동과는 별로 어울리지 않아 보이는데 왜 야구 명예의 전당에 있을까?

시키는 'baseball'의 번역어인 '야구野球'라는 이름을 처음 사용한 인물이었다. 넓은 들판에서 시합하는 것을 보고 1890년에 처음으로 야구라는 단어를 사용했다. 처음에는 야구를 그의 어릴 적 이름과 비슷한 '노보루'라 음차하여 부르다 1894년 주만 카나에가 '야큐'라 부르기 시작하면서 야구로 정착되었다.

야구에서는 엄청난 규칙만큼 수많은 용어들이 있다. 타자, 주자, 직구, 사구 등 수많은 야구단어를 영어와 뜻이 통하는 한자어로 번역한 인물이 바로 시키이다. 1888년 '니혼' 신문에 쓴 '베이스 볼'이라는 문장 속에서 영어 용어를 한자어로 번역하여 기술하였고 이는 널리 퍼져 나갔다.

메이지유신 이후 일본 '양학'의 요체는 번역이었다. 번역이라는 것이 원래 쉬운 일은 아니지만, 일본에서의 번역은 특히 힘든 작업이었다. 동아시아에 존재하지 않는 개념을 만들어내고 번역해야 했기 때문이다.

당시의 일본인들은 한문으로 된 고전과 수많은 자료들을 비교 분석하여 정치, 경제, 사회, 문화 등 수많은 개념을 한자어로 번역하였다. 우리가 지금 쓰고 있는 한자어 중 상당수는 19세기까지는 전혀 없었던 말들이다. 단어가 있어야 그 개념이 생겨난다고 하는데 19세기 말 일본은 한자 문화권의 개념을 새로 만들어 냈다.

하지만 그렇다고 일본식 단어를 몰아내자거나 기가 죽거나 할 필요는 없다. 기계적이고 형식적인 자주성이 중요한 것이 아니라 받아들인 개념을 적재적소에 사용하는 자주성이 중요한 것이다.

오늘날 세계 최강인 미군도 다르지 않았다. 다른 나라의 발전된 문물을 받아들이기 위해서는 어학이 필수요소였다. 지금은 군사 분야에서 영어가 최고의 언어로 사용되지만, 19세기에는 프랑스어가 최고의 언어였다. 미국 역시 프랑스어 원서를 가지고 군사학을 익히던 시절이 있었다.

추리소설 작가로 유명한 에드거 앨런 포가 있다. 파란만장한 군복무 경험을 가진 작가인데 군생활에 대해서는 잘 알려지지 않았다.

그는 이름값을 톡톡히 해 '포'병으로 군복무를 했다. 병사로 입대했지만, 언어 능력, 특히 프랑스어 실력을 유감없이 발휘하여 순식간에 포병연대의 주임원사까지 진급하였다. 그리고 포를 장교로 만들려는 이들의 추천서를 받아 미국 육사인 웨스트포인트에 입교하기도 했다.

생도가 된 포는 전형적인 문돌이로 이과 과목은 저조했다. 하지만 프랑스어로 수업하는 군사훈련에서는 발군의 실력을 발휘했다. 하지만 생도생활에 적응을 못 해 퇴교를 결심했다.

분열 미참석, 점호 미참석, 경계근무 미실시 등 웨스트포인트에서 전무후무한 징계 업적을 남기며 퇴교를 시도했고, 그 시도는 성공하였다. 하지만 악감정은 없었는지 1831년 그의 단편집 서문에 '이 책은 미 생도대에 정중히 바친다'라는 문구를 적어 놓기도 했다.

당시 프랑스의 선진문물을 열심히 받아들이던 미군은 이를 토대로 양차 세계대전을 치르며 세계최강의 자리에 오를 수 있었다. 반면 비슷한 시기 프랑스의 선진 군사문물을 받아들이던 제국일본은 어느 순간 독일의 군사문물로 노선을 변경하였다가 러일전쟁의 성공을 계기로 아집에 빠져 일본 특유의 정신주의만을 주장하는 자주성의 함정에 빠졌다. 그 결과 역사상 가장 잔혹했던 군대 중 하나인 일본군의 모습이 나타났다.

다른 분야도 그렇지만 군사 분야에서도 상호교류를 통한 우수한 문물의 도입은 매우 중요하다. 국가 안보라는 것이 자존심을 세워서 되는 문제가 아니다. 자존심만을 내세워 덮어 놓고 '우리 식대로'를 외치다간 거지꼴을 못 면한다. 제국일본과 북한이 이를 증명한다.

생각지도 못했던 야구박물관이 어느 순간 또 하나의 군사박물관이 되어 버렸다. 이 정도면 직업병인 듯싶다.

05
아키하바라: 오덕의 성지에 서다

숙소로 이동

셋째 날의 공식 일정은 일찍 끝났다. 육상 자위대 공보센터가 생각보다 규모가 작아서 계획보다 일정이 빨라졌다. 도쿄 돔에서 나와 세번째 숙소로 향했다. 가격도 저렴했고 무엇보다 옥상에 있다는 노천 목욕탕에 혹해서 예약한 곳이었다.

숙소는 일본 오타쿠들의 성지라 하는 아키하바라 주변에 있었다. 전철에서 내리자마자 거대한 역과 수많은 인파가 반겨 주었다. 역 앞에는 AKB48숍, 건담 카페 등 이름만 들어도 일본의 서브컬처 문화가 드러나는 가게들로 사용되고 있었다.

철도 아래 공간을 유용하게 쓰고 있다는 점이 재미있었다. 쭉 뻗어있는 JR 야마노테선 아래 공간을 따라 건물, 야외 주차장, 노점상 등이 종류별로 공간을 활용하고 있었다.

심지어 이곳 소방서 앞의 캐릭터도 모에*화 되어 있었다. 아키하바라다웠다.

도착해서 짐을 풀고 나니 대충 먹었던 점심이 소화가 다 되었는지 배가 고파 왔다. 숙소 바로 앞에 있는 라멘집에서 자판기로 주문표를 끊은 뒤 한 그릇 뚝딱 하고 돌아왔다. 피곤함이 몰려와 잠깐 누웠다 눈을 떴는데 벌써 바깥은 어둑해졌다.

아키하바라 밀리터리숍

한숨 자고 일어난 후 아키하바라를 둘러보기 위해 숙소를 나왔다. 취향은 어쩔 수 없는지 어느새 발길은 밀리터리 제품을 파는 가게로 향했다. 눈이 휘둥그레지는 19금 가게도 많았지만 말이다.

가게 한쪽에 파는 BB탄 총을 전시해 두었는데 정교함에 놀라고 가격에 또 놀랐다. 무기의 종류도 2차 세계대전 때 사용하던 볼트액션식 소총부터 오늘날 최신에 M-4소총까지 다양했다. 권총도 리볼버부터 자동권총까지 다양했다. BB탄 역시 크기, 무게 등 종류별로 천차만별이었다.

프라모델이라 부르는 무기모형도 너무나 다양했다. 유명하다 싶은 무기들은 파생 모델까지 다 갖추어져 있었고, 역사 속의 무기부터 오

---

*   사물이나 인물의 특징을 잡아 일본 애니메이션식으로 표현하는 것.

늘날 현역으로 사용되는 것까지 포함해 엄청난 종류의 육·해·공군 무기모형과 군인모형이 있었다.

한 가지 재미있는 것은 미국과 일본은 물론, 독일이나 러시아, 영국, 중국, 프랑스까지 여러 나라의 무기가 있었는데 우리나라 모델은 단하나도 없다는 것이었다. 아마 우리나라 숍도 일본 무기를 다루지 않을 테니 비슷할 것 같긴 하다.

아무리 프라모델이 정교하다 해도 직접 무기를 만든 업체에서 축소모형을 만들어 부대에 기증하는 모델이 최고다. 비매품이라 문제지만….

전쟁게임에 대한 단상

밀리터리숍을 구경한 후 밖으로 나와 거리를 걸었다. 에니메이션 복장을 하고 호객행위를 하는 사람들이 판촉물을 나누어 주고, 간판에는 전부 미소녀 만화 캐릭터가 그려져 있는 신기한 거리였다.

문화 충격이 오려고 했다. 심지어 군함과 미소녀가 같이 그려져 있는 광고도 발견했다. 분명 전함을 모에화한 에니메이션이겠구나, 하는 촉이 느껴졌다. 나중에 찾아보니 정말 그러했다. '함대 컬렉션 칸코레'이란 게임의 광고였다.

인간을 지칭하는 단어 중 하나인 호모 루덴스(놀이하는 인간)라는 말처럼 전쟁을 다룬 게임 역시 인간의 역사에서 오래전부터 찾아볼 수 있다. 익숙한 장기, 체스 같은 게임은 모두 전쟁에 그 기원을 두고 있다.

약 3,000년 전 고대 인도에서 처음 시작된 장기는 페르시아를 거쳐 유럽에 상륙한 것이 체스, 동쪽으로 전해진 것이 장기가 되었다. 인도 군 편제가 코끼리, 기병, 전차, 보병으로 이루어져 있기 때문에 장기에서 코끼리 유닛(象)이 나오는 것이다.

현대적 전쟁게임의 시초로는 1820년대 독일의 폰 라이스비츠 남작이 고안한 크릭스피엘 게임이 잘 알려졌다. 전쟁과 닮았다는 뜻의 Kriegspiel은 당시 프로이센 참모총장이 이것은 게임이 아니라 군사훈련도구라 칭하며 대량 구매하여 예하부대에 보급하기도 했다.

전쟁게임은 다른 국가의 군대뿐만 아니라 민간사회로도 퍼져나갔다. 20세기 초의 독일 신문에는 오늘날의 크로스 퍼즐처럼 크릭스피엘 문제가 나오기도 하는 등 국민적인 오락수단이 되었고, 유명한 소설가인 영국의 H·G 웰스 같은 경우에는 전쟁게임 사용설명서를 집필하기도 했다.

컴퓨터의 발달로 인해 전쟁게임은 획기적으로 발전했다. 컴퓨터 자체가 전쟁무기로 고안되었다는 것은 잘 알려진 사실이다. 군사용이었던 컴퓨터가 대중화되면서부터 전략시뮬레이션은 물론 무기나 장비 시뮬레이션, FPS라 불리는 1인칭 슈팅게임까지 전쟁게임의 범위는 넓고 다양하게 발전되어 왔다.

진지한 연구를 위해서든 아니면 그저 놀기 위해서든 전쟁게임은 존재한다. 그런데 문제는 역사 인식에 있다.

일본의 전쟁을 추억하는 법

일본에서는 1970년대부터 2차 세계대전 무기 시리즈 등의 책이 선풍적인 인기를 끌기 시작했다. 이런 류의 책 중에서도 태평양전쟁보다는 유럽의 전쟁 이야기가 인기를 끄는 데 한몫했다. 전쟁을 모르는 일본 전후 세대에서는 2차 세계대전의 유럽 전쟁 이야기는 재미있는 이야기일 뿐이었다.

그러나 1990년대 들면서는 점차 태평양전쟁을 소재로 한 가상 소설이나 게임이 등장하여 새로운 주목을 받게 된다. 이러한 움직임에 대해 어떤 작가는 전쟁 반대라고만 외치는 이들에 대한 반발이며 도발하기 위해 이런 가상소설을 썼다고 주장했다. 그러면서 엔터테인먼트의 형식을 빌려 일본이 전부 나빴다는 식의 도쿄 국제전범 재판 식의 역사 인식을 바꾸고 싶었다는 발언을 하기도 하였다.

일본에서는 이런 소설과 게임으로 전쟁을 읽는 젊은 세대들이 존재한다. 그와 동시에 전쟁 범죄나 전쟁 책임이라는 무거운 현실에 눈을 돌리고 싶다는 미묘한 국민 심리가 존재하는 것이다. 역사를 정면에서 바라보고 싶지 않다는 것이다.

'함대 컬렉션'이란 게임의 세계관 역시 그러했다. 검색해 보니 2차 세계대전 당시 침몰한 일본, 독일의 추축국 함선이 주인공으로 등장하는 모바일 게임이었다.

2차 세계대전에서 침몰한 군함들이 투쟁심이나 호국의지를 가지고 긍정적인 에너지로 구현되어 미소녀들로 변신해 등장하여 '괴물함선'이라는 적들과 싸우는 게임이다. 그들이 말하는 투쟁심이나 호국의지로 인해 상처받은 이들은 그 게임에 없다.

2차 세계대전의 책임을 일부 군국주의자, 특히 육군 위주의 일부 희생양들에게만 돌리고 나머지 일본인들은 나라를 위해 싸우기만 했다는 그들의 역사의식이 그대로 드러나는 단면이 아닐 수 없다.

01

야스쿠니 신사: 일본은 보통국가가 될 수 있는가

아침 식사에서 쇼군을 보다

전날 푹 쉬어서 그런지 오늘 컨디션은 좋다. 아키하바라 거리는 일요일 아침이라 그런지 어젯밤과는 다르게 한산했다. 문을 연 가게도 거의 없다 보니 아침을 먹으러 패스트푸드점으로 들어갔다.

　주문하기 위해 카운터 앞에 서 있는데 메뉴판에 검은색의 햄버거가 있었다. 검은 빵에 치즈까지 검은색으로 통일한 '구로쇼군(黑將軍)'과 '구로다이조(黑大將)'라는 햄버거였다. 전국시내 쇼군을 뜻하는 강렬한 이미지의 햄버거였다.

　먹어 볼까 했지만 식욕 억제에 도움을 주는 검은색 햄버거라 그런지 입안이 텁텁한 아침부터 선뜻 집기는 어려웠다.

　대신 아침 전용 메뉴를 주문한 후 2층에 자리를 잡았다. 가져온 식판 아래도 검은색 햄버거 홍보물이 있었다. 이틀 전 출시된 기간 한정 신메뉴라 홍보가 한창이었다.

　많은 것들 중에서 하필 전국시대의 쇼군(장군)과 다이조(대장)이라는 명칭이 붙은 것을 보아 일본인들의 전국시대 사랑은 종특*이라는 것이 다시금 와닿았다. '칼'을 숭상하는 특징은 지금도 변함이 없었다.

　나중에 한국에 와서 그때 보았던 검은색 햄버거와 관련된 재밌는

---

*　종족특성, 게임에서 나온 신조어.

짤방*을 보았다.

아침을 든든하게 해결하고 이와모토초역으로 향했다. 중간에 간다강을 가로지르는 '이즈미' 다리가 있었다. 공사 중이라는 안내 간판이 쓸데없이 퀄리티가 높았다. 한국어까지 해서 4개 국어로 이즈미 다리에 대한 설명이 적혀있었다.

에도시대부터 있었던 유서 깊은 다리라고 설명하며 에도시대부터의 관련 그림과 보수 전 사진까지 첨부된 것을 보니 부럽기도 했다. 아마 일본의 진가는 이런 사소한 것에서부터 나오지 않는가 싶다.

이와모토초역에서 지하철을 타고 구단시타(九段下)역으로 향했다.

구단시타

구단시타역에 도착했다. 일요일 아침인데도 교복을 입은 학생들이 많이 내렸다. 주말인데도 교복을 입고 학생들이 돌아다니는 것이 신기했다.

출구로 나오자 구단시타의 옛 모습이라고 그려져 있는 안내표지판이 있었다. 가츠시카 호쿠사이(葛飾北斎)라는 화가의 이름이 익숙했다. 호쿠사이는 18세기 일본의 목판화가로 '붉은 후지산' '가나가와의 거대한 파도' 등의 작품을 남겼으며 이후 모네, 반 고흐 등 프랑스 인상파

---

* '짤림방지'의 준말로 인터넷 게시판 사진을 뜻하는 말.

화가들의 자포니즘**에 많은 영향을 준 사람이다.

야스쿠니 신사로 가는 길은 꽤 심한 오르막길이었다. 옛날에는 지금보다 더 심한 경사지였다고 한다. 에도막부 시절 이곳은 쇼군의 처소와 바로 붙어 있는 노른자위 땅이었는데 경사가 심해서 집을 지을 수가 없었다. 그러므로 당연히 토목 공사를 했을 것이다. 땅을 정리해서 9개의 계단과 같은 형태로 만들었다 해서 이름이 구단시타(九段下)가 되었다고 한다.

출구에서 길 하나만 건너면 바로 야스쿠니 신사였다. 눈앞에 신사를 상징하는 커다란 도리이가 보였다.

** 19세기 중반 이후 20세기 초까지 서양 미술 전반에 나타난 일본 미술의 영향과 일본적인 취향 및 일본풍을 즐기고 선호하는 현상.

야스쿠니 신사의 유래

야스쿠니 신사의 역사는 1869년으로 거슬러 올라간다. 1868년의 보신전쟁은 1년 여 동안 치열하게 진행되었고, 결국 정부군의 승리로 끝이 났다. 메이지 정부는 보신전쟁에서 전사한 장병 3,588명을 기리고자 현재 야스쿠니 신사 위치에 도쿄 쇼콘사(招魂社)를 만들었다.

쇼콘사는 1879년 일본 국가 종교인 신토의 상징인 신사로 개편되었다. 단순 사찰에서 나라를 평화롭게 한다는 뜻인 '야스쿠니(靖國)' 신사로 개편되어 현재에 이르고 있다.

이 신사는 246만 6천여 주의 신(?)을 모아 놓은 일본 최대 규모의 신사로 주변국과 뜨거운 논란을 일으키고 있는 곳이다. 신이라고 모셔 놓은 사람들은 제국주의 침략전쟁을 벌인 자들이기 때문이다. 일본의 내전을 포함하여, 청일전쟁, 러일전쟁, 만주사변, 중일전쟁, 태평양전쟁까지 다양한 전쟁의 전사자를 포함하고 있다. 심지어 군인뿐 아니라 일부 군속이나 민간인들까지 포함되어 있다.

문제가 되는 것은 도쿄 전범재판에서 A급 전범 판정을 받고 사형당한 이들을 포함해 수많은 전범들도 같이 합사해 놓았다는 것이다. 합사된 A급 전범을 다루는 일본의 모습에서 그들의 민낯을 그대로 볼 수 있다.

A급 전범, 야스쿠니 신사행 트럭을 타라

일본의 패전 후 도조 히데키를 비롯한 이타가키 세이시로, 히로다 고키, 마쓰이 이와네, 도이하라 겐지, 기무라 헤이타로, 무토 아키라 이 7명의 A급 전범들은 극동 군사재판소에서 사형판결을 받았다. 그리고 1948년 12월 23일 자정에 교수형이 집행되었다.

사형 직후인 오전 2시, 사체를 실은 미군 트럭이 스가모 감옥을 빠져나와 요코하마 시 서구에 있는 구보야마 화장장에 도착했다.

연합군은 일본 사회에서 이들을 기리는 움직임이 일어나 사형당한 전범이 순교자가 되는 것을 두려워했다. 그래서 비밀리에 누구의 사체인지 구별할 수 없도록 화장한 후 비행기로 하늘에 뿌릴 예정이었다. 반면 도쿄재판에서 전범들의 변호를 맡았던 산몬지 쇼헤이 변호사는 어떻게든 그들의 유골을 회수하고자 하였다.

마침 화장장 바로 위에 고젠지라는 절이 있었다. 쇼헤이 변호사는 면식이 있던 고젠지의 주지 이치카와 고레오에게 자기 뜻을 전했다. 고레오 주지는 이웃인 구보야마 화장장의 소장인 히타와 각별한 사이였다.

사형 집행 7시간 후인 오전 7시, 화장장에 도착한 사체들은 곧바로 화장되었다. 히타 소장은 A급 전범을 화장 후 나온 뼛가루를 미군들이 가져가기 전까지 무연고자 유골장에 놓아두었다.

이 소식을 접한 히타 소장과 이치카와 주지는 12월 26일 깊은 밤에 맨발로 유골장에 다가갔다. 특수작전을 하듯 아무도 모르게 접근하여 일곱 명의 뼛가루 중 일부를 덜어내었다.

전범들의 가족이 비밀리에 보관하던 A급 전범 7명의 뼛가루는 10
년 후 아이치현 아타미시 이즈산 고아(興亞)관음상 옆에 세워진 순국7
사묘에 뿌려지면서 그간의 이야기가 세간에 밝혀졌다.

고아관음상은 난징대학살 주범으로 A급 전범 판결을 받아 사형당
한 마쓰이 이와네의 작품이다. 그는 아시아의 홀로코스트로 불리는
난징 대학살의 주범 주제에 중일전쟁 사망자의 넋을 위로하기 위해
1940년 관음상을 만들고 아시아를 흥하게 한다는 '고아'라는 이름을
붙인 인물이었다.

일본에는 오자와 세이지라는 지휘자가 있다. 얼마 전 일본의 유명
작가인 무라카미 하루키와 음악에 관해 이야기를 나누는 내용의 책
으로 우리나라에서도 인지도가 높아졌지만, 원래부터 유명한 지휘자
였다. 당대 최고 마에스트로인 카라얀과 번스타인을 사사하고 보스
턴필하모닉과 빈필하모닉에서 활동한 일류지휘자다. 하지만 그에게는
출생의 비밀이 있다.

오자와 세이지(小澤征爾)는 1935년 만주국의 봉천(현재 중국 선양)에서
태어났다. 그의 아버지인 오자와 가이사쿠는 오족협화*를 기획하는
'만주국협화의'의 창설 멤버였다.

가이사쿠는 만주국협화 창설 멤버로서 만주국을 세우는 데 기여한
두 명인 A급 전범인 이타가키 세이시로의 '세이(征)', 이시하라 간지의
'지(爾)'를 합자하여 아들의 이름을 지어 주었다. 그래서 아들은 오자

---

*   일본이 만주국을 건국할 때의 이념으로 일본인·한족·조선인·만주족·몽고인을 가리키는 5
족의 협력을 뜻한다. 그러나 만주국에서는 일본인 이외에는 2등 국민으로 치부해 버리는
것이 현실이었다.

와 '세이지'가 되었다. 연좌제를 통해 그의 음악이나 평판을 훼손하고
자 하는 것은 아니지만, 군국주의의 일본은 이런 나라였다.

순국7사묘에 잠들어 있던 A급 전범들은 1978년 10월, 야스쿠니 신
사로 합사되었다. 집요하다면 집요하다 할 수 있는 일본 사회에서는
A급 전범 역시 일본의 군신으로 야스쿠니에 모시고 싶어 했다. 다만
외부의 비판을 무마하기 위한 시간이 필요했을 뿐이다.

전범을 신으로 모시는 것 자체가 비판 대상이다. 그것도 모자라 이
곳을 일본 정부의 대표인 총리들이 참배하고 있다. 일본의 제국주의
로 고통받은 주변 국가들의 비판을 받지 않을 수 없는 행위다.

도쿄재판에 대한 그들의 생각

왜 일본에서는 A급 전범을 야스쿠니에 데려오고 싶어 했을까? 야
스쿠니 신사 내부에는 라다비노드 팔이라는 인도 법률가를 기리는
현창비도 세워져 있다. 일본 사회가 태평양전쟁에 대해 가지는 생각
을 잘 보여 주는 상징물이다.

인도인인 팔은 극동국제군사재판의 판사였다. 그는 인도를 지배하
는 영국과 아시아를 지배했던 일본의 차이는 승전국과 패전국이라는
차이뿐이라고 주장했다. 그러므로 원자폭탄을 투하한 연합국은 일본
을 상대로 죄를 물을 수 없다며 일본 무죄론을 주장했다.

인도의 독립운동 세력 중 찬드라 보스가 이끄는 인도 국민군은 영

국의 적인 일본군을 이용해 영국을 몰아내고 독립을 차지하려는 생각을 가지고 버마에서 일본군과 함께 공동전선을 펼쳤다. 팔 판사는 찬드라 보스의 의견에 찬동하는 인물이었다.

기시 노부스케 같은 일본의 우익정치가들은 일본 무죄론의 팔 판사를 정의의 상징으로 추앙하였다. 그렇기 때문에 일본 군국주의의 상징인 야스쿠니 신사에 팔 판사 현창비가 세워져 있는 것이다.

일본의 우익 정치세력은 도쿄재판에 적극적으로 참여하였다. 육군을 중심으로 한 일부 군부 세력들에게 모든 책임을 전가하여야만 덴노의 전쟁 책임에 대한 소추를 회피할 수 있었기 때문이다.

한편 국제정세도 미국과 소련의 냉전체제로 급격히 전환되어갔다. 이에 미국 역시 일본의 안정을 위해서는 덴노의 영향력이 필요했다.

도쿄재판과 전후 처리 과정은 서로의 필요성에 의해 분명 일본에 관대하게 처리가 되었다. 그러면서 일본 본토의 폭격과 원자폭탄은 일본인들에게 그들 역시 피해자라는 인식이 가능하게끔 만들었다.

한편 도쿄재판은 우리 입장에서도 아쉬움을 남겼다. 도쿄재판의 대상이 된 시기는 1928년부터 1945년까지였다. 따라서 1910년의 한일 강제병합은 재판의 대상이 아니었다. 오히려 일본의 일부로 전쟁에 나간 조선인들 역시 전쟁 범죄에 연루되어 처벌받아야 했다. 우리나라에 주둔한 연합군의 최초 모습은 해방보다는 적국에 들어온 점령 역할을 띤 구인들이었다.

임시정부와 광복군이 불비한 여건 속에서 몸과 마음을 바쳐 오직 독립을 위해 노력했다. 하지만 국제적으로 인정받지 못한 것도 엄연한 사실이다.

2차 세계대전에서 우리와 비슷한 인구를 가진 폴란드는 나치독일에 점령당한 후 영국에 망명정부를 세우고 전쟁에 참여했다. 자유 폴란드라는 이름을 내걸고 약 22만여 명의 병력을 동원하여 수많은 전투에서 피를 흘리며 싸웠다. 그럼에도 불구하고 전후 폴란드는 그들의 의지와는 무관하게 국제정세에 따라 소련의 위성국가가 되었다. 반면 1945년 광복 당시 우리 광복군의 규모는 682명이었다.

국제정세는 우리를 중심으로 단순하게 돌아가지 않는다. 우리 의견을 관철시키기 위해서는 오직 국력만이 요구되는 것이다.

오무라 마스지로 동상

신사의 입구를 상징하는 도리(鳥居)를 지나 신사의 본전 건물로 가는 길은 꽤 길었다. 이 길에는 일본군을 상징하는 조형물이 군데군데 놓여 있었다. 근대 일본군대의 아버지로 불리는 오무라 마스지로의 동상도 있었다.

오무라 마스지로(大村益次郎)는 조슈번의 의사가문에서 태어났다. 그는 의학을 공부하기 위해 서양 학문을 공부하다 군사학에 흥미를 느껴 의사생활을 하며 틈틈이 군사학 공부를 병행하였다.

오무라 마스지로는 1861년 조슈번 군사학교의 교관으로 임명되어 번의 군대를 근대화하는 임무를 맡게 되었다. 군사학에 조예가 깊었던 그는 조슈번의 병제개혁을 성공적으로 완수하여 메이지유신에 기여하였을 뿐 아니라 보신전쟁에서도 활약하였다.

메이지 정부 수립 이후 기존 사무라이 계급의 반발을 의식한 이토 히로부미 같은 정치인들은 기존 번의 군사들로 일본군을 창설할 것을 주장했다. 반면 마스지로는 국민개병을 통한 징병제로 새로운 일본군을 만들고자 했다. 국민개병제를 통한 일본군 건설추진은 기득권을 잃어버리게 되는 사무라이계급과 구식 번병들의 반발을 샀다.

결국 마스지로는 해고당한 무사에 의해 1869년 12월 암살당하고 만다. 반면 징병제를 추진하고자 하는 그의 의지는 같은 번의 후배인 야마가타 아리모토가 계속 이어나가게 되었다. 그의 계획대로 1873년에 전국적인 징병령이 시행되었고, 근대적인 일본군대가 탄생했다.

오무라 마스지로의 동상은 일본 최초의 동상이기도 하다. 그의 업적을 기리고자 메이지 정부는 1893년 이 동상을 세웠다.그전까지 일본에서는 사람 모습의 동상을 세운 적이 없었다. 불교의 영향으로 불상이나 인왕상 등이 있을 뿐이었다.

이 동상은 메이지유신 이후 서구의 문물을 받아들였던 일본의 모습을 발견할 수 있는 동상이다. 그런데도 전통적인 복장의 사무라이 모습을 하고 있는 것이 일본다웠다.

머나먼 신사의 본전 건물

일요일이라 그런지 신사로 향하는 길가에는 시장도 열려 있었다. 살짝 둘러보니 중고물품을 파는 벼룩시장 같아 보였다.

신사의 두 번째 도리가 있는 곳에는 쌍을 이룬 석등이 서 있었다. 한쪽에는 육군, 다른 한쪽에는 해군의 영광을 상징하는 장면이 동판에 새겨져 있었다.

육탄삼용사의 모습을 포함해 군용철도에서의 전투장면, 승리하고 만세를 외치는 모습, 배에서 전투를 치르는 내용의 동판들이 석등의 사방을 둘러싸고 있었다.

두 번째 도리를 지난 후 오른쪽에는 신사 시설물 중 하나인 손을 씻는 곳인 초즈야(手水舍)가 있었다. 물론 나는 씻지 않았다. 초즈야 위에 놓인 종전 70주년이라는 간판이 눈에 들어왔다.

한참을 왔는데도 아직 끝이 보이질 않는다. 신사의 본격적인 입구처럼 보이는 나무문을 통과한 뒤에는 또 중문도리가 보였다.

한참을 걸어 올라오니 이제야 신사 분위기가 좀 난다. 중문도리 앞에 기념사진을 찍는 인파가 보인다. 일본의 전통적인 직사각형 깃발 모양에 무슨 무슨 현 방위협회라는 단체명이 적혀 있었다.

드디어 본전에 도착했다. 관광객은 실제 본전까지 들어갈 수 없고 그 앞에 배전까지 구경할 수 있었다. 사람들을 보니 이곳에서 참배를 하고 있었다. 말로만 듣던 실제 야스쿠니 신사에 도착한 것이다.

신사 건물 앞에 경비원이 있었는데 단체로 와자지껄하게 사진 찍는 것을 통제하고 있었다. 아무래도 외교, 정치적으로 이슈가 되는 곳이다 보니 경비가 삼엄한 듯하였다.

아침부터 뜨거운 햇살을 맞으며 꽤 오랫동안 걸었다. 역시 야스쿠니 신사는 일본에서 가장 큰 신사라는 것을 체험할 수 있었다.

야스쿠니 신사 주변 시설물 견학

야스쿠니 신사 부속 전쟁박물관인 유슈칸에 들어가기 전에 신사 주변을 둘러보기로 했다.

먼저 눈에 띄는 것은 개, 말, 비둘기 동상이었다. 세 동상 중 가장 처음 세워진 것은 말이다. 1904년부터 1945년까지 군용으로 약 백만 마리의 말이 사용되었는데, 그중 살아남아 집으로 돌아온 말은 거의 없다고 한다. 그렇기에 전장에서 스러져 간 말들의 영혼을 위로하기 위해 1958년에 이 위령상을 세웠다고 한다. 일본 병사들이 군대 안에서 동물취급을 받았었을 텐데 동물이었던 말은 얼마나 더 처참했을지 저절로 고개가 숙여진다.

지구 위에 비둘기가 앉아 있는 전서구 위령비는 1982년에 세워졌고 세퍼트종 같아 보이는 군견 동상은 1992년에 만들어졌다는 설명이 붙어 있었다.

그 뒤쪽에는 차를 마시는 다실과 정원이 있었다. 전형적인 일본 정원의 모습으로 잘 꾸며져 있었다.

정원에는 행운정行雲停이란 곳도 있었다. 다도교실이 열리는 곳이라 하는데 다도를 가르치는 곳으로 쓰이기에는 영 좋지 않은 곳이었다. 이곳은 원래 1933년에 일본도 단련각이라는 곳으로 종전 시까지 12년 동안 8,100여 개의 칼을 만든 곳이다. 이곳에서 일본의 전통방식대로 만들어진 칼은 야스쿠니도(靖國刀)라 불렸다고 한다.

칼이 사무라이를 상징하듯 제국일본에서 군도는 장교를 상징했다. 아마 이곳에서 만들어진 군도는 땅에서는 무의미한 반자이 돌격을 통제하는 데 쓰이기도 했을 것이고, 공중에서는 전투기 좌석이 좁은 데도 거추장스럽게 착용해야만 하는 가미카제 특공대조종사들의 허리춤에도 붙어 있었을 것이다.

신사 주변을 둘러보고 유슈칸 앞으로 가니 가미카제를 기리는 동

상도 세워져 있었다. 정확한 이름은 '특공용사의 비'였지만 항공복을
입고 먼 산을 바라보고 있는 것이 가미카제 특공대의 모습이었다.

독고다이 하다

흔히 쓰는 말 중에 특공대라는 말이 있다. 군대에서 뿐만이 아니라
민간사회에서도 흔히 쓰인다. 지구특공대, VJ특공대 등등.

한편 독고다이라는 비속어도 있다. 혼자 다니는 싸움꾼을 이르거
나 혼자서 한다와 같은 의미의 용어이다.

특공대와 독고다이는 신푸 도쿠베츠 고케키타이(神風特別攻擊隊)라는 동일한 어원을 가지고 있다. 미군에서는 신푸보다는 가미카제로 읽어 본명보다는 가미카제 특별공격대가 더 유명해졌다. 특별공격대를 줄여시 특공대, 일본어로는 독고다이다.

가미카제가 일본군에서 유일한 특공대는 아니었다. 자폭어뢰 가이텐(回天), 자폭비행기 오카(櫻花), 자폭보트 신요(震洋) 등 자폭방법도 다양했다. 일본군에게 특별 공격이란 자폭을 의미했다.

오늘날의 특공대는 특수임무를 부여받은 부대라는 의미가 크다. 영어의 special force, 특수부대 정도로 이해할 수 있다. 특수 작전은 죽기 위해 단독으로 실시하는 것이 아니다. 일본군의 독고다이처럼 혼자서 해서는 절대 성공할 수 없는 것이 특수 임무작전이다.

특수작전의 유행을 선도하고 있는 미군에서는 특수전사령부(SOCOM)를 통해서 델타포스, 네이비실 등 유명한 육·해·공·해병 특수전부대를 통합 활용한다. 특수부대만이 아니라 CIA 등 정보기관과의 협조하에 이루어진 이라크전 당시 특수작전은 정규전에서의 특수전 운용에 대한 정석을 보여 주었다.

20세기 최고의 특수작전이라는 이스라엘군의 엔테베 공항작전도 각 기관의 협조하에 이스라엘에서 우간다까지 4,000㎞를 날아가서 성공했다. 우리 군의 아덴만 여명작전 역시 서로 다른 부대와 기관의 긴밀한 협조 끝에 이뤄낸 성과다. 현대전에서 특수작전은 특공대가 독고다이 한다는 개념으로는 이뤄낼 수 없는 것이다.

그런데도 독고다이를 하겠다는 특공대를 적으로 두고 있다는 것이 문제다. 정규전 병력을 제외하고서도 약 20만 명 규모의 '수령을 위해 총폭탄이 되자!'라 외치는 북한의 특수전병력 '독고다이'들. 그들이 헛된 망상에서 언제쯤이나 벗어날 수 있을는지. 그전까지는 망령과도 같은 독고다이에 대해 어쩔 수 없이 대비해야만 한다.

이런저런 생각을 하며 군사박물관인 유슈칸으로 향했다.

02

유슈칸: 여전히 뛰고 있는 제국일본군의 심장

유슈칸의 역사

군사박물관인 유슈칸에 들어서자마자 일본 군국주의의 상징물인 영식함상전투기, 제로센이 한눈에 들어왔다.

유슈칸에서 '유슈(遊就)'는 '고귀한 인물을 본받다'라는 뜻이다. 중국 고전 '순자'의 권학편에 등장하는 '그러므로 군자는 사는 곳을 가리고 노는 데는 어진 이를 따른다(故君子居必擇鄕 遊必就士)'라는 어귀에서 따왔다고 한다.

세이난전쟁이 끝날 무렵인 1877년, 메이지 정부는 신정부수립을 위해 그동안 치러 온 전쟁을 기념할 수 있는 군사박물관을 세워야겠다는 구상을 시작했다. 군인들의 영령을 기리는 야스쿠니 신사 부속 군사박물관으로 1882년 문을 열었다.

　1923년 관동대지진으로 인해 한 번 파괴 되어 재건되었으며, 1945년 종전으로 인해 박물관의 기능이 정지되었었다. 그리고 35년이 지난 1980년부터 재개장 준비를 시작하여 1986년 재개장되었다고 한다. 2002년에는 야스쿠니 신사 창립 130주년을 기념하여 리모델링을 한 뒤 오늘의 모습을 갖추게 되었다.

　유슈칸은 고대 일본의 군사유물부터 2차 대전까지의 물건을 모아둔 곳으로 일본이 일으킨 전쟁을 미화하고 그들 나름대로 애국심을 고취시키기 위한 핵심적인 역할을 담당하는 곳이다.

　시설물의 사진 촬영은 금지되었지만, 입구와 내부의 무기전시장은 사진 촬영이 허가되어 있었다. 이른 아침 시간이었지만 벌써 많은 인파가 모여 전시관을 관람하고 있었다.

전쟁과 어울리지 않는 증기기관차의 진실

입구에는 제로센 전투기 말고도 2개의 야포와 증기기관차가 전시되어 있었다.

왜 증기기관차가 여기 있을까 하는 생각이 들어 자세한 내용을 읽어 보았다. 설명에 의하면 2차 세계대전 당시 태국과 버마를 연결했던 다이멘(泰緬) 철도의 개통식을 담당했던 기관차라고 한다.

다이멘 철도는 일본이 버마를 넘어 인도까지 공격하는 데 활용한 철도로 일명 '죽음의 철도'라고 불린다. 영화 '콰이강의 다리'가 떠올랐다.

1941년 말 진주만공습과 함께 태평양전쟁이 시작되었다. 진주만 공습이 개시되던 그때 태평양 반대편인 동남아시아에서도 일본군의 침공이 개시되었다. 야마시타 도모유키(山下奉文) 장군의 일본 제25군은 순식간에 말라야 반도를 점령했고 이를 빌미로 태국을 협박해 동맹국으로 삼았다. 이 작전의 성공으로 야마시타는 '말라야의 호랑이'라는 별명을 얻기도 했다. 이후 일본은 태국을 통과하여 영국의 식민지인 버마로 진격했다.

험난한 정글 지역의 군수품 수송을 위해 일본군부는 버마까지 철도를 놓기로 했다. 태국과 버마를 잇는 총 길이 415㎞에 달하는 철도였다. 문제는 중장비 없이 맨손으로 건설해야 했다는 것이다.

지역 민간인들과 연합군 전쟁포로를 동원한 강제노역을 이용해 공사를 시작했다. 끌려온 노동자 20만 명과 전쟁포로 6만 명이 동원된 대역사였다. 그중 10만 명에 달하는 인원이 질병과 부상, 중노동으로 인해 사망하였다. 이는 엄연한 전쟁 범죄다.

다이멘 철도는 나치의 유대인 수용소에 버금가는 전쟁 범죄를 상징하는 철도이다. 1957년 개봉하여 아카데미 상을 휩쓴 영화 '콰이강의 다리'가 당시의 모습을 생생히 그리고 있다.

전쟁 범죄로 만들어진 철도의 개통식을 담당한 증기기관차를 입구에 가져다 놓는 곳이 바로 유슈칸이었다. 입장권을 끊기도 전에 이곳은 어떤 곳인지 감이 잡혔다.

일본군이 있던 어느 곳에서 전쟁 범죄가 없었겠느냐마는 기관차 옆에 놓인 포 2문의 출처도 전쟁 범죄를 떠올리게 했다. 한 문은 포로들의 '죽음의 행진'이 진행되었던 필리핀의 바탄반도에서, 한 문은 군인은 물론 민간인들까지 억울한 죽음에 몰아넣는 '옥쇄'가 행해진 오키나와에서 가져온 포들이었다. 만약 일본의 주장대로 영령이 존재한다면 야간에는 이곳에 접근하기 쉽지 않을 것 같다. 그래서 오후 4시 반에 일찍 문을 닫나 보다.

전시실에 발을 딛다

자판기의 나라답게 입장권도 자판기로 판매하고 있었다. 입장권은 800엔으로 매우 비쌌다. 스탬프를 찍기 위한 스크랩북도 비싼 돈을 주고 하나 구입해서 들어갔다. 유슈칸 전시실 중에서 가장 핵심적인 전시품 10개를 선정하고 옆에 도장을 놔두어 스크랩북에 스탬프를 찍을 수 있게 해놓았다.

종전 70주년의 수식어는 여행 기간 내내 볼 수 있었다. 관광지만 다녀서 그런지는 모르겠지만, 같은 시기 우리나라에서의 광복 70주년 이라는 수식어보다 훨씬 다양한 콘텐츠와 기념행사에 쓰이고 있는 듯했다. 이곳에서도 전시실 앞 로비에 종전 70주년을 기념한 '대동아 전쟁 70주년 특별 방위회화전'이 특별 전시되어 있었다.

큰 캔버스에 그려진 여러 점의 유화가 로비에 걸려 있었다. 본토방 위전이라고 해서 P-51이 엄호하는 B-29폭격기 사이로 일본의 전투기 가 공중전을 벌이는 그림도 있었고, 방공포함이라 쓰인 해군의 그림 도 있었다.

하지만 가장 관심이 간 그림은 지상전이었다. 그중에 '이오지마 공방 전' 그림과 '오키나와 지상전' 그림에 각각 그려져 있는 화염방사 서면 전차가 인상 깊었다. 과도할 정도로 크기가 과장된 서면전차에서 나 오는 화염은 미군의 물량으로 핀치에 몰린 일본군의 피해자 코스프레 의 이미지를 형상하는 듯했다.

재미있는 점은 가이텐 공격이라 붙어 있는 그림에만 영어 설명이 붙 어 있지 않았다는 것이었다. 자살어뢰인 가이텐 공격에 대해 외부적 으로 드러내기에는 그들도 조금 찔리는 바가 있었나 보다.

전시실은 총 19개로 되어 있었다. 영국의 제국전쟁 박물관(IWM)이 나 프랑스의 앵발리드 박물관도 가본 경험이 있지만 아무래도 우리 나라의 전쟁기념관과 비교해 볼 수밖에 없었다.

용산의 전쟁기념관과 비교해서 공간은 작지만 조그만 공간에 많은 내용이 들어 있었다. 소형화와 집약화라는 일본의 특징을 그대로 가 지고 있는 박물관이었다. 전시실은 프롤로그 존, 근대 역사 존, 영령을 기리는 곳의 4부분으로 크게 나뉘어 있었다.

모두 전쟁을 하던 시대?

 1전시실과 2전시실은 프롤로그 존이었다. 관람객들에게 일본의 군사전통이라 주장하고 싶은 '사무라이' 정신에 대해서 시쳇말로 약을 치는 곳이었다.

 일본에는 예로부터 집과 마을, 국가를 지키기 위해 싸우다 죽어간 사람들을 기리는 곳을 만드는 전통이 있었다. 영어로 '스피릿 오브 사무라이'라 한다. 이러한 사무라이들이 현대 일본의 기틀을 마련하기 위해 죽어 갔고, 이들을 기리는 공간이 야스쿠니 신사라는 표현이었다.

 프롤로그 존에서 가장 중점이 되는 내용은 몽골의 침략을 막아낸 것이었다. 세계 최초로 화약무기의 모습이 담긴 그림으로 유명한 기록화 '몽고습래회사(蒙古襲來絵詞)'의 장면이 이곳저곳 많이 그려져 있었다.

 고대시대의 철제 흉갑 갑주도 전시되어 있었는데 우리나라 박물관에서 볼 수 있는 가야의 갑주와 똑같이 생긴 것을 볼 수 있었다.

 3전시실부터 본격적으로 근대 일본군의 모습을 볼 수 있었다. 일본의 개항을 가져온 페리 제독으로부터 시작된 일본의 개화과정은 사카모토 료마(坂本龍馬)와 주변 인물들의 활약을 통해 국방력을 강화하고 왕정복고를 이루었다는 내용이 3전시실에 전시되어 있었다. 메이지유신을 위해 치렀던 내전인 보신전쟁, 세이난전쟁과 함께 야스쿠니 신사 창설의 내용도 순서대로 등장하고 있었다.

전시실의 내용은 전형적인 일본 극우의 논리로 되어 있었다. 모든 나라가 제국주의를 하고 있으니 일본도 살기 위해 근대화 과정을 거쳐 제국주의를 택했다며 주변 국가의 침략을 정당화하려는 그들의 논리를 그대로 보여 주고 있었다.

메이지 시대에 대한 설명에서는 세계지도가 하나 걸려 있었다. 그 안에는 19세기 중반 제국주의 나라들과 주요 전투들이 표시되어 있었다. 중국 태평천국의 난(1858), 영국의 시크전쟁(1849), 세포이항쟁(1857) 등등 미국, 스페인, 러시아, 영국, 프랑스, 네덜란드, 포르투갈과 같은 나라의 활동사항이 표시되어 있었다. 일본은 살기 위해 이들처럼 다른 나라를 침략했기 때문에 나쁜 짓이 아니라는 상징이었다.

일제의 팽창 모습

메이지유신으로 내부를 추스른 일본은 제국주의 국가로 발전하며 인근 국가로 눈을 돌리기 시작했다. 6전시실의 청일전쟁부터 일본 제국주의의 시계가 숨 가쁘게 돌아가기 시작했다. 우리나라는 그 소용돌이에 휘말려 제국주의 중에서도 가장 추악하고 촌스러웠던 일본의 지배하에 제국주의의 피해자로 국제사회에 등장하게 된다.

청일전쟁 파트에서는 청나라의 위협으로 어쩔 수 없이 일본도 군비 증강을 할 수밖에 없었다는 논리를 내세우고 있었다. 임오군란의 결과로 부득이하게 톈진조약을 맺은 일본은 장차 청나라 군대에 대항하기 위해 군비증강을 할 수밖에 없었다는 것이다.

청일전쟁에서 청나라는 더욱 강력한 일본군에게 패배한 것으로 알려졌지만 문서상 전력은 청나라 군대가 더 강했고, 무기도 더 최신이었다는 설명이 있었다. 청일전쟁 당시 청나라 군대는 60만 명인 데 비해 일본은 24만 명뿐이었다. 군함은 82척 대 28척의 차이를 보였지만, 그런데도 일본이 승리했다는 사실을 자랑스럽게 기념하고 있었다.

청일전쟁의 결과인 시모노세키조약의 열매를 맛보기도 전에 삼국간섭을 당한 일본은 자기를 지킨다는 핑계를 대고 다시 군비증강에 들어갔다. 역사상 지속적으로 일본에 위협이 되었던 러시아와의 전쟁도 불리한 여건 속에서 야스쿠니 신사에 모셔진 '영령'들의 활약으로 승리를 거두었다는 내용이 계속해서 이어지고 있었다.

적을 알고 나를 알아야 백 번 싸워도 위태롭지 않다고 한다. 우리는 지금까지 너무 국내 정세에만 치우친 국사를 배우지 않았나 싶다. 국사란 암기과목으로 특히 근대사는 잘 이해되지도 않는 여러 조약과 그에 해당하는 연도를 달달 외워서 시험을 보아야 했다. 그러나 그 조약이 세계적으로 무엇을 뜻하는지는 배우지 못했었다.

지금까지의 국사는 우리나라를 차지하기 위해 열강들이 치열한 경쟁이 벌어지는 동안 우리가 무엇을 하고 있었는가를 가르쳐 주지 못하고 있다는 생각이 들었다. 우리는 아무 문제없이 잘 살고 있었지만, 일본이 나빴다는 식으로 일제의 식민지가 된 원인을 외부에서만 찾는 것은 너무 유아적인 행위이다. 아무것도 모르고 있는 대한제국을 두고 벌어진 당시의 치열한 외교전과 두 번의 전쟁은 우리의 안일함을 증명한다.

러일전쟁에서는 근대 일본군의 최초 군신이 등장한다. 여순항 입구에 낡은 화물선을 자침시켜 항구를 폐쇄하는 작전을 수행하는 도중 전사한 히로세 다케오(広瀬武夫) 해군 중좌이다. 배에서 탈출할 수 있었음에도 없어진 부하를 찾기 위해 탈출을 미루다 전사했다는 이야기는 당시 일본인들의 심금을 울렸다. 그는 일본인의 이상향을 보여주는 죽음으로 군신의 자리에 올랐다. 그의 동상이 8전시실 한편에 전시되어 있다.

⑤廣瀬武夫海軍中佐と杉野孫七海軍兵曹長像　展示室8

廣瀬中佐は、日露戦争旅順港閉塞作戦の任務完了後、戻らぬ杉野兵曹長を探して沈み行く船に戻りましたが見当たらず、引き揚げの短艇に乗り移る際に散弾に斃れました。中佐の部下を思う心から、後に「海の軍神第一号」と称されました。

일본은 여러 식민지를 차지한 후 1차 세계대전 때만 해도 세계 정세를 읽고 줄을 잘 섰다. 연합군의 편에 서서 세계대전이 벌어지지 않는 극동 지역에서 굿이나 보고 떡이나 먹었다.

맥주로 유명한 독일의 식민지 칭다오를 국가적으로 식민지화하였으며 사회 내부적으로는 전쟁으로 돈을 쓸어 모은 나리킨(成金)*들이 탄생했다.

러일전쟁 이후 계속된 성공에 힘을 받은 일본은 아시아에서 무소불위였다. 경제로 인해 좋아진 사회 분위기로 '다이쇼 데모크라시'라 불리는 정치적 자유운동이 벌어졌다. 조선총독부에서도 헌병정치 대신 문화정치가 등장하기 시작했다.

그러나 전 세계적으로 벌어진 대공황으로 인해 일본 역시 타격을 받았다. 경제적 불황이 사회적 불안으로 이어지자 일본은 중국침략에서 해결책을 찾고자 했다. 전시관에 전시되어 있는 대로 일본은 '진출'이라는 용어를 사용하지만, 나머지 국가에서는 '침략'이다.

8번 전시실부터 10번까지는 만주사변과 지나사변이라 불리는 기간에 대해 간략하게 설명하고 있다. 만주사변은 신국가 건설을 위한 활동이었으며, 지나사변은 중국의 내전(Civil War)으로 폄하한다. 노구교사건 역시 일본군 병사가 총에 맞았기 때문에 자위적 조치로 싸웠다는 그들의 왜곡된 주장을 되풀이하고 있었다. 한편 육탄삼용사는 이곳에서도 모습을 보여 주었다.

장고봉전투와 노몬한전투는 작게 나와 있었다. 정말 조그마하게… 무라카미 하루키의 『하루키의 여행법』에서 본 노몬한 기행문이 생각났다.

초등학교 시절 책에서 본 노몬한전쟁의 낡은 사진에 매료되어 30년

---

* 벼락부자. 일본 장기에서 졸卒이 적 진영 끝까지 가면 장군으로 승격하는데(金將) 이에 비유하여 만든 관용구.

후 멀리 몽골의 초원까지 다녀온 하루키는 자동차로 일본군이 지나갔던 울퉁불퉁한 길을 지나갔다. 차를 타도 불편한 길을 지나며 완전 군장으로 220여 킬로미터를 걸어서 그 길을 이동한 일본군 병사를 떠올리고는 그 처참함에 아연실색한다. 그는 '일본이란 가난한 국가가 살아남기 위해 중국이라는 가장 가난한 국가를 생명선을 유지한다는 명분 아래 침략했으니 참 어처구니없는 이야기'라고 현장을 본 감회를 떠올렸다.

참 어처구니없는 전쟁이었던 중일전쟁을 이곳에서는 지나사변*으로 축소해서 부르고 있었다.

태평양전쟁이 아닌 대동아전쟁大東亞戰爭?

11전시실부터 15전시실까지는 태평양전쟁을 다루고 있다. 태평양전쟁이 아닌 대동아전쟁으로 표기하고 있었다. 영어로도 'Greater East Asia War'라 적혀 있었다. 용어부터 마음에 들지 않는다.

전쟁의 배경설명도 그러했다. 소련의 스탈린은 남으로 확장정책을 펴고 있었으며 미국은 2차 세계대전에 참전하려는 움직임을 보였다. 반면 죄 없는(?) 일본은 석유를 비롯한 자원이 부족해서 먹고살기가 힘들었다. 그럼에도 불구하고 연합군인 미국, 영국, 중국, 네덜란드가

---

* 　사변: 전쟁까지는 이르지 않았으나 경찰의 힘으로는 막을 수 없어 무력을 사용하게 되는 난리.

ABCD 동맹을 맺고 추축국이었던 일본을 압박하고 있었다. 일본은 끝까지 외교적으로 해결하려고 노력했지만 어쩔 수 없이 선전포고를 하게 되었다는 것이 그들의 주장이었다. 기가 막히고 코가 막힌다.

전쟁의 원인에는 왜곡의 시도가 있지만, 눈으로 보이는 경과까지는 왜곡할 수 없었을 것이다. 전시실에서는 태평양전쟁을 3시기로 나누어 처참하게 당한 일본의 모습을 보여 주고 있었다.

선전포고 없이 진주만을 포함한 아시아 전 지역에 실시한 기습으로 잠깐 반짝이는 성과를 거두었던 진공작전(1941. 12~1942. 5) 시기가 첫번째 시기이다. 그러나 전쟁은 곧 전환점을 맞이했다.

일본은 소부대전술에 어울리는 병학사상이란 조그만 그릇으로 태평양 전구(戰區, Theater)를 다루는 대전략이라는 물을 담으려 했다. 그러니 물은 넘쳐 흐르고 말았다.

일본이 별생각 없이 지나치게 확장한 전선에 빈틈이 생기기 시작했다. 알류산 열도, 미드웨이, 산호해해전, 과달카날 등에서 일본은 패배하고 미국은 일본을 향한 공격을 시작한다. 공방이 전환되는 시기가 두 번째 시기이다.(1942. 6~1943. 9)

돌이킬 수 없는 상황에 직면한 일본은 수세로 전환했다. 하지만 이미 세는 기울어졌다. 동남아시아, 중국, 남태평양, 중앙태평양의 4개 전진축에서 쏟아지는 천조국과 연합군의 물량공세는 어쩔 수 없었다(1943. 9~1945. 8).

수세에 직면한 일본은 무의미하게 희생을 강요하는 특공작전을 시행한다. 전쟁의 목적이 승리가 아닌 죽음에 있는 일본의 시각에서 이들의 죽음은 아직도 미화되고 있었다.

　수세작전 중에서도 따로 본토방어작전을 분리하여 14전시실에서 다루고 있었다. 일본 본토에서 겪었던 피해를 강조하는 전시실이었다. 특히 일본의 전쟁 피해자 사칭을 위해서는 본토에 떨어진 폭격에 대한 민간사회의 피해를 강조하는 것은 필수요소였다.

　전시실 자체는 일본답게 아기자기하고 시각적으로 뛰어났지만 문제는 콘텐츠였다.

찬드라 보스와 인도 국민군

　대동아전쟁 전시실에서 특별한 군대를 발견했다. 그들의 유일한 동맹국이라 할 수 있는 인도 국민군이었다. 독일 및 이탈리아와 추축 동맹을 맺은 상태였지만, 두 나라와는 전선이 떨어져 있었기 때문에 연합전선을 형성할 수 없었다.

　그러므로 일본의 식민지국들을 제외하면 실제로 일본과 연합작전을 펼친 곳은 인도 국민군뿐이었다. 이 부대는 말레이 전선에서 일본군의 포로가 된 영국군 소속의 인도 병사들을 대상으로 만들어진 부대였다.

　찬드라 보스가 이끄는 인도 국민군의 목표는 인도가 영국의 식민지에서 벗어나는 것이었다. 우리에게는 간디와 비폭력운동만이 알려졌지만, 인도의 독립운동 역시 여러 갈래로 나뉘어 진행되었다.

　찬드라 보스는 일본과의 연합으로 무력을 사용한 독립을 추구했고 사회주의자였던 자와할랄 네루는 내부에서 적극적 파업과 투쟁을 통한 독립운동을 벌였다. 그리고 마하트마 간디는 비폭력운동을 전개하였다.

인도 국민군은 버마를 거쳐 인도의 북동부 지역으로 이동해 일본의 임팔·코히마 작전에 같이 참전하였다. 이 지역은 정글 지역으로 기동과 보급에 많은 문제가 있는 지역으로 대규모 병력에 의한 정규전보다는 비정규전 위주의 작전이 진행되었다. 오드 윈게이트 장군이 이끌었던 연합군 게릴라 어단인 '친디트'는 이곳에서 1차 세계대전의 '아라비아의 로렌스'와 비견될 정도의 활약을 보여 주기도 했다.

일본의 무타구치 렌야(牟田口廉也) 장군은 중국으로 전해지는 보급품의 통로이면서, 인도로 접근하는 통로였던 이 지역에서 공세를 펼치기로 한다. 이 작전에서의 활약으로 그는 70년 후 인터넷상에서 한국의 독립운동을 위해 노력한 독립운동가(?)로 재평가되기도 한다.

무타구치 렌야는 보급에 대한 개념이 전혀 없었다. "일본인은 원래 초식동물이니 가다가 길가에 난 풀을 뜯어 먹으며 전진하라."라는 말을 남기며 오직 정신력만을 강조한 이 지휘관

インパール作戦とインドの独立

日本軍と共に勇躍前線に進出するインド国民軍

原田垂地 画

아래 일본군은 엄청난 고통을 겪어야 했다.

이 작전에 참가한 일본군 78,000명 중에 약 49,000명이 전사하였다. 같이 연합작전을 펼친 인도 국민군 15,000명도 3,000여 명이 전사하는 등 임팔 작전은 대실패로 끝났다.

하지만 작전의 경과야 어찌 되었든 인도 국민군의 사례는 일본이 아시아를 위해 '대동아전쟁'을 벌였다고 왜곡할 수 있는 아주 좋은 사례이기 때문에 팸플릿까지 가져다 놓고 크게 강조하고 있었다.

니시 다케이치와 이오지마

유슈칸의 네 번째 주제는 영령이었다. 16전시실부터 19전시실까지는 야스쿠니 신사의 '신'을 다루고 있었다. 전사한 사람들의 사진과 유품들이 빼곡히 들어서 있었다. 종전 70주년에다 패망한 달인 8월이다 보니 아는 사람을 찾고 있는 사람들도 많이 보였다.

당시 일본은 꽤 선진국이었나 보다. 계급 고하를 막론하고 전사자들의 사진이 정말 많이 걸려 있었다. 반면 6·25전쟁 당시 나라를 위해 목숨 바쳤던 우리의 호국 영령 중에는, 특히 병 계급으로 산화하신 분들은 사진도 남아 있지 않은 분들이 많아 안타깝다.

일본 사회에서 전통적으로 전투란 자기표현행위였다. 그들은 전투에서 이기는 것이 목적이 아니라 용기와 인격을 어떻게 잘 나타내는가를 보여 주는 행위였다. 이는 근대에 들어서도 마찬가지였다. 그들

은 어떻게 승리해야 하는가를 고민한 것이 아니라 어떻게 잘 죽는가
를 고민했다. 그리고 죽었다.

이곳의 주세 역시 싸움에 어떻게 기여했는가가 아니라 얼마나 장렬
하게 죽었는가였고 수많은 사람이 각자의 스토리를 담고 있었다.

그중에서는 익숙한 인물 한 명을 발견했다. 니시 다케이치(西竹一) 아
까 말 탄 모습의 스탬프를 찍었던 그 사람이다.

일본은 왜 전쟁을 했을까? 그들은 세계 사람들의 존경을 받기 원했
다. 강대국이 존경을 받는 것은 무력 때문이라 보고 강대국이 되기
위해 무력을 강화했다. 근대화에 뒤처진 시간은 길었다. 자원도 부족
하고 기술도 낙후되었기 때문에 이를 만회하기 위해 그들은 더욱더
이를 악물었다.

청일전쟁부터 1차 세계대전까지의 성공에 대해 잘못된 교훈을 도
출한 그들의 병학은 현대전에 맞는 군을 만들기보다는 봉건 사무라
이 정신에 충실한 군을 만들고자 했다.

반면 외국과의 교류를 통해 깨어 있던 일부 지휘관들은 군의 병폐
를 최소화하고자 노력했다. 1945년의 이오지마 전투에서 그러한 모습
을 일부 볼 수가 있다.

이오지마(硫黃島)는 도쿄에서 약 1,000㎞ 정도 떨어져 있는 섬이다.
도쿄 바로 아래 있어서 현재도 행정구역상 도쿄도에 속해있으며 오늘
날에도 자위대의 항공기지가 있는 군사요충지이다.

미군은 도쿄로 접근하는 통로이면서 B-29의 기지로 활용할 수 있
는 이오지마를 점령하고자 했다. 마리아나제도에서 출발한 B-29가
일본 본토를 폭격한 후 다시 돌아가는 것보다 이오지마로 이동해 착

류하는 것이 더 유리했기 때문이다.

1945년 2월 19일 6,800톤의 폭탄과, 22,000발의 포탄을 퍼부은 후 미군의 3개 해병사단이 해안에 상륙했다. 미 해병대는 일본군은 한 치의 땅이라도 내주지 않겠다는 무모한 정신주의에 빠져 있어 해안선에 배치되어 있을 것이고, 함포와 폭탄의 벼락불 속에서 무력화되었을 것이라 지레짐작했다. 그래서 상륙만 하면 손쉽게 이 섬을 점령할 수 있을 것이라 생각했다. 섬에는 23,000여 명의 일본군이 있었다.

미군의 착각이었다. 일본군의 지휘관은 미국물을 먹은 사람이었다. 일본의 무모한 정신주의를 채택하지 않았다. 기존처럼 적이 해안에 상륙하지 못하게 하는 거부작전 대신 해안선 안쪽에서 방어하는 작전을 택해 결사항전태세를 갖추고 있었다.

상륙 후 5일이 지난 시점에서 미 해병대는 섬에서 가장 높은 스리바치 산에 올라 성조기를 게양했다. 2차대전의 승리를 상징하는 조. 로젠탈의 역사적인 사진은 이날 이 장소에서 찍혔다.

하지만 사진의 모습과는 달리 전투는 그때부터 시작이었다. 해병대는 조그만 섬에서 한 달에 걸친 전투를 치러야 했다. 로젠탈의 역사적 사진 속 6명 중에 3명이 전사하였으며, 정상에서 함께 사진을 찍었던 소대원 40명 중 5명만이 무사히 섬을 떠날 수 있었다. 미군은 5,900명이 전사하고 17,000여 명이 부상을 입는 큰 피해를 입었다.

일본군은 언제나처럼 큰 피해를 입었다. 수비대 23,000여 명 중 부상을 입고 잡힌 1,083명의 포로를 제외하고는 전원이 전사하였다. 물론 대국적으로 보면 무의미한 희생이기는 했지만 그래도 군사적인 목적에서 본다면 한 달이라는 시간을 지연한 전투였다.

이 섬의 일본군 지휘관은 구리바야시 다다미치(栗林忠道) 소장이었다. 미국 대사관에서 근무하며 하버드 대학에서 학위를 받은 미국통이었다. 그는 미국과의 전쟁은 자살행위라는 것을 알고 있었지만, 군인인 이상 전쟁을 피할 수는 없었다.

이오지마의 전투 역시 무의미한 자살행위라는 것을 알고 있었지만, 본토의 시간을 최대한 벌어주기 위한 목표를 세우고 전투에 임했다. 유연한 사고를 통해 지금까지 일본군이 수행해온 상륙거부 대신 내륙에서 지연전을 택하였고, 일본군 특유의 옥쇄를 금지한 채 가능한 한 오래 전투를 벌이도록 부하들에게 명령하였다.

니시 다케이치는 구리바야시 휘하의 제26기갑 연대장이었다. 그는 이미 전 세계의 유명인사였다. 1932년 LA 올림픽에서 승마에 출전해 금메달을 딴 금메달리스트이며 사교활동을 통해 미국에도 아는 사람들이 많이 있었다.

그 역시 해외 경험을 통해 유연한 사고를 하고 있었다. 미군의 셔먼 전차와 상대가 되지 않는 일본의 95식, 97식 전차를 포탑만 떼어내 지형을 활용한 고정포로 운용하여 성과를 거두었으며 적의 전차를 노획하여 활용하기도 했다.

다케이치가 지휘관임을 안 미군에서는 전쟁 전부터 서로 알고 지내던 영화인 출신 버틀렛 육군대령이 직접 투항권고를 하도록 투입하기도 했다. 육군항공대에서 정보장교로 근무한 버틀렛은 그레고리 펙이 주연을 맡은 1949년 영화 '정오의 출격'의 원작 소설과 영화 대본을 쓰기도 한 인물이다.

하지만 아무리 외국에서 배웠다 해도 일본인의 정신이라는 굴레는 벗어나기 어려웠다. 항복이란 존재하지 않는 일본군답게 다케이치 역시 전사하고 만다.

니시 다케이치의 사진과 유물, 활약은 여러 전시실에 전시되어 있었다. 전형적인 일본군의 가치관을 대표하는 인물이 아니라 일본군의 특징을 지니면서도 스포츠맨이자 국제 신사로서 통용되는 인물을 많은 곳

에 전시해 놓은 것을 보면 일본인들이 태평양전쟁을 어떻게 기억하고 싶어 하는지에 대한 생각을 알 수 있었다.

특공 3종 세트, 그리고 9군신

전시실을 다 돌고 나니 각종 무기와 장비들을 전시해 놓은 대전시실이 나왔다. 이곳에 나와서야 비로소 사진 촬영이 가능했었다. 각종 무기 중에 가장 눈에 띄는 것은 특공 3종 세트였다. 굳이 찾아보려 하지 않아도 특공무기가 가장 눈에 잘 띄도록 배치가 되어 있었다.

자폭어뢰 가이텐(回天), 자폭비행기 오카(櫻花), 자폭보트 신요(震洋)가 한곳에 모여 있었다. 다른 나라들의 군사 박물관과는 성격이 다르다

는 것이 더욱 와 닿았다. 대체 어떤 나라에서 무의미한 자살공격을 옹호할까? 역시 일본은 어떻게 이기느냐가 아닌 어떻게 죽느냐를 강조하는 군사문화의 국가였다.

이런 문화는 진실을 왜곡하기도 한다. 전쟁 당시 일본에서 만들어진 군신 중에 구九군신이 있었다. 그들에게 군신이란 다른 나라의 군신처럼 눈부신 승리에서 전의를 고양하는 것이 아니라 감성팔이를 통해 일본인의 뛰어난(?) 자질을 확인하는데 그 의의가 있었다.

1941년 12월, 진주만 공습으로 태평양전쟁의 막이 올랐다. 북쪽의 그들이 항상 기묘하고 영활한 전술을 통해 실리보다 명분을 택하려 하는 것처럼 일본 해군도 실제로는 별 도움이 안 되는 잔재주를 부리려 했다. 특수공격은 전쟁 말기에만 나타난 것이 아니라 태평양전쟁의 시작부터 함께했다.

많은 사람들이 효과가 없을 것이라 반대했지만, 이 작전을 기안한 사람들은 명분을 세우기 위해 불가능한 작전을 시행에 옮겼다. 두 명의 승조원이 탑승하여 어뢰 두 발을 발사할 수 있는 초소형 잠항정을 탑재한 잠수함 5척은 특공작전을 위해 진주만으로 이동했다.

이와사 나오지(岩佐直治) 대위의 지휘 아래 잠항정 5척은 각개 목표에 대해 공격을 시도했지만, 별다른 성과를 거두지 못했다. 오히려 5척 중 4척은 파괴되었으며 나머지 한 척은 좌초되어 사카마키 가즈오(酒巻和男) 소위는 태평양전쟁의 일본 포로 1호가 되기도 했다.

이 실패한 작전은 극비로 취급되어 오다 진주만 공습 3개월 후, 1942년 3월 6일이 되어서야 '특별공격대'의 과장된 전과와 함께 9명의 죽음을 칭송하는 공문을 발표하게 된다. 미군 측에서 사전에 일본포로 1호인 사카마키 소위를 생포했다는 소식을 알려왔기에 10명에서 1명을 제외한 9명의 군신이 만들어진 것이다.

이런 잘못된 신화들이 모여 결국 무의미한 죽음을 향해 돌진하는 일본의 '특공'이 만들어졌다. 아무리 군사문화의 본질이 '잘 죽이고 잘 죽는 것'에 대한 문화라고 하지만, 죽음만을 강조하는 잘못된 군사문화는 파멸을 가져올 수 있다.

같은 시기 지구 반대편에서 활약하던 미국의 패튼 장군은 이런 말을 남겼다. "전쟁의 목적은 자신이 조국을 위해 죽는 게 아니라 적이 그의 조국을 위해 죽도록 해 주는 것에 있다."

아이스크림, 밴 플리트와 알레이 버크 그리고 일본

일본 군국주의의 핵심이라는 야스쿠니 신사와 유슈칸을 주마간산으로 돌아보고 나왔다. 그런데도 시간은 꽤 지나 벌써 점심시간이었다.

야스쿠니 신사 주변 매점 안에서 일본 부침개인 오코노미야끼를 팔고 있었다. 향긋한 기름 냄새에 혹해 어느새 내 손은 동전지갑 안으로 들어가 있었다.

순식간에 한 접시를 해치우고 나니 바로 옆에 아이스크림 가게가
보였다. 날씨도 뜨거운데, 참새가 방앗간을 그냥 지나칠 리 없었다.
유슈칸에서 잔뜩 들고나온 팸플릿과 카메라가 들려 있는 내 손에 위
태위태하게 아이스크림콘 하나가 더 놓였다. 비싼 아이스크림을 사수
하기 위해 온 정신을 집중했다.

한편 이 정도의 위태로움은 아무것도 아닌, 아이스크림 하나에 목
숨을 걸 뻔한 장군이 생각났다. 6·25전쟁 당시 미 8군 사령관 밴 플리
트 장군 이야기다.

중공군의 춘계 대공세를 틀어막은 직후인 1951년 6월, 밴 플리트
장군은 속초에 주둔하고 있는 백선엽 장군의 한국군 1군단 현장지도
를 나갔다가 미 해군 기동전단 사령관 알레이 버크 제독을 만났다.

알레이 버크 제독은 2차 세계대전 당시 대령으로 제23구축함대를 이끌며 명성을 떨쳤다. 오늘날 미 해군 이지스구축함에 알레이 버크급이라는 이름이 붙은 것은 구축함대장으로서의 활약 때문이다.

알레이 버크는 전후 1949년에 벌어진 '제독들의 반란'으로 인해 좌천당해 격오지인 극동아시아로 쫓겨났지만, 이후 6·25전쟁이 발발하면서 7함대 사령관으로 전쟁에 참여하게 되었다.

당시 1군단장이었던 백선엽 장군은 동해안에서 미 해군의 함포화력을 유용하게 활용하였고, 밴 플리트 장군에게 브리핑하면서 알레이 버크 제독을 '나의 포병 사령관'이라는 농담을 던질 정도로 절친한 사이였다.

동해안에서 만난 밴 플리트 장군에게 백선엽 장군은 알레이 버크 제독의 기함인 로스앤젤레스 순양함에 맛있는 아이스크림이 있다고 했다. 밴 플리트 장군은 음주도, 흡연도 하지 않았지만, 아이스크림을 너무나 좋아했다. 헬기로 15분 정도 거리의 아이스크림이라는 유혹을 이기지 못하고 알레이 버크 제독을 따라나섰다.

그런데 착륙할 때 조종사의 실수로 헬기가 배와 충돌하였다. 몸체는 갑판에, 꼬리는 뱃전에 있는 위급한 상황이었다. 추락 직전에 밴 플리트 장군과 알레이 버크 제독은 간신히 탈출할 수 있었다.

하지만 담대한 두 장군! 아무 일 없었다는 듯이 알레이 버크 제독이 토핑은 무엇으로 할 것인지를 묻자 밴 플리트 장군은 파인애플이라 대답했다. 그리고 밴 플리트 장군은 그 자리에서 혼자 하프 갤런 사이즈의 아이스크림을 해치웠다. 아이스크림 가게에서 가장 큰 크기의 그 하프 갤런 사이즈.

다시 육지로 올 때는 상륙정을 이용했다. 한참이 지나도 돌아오지 않는 이 둘을 걱정하던 백선엽 장군은 상륙정 하나가 다가오는 것을 보고 다가갔다. 알레이 버크 제독은 밴 플리트 장군에게 "미 해군 제독이 직접 상륙정을 몰았던 일은 해군 역사상 처음일 걸세."라는 농을 던졌다.

알레이 버크 제독은 이후 백선엽 장군과 함께 휴전회담 대표로도 활약하기도 했고 이후에도 우리나라 해군을 육성하기 위해 많은 도움을 주었다. 밴 플리트 장군 역시 우리 육군을 육성하는 데 큰 도움을 주었다. 오늘날 육군사관학교에서는 밴 플리트 동상을, 해군사관학교에서는 알레이 버크 동상을 세워 각각 기념하고 있는 위인들인데, 아이스크림 하나 때문에 영웅 둘이 한꺼번에 사라질 뻔한 대사건이었다.

알레이 버크 제독은 일본과 직접 싸우기도 했고, 오키나와 전투에서는 가미카제의 공격도 받아보았기 때문에 일본에 대해 매우 적대적이었다.

그러나 도쿄의 한 호텔에서 숙박하는 동안 자신의 방을 담당하는 종업원이 급료 중 일부로 매일 꽃을 새로 바꾸어 놓는다는 사실을 알게 되었다. 그녀를 불러 감사의 인사를 나누던 중 그녀가 전쟁미망인이고, 남편은 해군 장교로 알레이 버크가 활약한 솔로몬 해역에서 전사한 사실을 알게 되었다. 이를 알고 사과의 말을 건네던 알레이 버크에게 그 종업원은 나쁜 것은 전쟁이었다며 흐트러짐 없이 답을 듣고는 일본을 적극 지원하는 방향으로 돌아서게 된다.

마치 영화 '라스트 사무라이'를 보는 듯한 이 일화를 보면 일본의 약점이자 강점은 이런 특성에 있는 것이 아닐까 하는 생각해 본다.

03

지도리가후치 전몰자 묘원
: 야스쿠니에 가려진 묘원

지도리가후치 공원

야스쿠니 신사에서 지도리가후치(千鳥ヶ淵) 전몰자 묘지는 지척이었다. 신사에서 나와 길 하나 건너니 바로 지도리가후치 공원이었다.

공원에는 스마일 캐릭터가 그려진 티셔츠를 입고 있는 사람들이 한 줄로 줄을 서 있는 것이 보였다. 바로 옆에 있는 일본 최대의 공연장 부도칸(武道館)에서 무슨 공연이 있는 듯했다.

잠시 기억을 더듬어보니 어제 호텔 TV에서도 이 티셔츠를 보았던 기억이 났다. 아마 주말 동안 진행되는 자선 기부 형식의 콘서트였던 것 같다. 무료입장인지 줄이 일렬로 길게 늘어서 있었고, 행사 관계자들이 안내 피켓을 들고 서 있었다. 이국의 TV에서 잠깐 보았던 행렬이 눈앞에 있으니 신기했다.

일렬로 늘어선 줄 반대편에는 일본군과 깊은 관련이 있던 인도 국민군의 나라인 인도대사관이 있어서 아까의 기억을 되살리게 했다.

지도리가후치 공원은 벚꽃으로 유명한 관광명소다. 각종 여행 가이드북에서도 벚꽃 구경의 명소로 소개하고 있는 것을 보았다. 공원 내에는 여름을 맞이해 푸르른 잎으로 장식된 벚나무로 가득했고, 공원 안내 간판에는 봄의 벚꽃 풍경 사진이 붙어 있었다.

지도리가후치 공원은 덴노가 거주하는 에도성의 해자를 둘러싼 공원이었다. 해자로 이루어진 호수는 주변의 고층건물과 어우러져 장관을 연출하고 있었고 호수 안에서는 움직이는 배도 한 척 있었다. 잠깐만 걸었는데도 봄에는 어떤 모습일지 미릿속에 생생하게 그려졌다.

공원의 경치를 구경하며 조금 걸으니 전몰자 묘지에 도착했다.

지도리가후치 전몰자 묘원

지도리가후치 전몰자 묘원은 태평양전쟁에서 사망한 무명용사와 민간인 유골 약 35만 구를 안치한 국가시설이다. 해외 각지에서 무연고 유골의 발굴이 늘어남에 따라 유골의 안치를 위해 1959년에 일본 정부가 만든 시설물이었다.

일본 정부가 직접 운영하며 묘원 조성단계에서부터 평화헌법의 정교분리 원칙에 맞게끔 하기 위해 종교를 배제하였다. 야스쿠니 신사와 가까운 곳에 있지만, 일본의 종교인 신토가 지배하는 야스쿠니 신사와는 다른 국가시설이었다.

무연고 유골을 대상으로 했기 때문에 이름이 알려진 전범보다는 그들에 의해 희생을 강요당한 무명용사를 위주로 한 시설물이다. 그러다 보니 야스쿠니 신사와는 달리 다른 나라에서 국립묘지로 대우를 해주는 곳이기도 하다. 묘원 내에는 2013년 방일한 미국의 존 케리 국무장관과 척 헤이글 국방부 장관이 직접 방문하여 참배했다는 인증사진도 걸려 있었다.

  사람이 붐비는 야스쿠니 신사와는 달리 한적한 모습이었다. 부지의 크기도 야스쿠니 신사에 비해 너무나도 작았다. 마침 무슨 다큐멘터리 촬영이 있는지 방송용 카메라를 든 사람들과 인터뷰하는 몇 노인들만 보이고 다른 사람들은 없었다.

중앙의 육각당 내에 관이 놓여있었고 납골 시설물로 보이는 벽이 그 주변을 감싸고 있었다. 이외에 특별한 시설물은 없었다. 특이할 점은 다른 나라의 현충시설물과는 달리 일본의 야스쿠니 신사나 지도리가후치 국립 묘원에서는 자위대의 흔적을 찾아볼 수 없었다는 것이다.

고대 그리스의 역사가 투키디데스는 마라톤 전투를 언급하며 "장례식은 병사들의 용기를 북돋우는 특별한 의식"이라 기록한 것처럼 동서고금의 모든 군대는 전사자를 다루는 것에 대해 많은 관심을 가졌다. 보훈은 현재의 전투력과도 연관이 있는 행위로 군인들의 사생관을 다지는 데 있어 필수적인 요소이기 때문이다.

하지만 일본은 역시 특별한 국가였다. 평화헌법에 의해 군대가 아닌 자위대라는 특징이 이런 곳에서 나타나는 것이 아닐까 하는 생각이 들었다. 아직은 '보통국가'가 아닌 것이다.

이곳에 서니 장충동 생각이 났다. 물론 족발 생각은 아니다.

지도리가후치와 장충단

'장충단獎忠壇' 충성을 장려한다는 뜻이다. 이곳은 명성황후 시해사건인 을미사변에서 일본인과 싸우다 산화한 훈련대 연대장 홍계훈과 궁내부대신 이경식 이하 전몰장병들을 제사 지내기 위해 고종의 조칙으로 1900년 창건한 제단이다.

장충단 비의 앞글자는 순종이 황태자 시절 쓴 것이며 뒷면의 비문은 을사조약 이후 스스로 목숨을 끊은 육군부장 민영환의 글씨이다. 비문의 내용에는 '사기를 북돋우고 군심을 분발시킴이 진실로 여기에 있으니'라는 구절이 있어 대한제국 군대의 사생관 확립을 위하여 설립하였음을 알 수 있다.

1901년부터는 무관뿐만 아니라 임오군란, 갑신정변 때 순국한 문관도 제향할 것을 건의하여 장충단의 신위가 증가하였다. 고종은 매년 봄과 가을에 이곳에서 제사를 지내고 군악을 연주하며 조총을 발사하는 등 엄숙한 행사를 거행하였다.

그러나 나라를 온전히 빼앗긴 1910년 이후 장충단은 폐사되었다. 일본은 대한제국 군대의 정신이 깃들어 있는 장충단 일대를 공원화하였다. 1920년대 후반부터 이곳 일대를 장충단 공원이라 부르며 벚나무를 심고, 이토 히로부미를 위한 박문사라는 절을 지었다. 만주사변 발발 후에는 이곳에 육탄삼용사의 모습을 한 동상도 설치되었다.

광복 이후 장충단에서 박문사와 동상은 철거되었다. 6·25전쟁에서는 장충단의 사당과 부속건물이 파괴되었고 오늘날에는 장충단의 비석만 전해져 내려오고 있다.

장충단이 우리에게 가지는 의의는 장충동 족발만이 아니다. 우리 역사 속에서 장군이나 위정자만을 위한 것이 아닌 이름없는 무명용사를 대상으로 한 최초의 기념비라는 것이다.

오늘날 선진국의 수도에서 흔히 찾아볼 수 있는 호국의 불꽃, 꺼지지 않는 불꽃과 같은 역할을 하는 곳이었다. 다만 아쉬운 점은 우리나라에서도 대한민국을 위해 목숨 바친 분들을 위해 다른 선진국들처럼 번화한 수도 한복판에서 이런 시설물을 보고 싶다는 것이다.

　우리는 자유민주주의라는 보편적인 가치를 지켜오고 있는 '보통국가'이며, 앞으로도 지켜가야 하지 않는가.

04

국립근대미술관 공예관
: 도쿄 근위대 건물의 재활용

고쿄 런

지도리가후치 묘원을 나와 다음 목적지인 국립근대미술관 공예관으로 향했다. 오늘도 날씨는 무더웠다. 정오를 지나 하루 중 가장 무더운 시간이 되자 걸어 다니는 것이 점점 힘들어지기 시작했다.

'헉헉' 대며 걷고 있는데 한낮의 무더위에도 고쿄(皇居) 주변을 뛰는 러너들이 보였다. 한두 명이 아니었다. 무슨 잡지 같은 곳에서 취재를 하는지 남성 러너 2명과 여성 러너 1명이 조깅하는 포즈를 잡도록 세워 놓고 사진기자가 '엎드려 쏴' 자세로 사진을 찍는 것도 보았다.

일본에서 고쿄 주변은 러닝의 명소라고 한다. 공원화되어 있는 고쿄의 해자 바깥쪽으로 도는 코스로 한 바퀴를 돌면 약 5㎞ 정도가 된다. 약간의 경사가 있어 지루하지 않고, 무엇보다도 도심 한가운데라는 접근성이 좋아 인기라고 한다. 그래서 주변에는 샤워가 가능한 로커도 있다.

다음 목적지까지 걷는 얼마 되지 않는 거리에서 수많은 사람들을 마주쳤다. 그중에는 푸른 눈의 외국인 러너도 눈에 띄었다. 일요일이라 그러했겠지만, 이 날씨에 뛰는 걸 보니 어지간히도 뛰는 걸 좋아하는 사람들이겠거니 싶었다.

사실 오늘날 도쿄 주민들의 쉼터가 되어 주는 고쿄 주변의 녹지를 비롯한 일본 도시의 녹지 중 상당수는 군사적 목적에 의해 만들어진 것이다. 일본이 한창 군국주의에 빠져 있었으며 항공기가 장차 미래 전장의 주역으로 등장하기 시작했던 1937년에는 방공이라는 관점에서 일본의 도시들은 재편되었다. 1933년 이래로 레크레이션장과 시가지화를 억제하기 위해 남겨놓았던 녹지는 방공법에 의해 방공을 위한 공터가 되었다. 일본의 수도인 도쿄에 있던 591개 소공원은 고사포진지의 배치계획에 의해 계획되었음을 알 수 있다.

15년전쟁 당시 이 주변의 공원은 전부 고사포가 숨겨져 있었다. 그 흔적을 직접 찾지는 못했지만, 오후에 들른 우에노 전철역의 한 서점에서 지도리가후치 공원에 위치한 방공포대의 흔적을 다룬 책을 발견할 수 있었다. 고쿄의 방공을 책임지던 이곳은 70년 후의 지금은 도쿄시민들의 주말을 여유롭게 하는 뜀걸음 코스가 되어 있었다.

국립근대미술관 공예관

한적한 길 위쪽으로 갑자기 차가 많이 다니는 커다란 도로가 나오고, 그 옆에 국립근대미술관 공예관이 보였다. 국립근대미술관 공예관이라는 이름과 군사유적은 전혀 관련이 없어 보인다. 하지만 고쿄 바로 옆에 있는 이곳 역시 군사유적이다.

공예관의 벽돌 건물양식, 어디서 많이 봤다. 첫째 날 오사카 제4사단 주둔지와도 비슷하고, 미군이 현재까지도 내부가 비좁다고 불평하면서도 사용하고 있는 용산 미군기지 내부의 제국일본군 제20사단 건물과도 비슷하게 생겼다.

군 건물, 특히 막사건물은 추구하는 바가 단순하다 보니 동일한 군대의 비슷한 시기 건물이라면 비슷할 수밖에 없는데 당시의 일본 군건물 역시 그러한 듯 보였다.

건물 안으로 들어가 보았다. 공예관 구경은 생략하고 복도 내부만 살펴보았다. 유럽의 분위기를 흉내 낸 근대일본의 건물 냄새가 물씬 풍겼다.

이 건물은 1910년 고쿄의 근위사단 사령부 건물로 사용하기 위해 지어졌다. 1945년 종전 전까지 근위사단 사령부로 그대로 사용되었으나 제국일본군이 해체되면서 근위사단 대신 고쿄를 지키는 황궁 경찰 청사로 용도가 변경되었다.

건물이 오래되자 1963년에는 철거를 결정하고 경찰은 방을 뺐다. 그러나 1923년의 관동대지진과 태평양전쟁을 견뎌낸 몇 안 되는 근대 서양식 건축물로서의 역사적 중요성이 강조되어 기념물로 보존하자는 움직임이 일어났다.

경찰이 방을 뺀 후 10년 동안 미사용 건물로 방치되어 있다가 보존을 결정한 후 1973년부터 6년에 걸쳐 복구 및 변경공사를 진행한 끝에 국립근대미술관 공예관으로 개관하였다고 한다.

건물과 어울리지 않아 이질감을 느꼈던 주변의 도시고속도로는 건물이 방치되었던 10년의 기간에 생겨난 도로라고 한다.

용산기지의 일본군 건물에도 들어가 본 적이 있다. 미군의 체형에 비해 작긴 하지만 큰 불편 없이 사용하고 있었다. 100년이 넘는 낡은 건물인데도 공예관이나 용산기지 건물이나 여전히 현대식 시설을 설치해 사용하는 데 문제없어 보였다. 이 건물들이 사단 사령부 건물이라 하니 우리 군의 사단 사령부 건물들이 떠올랐다.

병영 현대화 사업을 통해 부족하지만, 많은 군 건물이 신형으로 바뀌었다. 물론 전방이나 격오지에는 아직도 침상형 생활관이 많이 있고, 구형 막사도 많이 있다. 그래도 처음 군문에 들어섰을 때와 비교해 보면 생활관 여건은 조금은 나아졌다. 하지만 상대적으로 우선순위에서 떨어지는 사령부나 본부 건물들은 아주 오래된 옛날 건물을 리모델링해서 사용하는 경우가 많다. 건물이면 다행일지도 모른다. 사무실은 필요한데 가용공간이 없으면 다 허물어져 가는 창고 같은 곳에 합판 쪼가리로 벽을 만들고 사용하기도 하고, 가건물을 만들어 사용하기도 한다.

지은 지 100년이 지났는데도 멀쩡한 일본군의 사단 사령부 건물을 보며 약간 씁쓸함을 느낀 이유다.

그래도 사령부가 우선순위에서 떨어지는 것은 어쩔 수 없는 일이다. 아직도 부족한 여건에서, 겨울이 되면 급수, 퇴수작전을 걱정하면서 물을 길어 먹어야 하고, 눈이라도 오면 길이 끊겨 밥을 못 먹을까봐 걱정하며 샌드위치 판넬로 만들어 놓은 가건물에서 살고 있는 창끝부대가 많이 있으니 말이다.

밴 플리트 장군이 퇴역한 후 1973년의 대담자료를 보면 어떤 중령이 미군은 전쟁 때마다 지나치게 보급을 받은 것이 아니냐고 물어보았을 때 이렇게 대답했다.

"물론 아니다. 군인은 불가피할 경우 기본 필수품조차 없는 상태에서 싸울 수 있어야 하지만, 군인들에게 더 잘해 줄 수 있다면 최고로 해 주어야 한다."라고 대답했다.

지금까지 뵈었던 지휘관분들이나 선배 전우들은 모두 이런 마인드를 가지고 가용한 범위 내에서 최대한의 노력을 쏟고 계시던 분들이었다. 더 해 주고 싶어도 여건이 불비해 안타까워 하던 모습들이었다.

그래서 그런지 가끔 인터넷상에서 '요즘 군대 너무 좋아진 거 아니야? 이래서 전투하겠어?'라는 글을 보게되면 화가 나곤 한다.

기타시라카와노미야 요시히사신노 동상

고쿄를 지키는 엘리트 부대의 건물이라 그런지 공예관 앞에 말 탄 군인의 동상도 서 있다. 이름도 굉장히 길다. '기타시라카와노미야 요시히사신노(北白川宮能久親王)'라고 쓰여 있다. '기타시라카와노미야(北白川宮)'가 성, '요시히사(能久)'가 이름이며 동양에서 황족에 붙는 신노(親王)라는 호칭이 붙은 사람이다.

요시히사는 황족으로서 군인의 삶을 산 사람이다. 보신전쟁 중에 구 막부군으로 줄을 잘못 서서 우에노 전투 패배 후 쇼기타이(彰義隊)와 같이 은둔 생활을 하기도 했다. 하지만 황족이라는 신분으로 인해 메이지 정부에서도 다시 군인으로 중용하고자 했다. 그래서 그는 은

둔을 끝내고 프로이센으로 군사유학을 다녀온 뒤 육군소장에 임명되어 고위 군인으로 생활했다.

1894년 벌어진 청일전쟁의 결과로 1895년 4월에 일본과 청나라 사이에 시모노세키조약이 체결되었다. 조선은 청국으로부터 완전무결하게 독립하여 독립자주 국가임을 확인한다고 쓰고 일본의 침략 시작이라고 읽는 조약 1조를 비롯한 여러 조약이 체결되었다.

시모노세키 조약 1조로 인해 우리나라에서는 영은문이 있던 자리에 독립문이 세워지고 이완용이 '문립독' 글자를 새겨넣고 있을 무렵, 나라 밖에서는 조약 2조에 의해 외교적으로 시끄러운 일이 벌어지고 있었다.

2조에 의하면 청나라는 랴오둥반도와 타이완, 펑후제도를 일본에 할양한다고 되어 있었다. 하지만 일본의 팽창을 경계한 러시아, 독일, 프랑스의 삼국간섭으로 인해 랴오둥반도를 토해내게 되는 일련의 외교전쟁이 진행 중이었다.

일본은 랴오둥 반도는 내주었지만, 타이완을 절대 내어 주지 않기로 마음먹었다. 청일전쟁에 참전하지 않았던 전투력이 쌩쌩한 근위사단은 타이완으로 파견되어 타이완 점령작전에 나섰다.

당시의 일본군은 급격한 성장으로 외형은 컸지만, 내부적으로는 큰 문제가 있었다. 청일전쟁과 대만점령을 포함한 이 전쟁에서 일본군은 17,041명이 사망하였는데, 그중 11,894명이 질병에 의해 사망할 정도로 보급이나 위생 등의 군수나 인사지원 측면에서는 아직 근대식 군대라 할 수 없을 지경이었다. 특히 타이완은 위생상태가 좋지 않은 열대 지역이었기 때문에 전염병이 심각했다.

1895년, 육군 중장으로 근위사단의 사단장이었던 기타시라카와노미야 요시히사 친왕도 위생 여건의 불비로 인해 타이완에서 말라리아에 걸려 생을 마감하였다.

사망지가 타이완이라 일제 강점기 시절 타이완 지역의 신사에는 대부분 이 사람을 신으로 모시고 있었다고 하며, 타이완의 신사가 다 폐사된 후에는 야스쿠니 신사로 합사되었다.

말라리아는 참 몹쓸 병이다. 철책을 지키던 소초장 시절 파주에서 밤바람과 새벽이슬을 맞으며 근무하다 말라리아에 걸려서 쓰러진 후 병원 응급실로 실려 갔던 경험이 있다. 모기는 피하는 것이 상책이다. 아니면 클로로퀸과 프리마퀸이라는 말라리아약이라도 열심히 먹어야 한다.

황족이면서 근위 사단장으로서 병사하였기 때문에 죽음을 찬미하는 일본에서 가만 놔둘 수 없었을 것이다. 그래서 사령부 건물 앞에 이 동상을 세웠고 지금까지 자리를 지키고 있었을 것이다. 국립근대미술관 공예관이라고는 하지만 그 건물의 역사와 앞에 있는 동상의 내역을 보면 으스스한 곳이다.

05
국립근대미술관
: 전쟁화에서 일본 군사문화를 보다

No museum, No life

공예관에서 멀지 않은 곳에 국립근대미술관 본관이 있다. 걸어가는 중에 갑자기 오늘은 문을 닫는 날이라고 쓰여 있는 것이 보인다. '이거 뭐지? 분명히 일요일에 문 여는 것 확인하고 왔는데?'

가슴이 철렁해서 달려가 보았다. 다행히도 국립근대미술관이 아니라 그 옆에 있는 국립공문서관이었다. '국립國立'만 보고 불필요하게 긴장했다.

미술관에 도착해 입장권을 사러 매표소로 향했다. 상설 전시 외에도 특별전 'No museum, No life?'가 열리고 있었다. 1+1으로 싸게 팔고 있기에 상설전시와 특별전 표를 한꺼번에 구매했다.

한국에서도 미술관은 자주 다녀 보았기에 이질감은 없었다. 유럽 배낭여행에서 얻어 온 취미 중 하나가 미술관 관람이었다. 교과서에서 박제된 그림만 보다 유럽의 여러 미술관에서 살아 있는 작품을 본 후

'스탕달 신드롬'까지는 아니지만 나름의 문화 충격을 받은 적이 있다.

예술도 사랑과 같아 처음에는 외모에 호감을 가지게 되고 상당한 시간이 지나서야 성숙해져 본질을 볼 수 있다고 하는데, 아직은 예쁜 게 좋은 수준이다. 그리고 아무래도 제일 관심이 가는 것은 역사, 특히 군사사를 대상으로 하는 그림이다.

현대미술에서는 사진의 등장으로 인해 역사화에 대한 수요와 관심이 많이 줄어들었다. 그래도 역사화는 미술사적으로 다수를 차지해 온 장르라 작품의 수도 많고 담겨 있는 정보도 많다.

사진이 등장하기 전까지 전장의 모습을 보여 줄 수 있는 것은 그림 밖에 없었다. 그림 속에는 그 당시 시대의 사람들이 생각하는 전쟁의 모습을 볼 수 있기에 그 중요성이 더해진다.

오늘 미술관에 온 것도 전쟁화를 보러 온 것이지만, 메인요리는 아껴서 나중에 보기로 하고 우선 앙트레를 즐기기 위해 특별전 내부로 들어갔다.

특별전에서는 미술관의 역할에 대한 주제를 가지고 A부터 Z까지 36개의 키워드를 선정하여 작품이 전시하고 있었다. 개별적으로 놓고 보면 내가 알 정도로 유명한 작품은 없었지만, 일본의 국립미술관 다섯 곳에서 엄선한 170여 점이 잘 큐레이팅 되어 있었다.

우리나라는 아직 전시회의 역사가 길지 않고 대상층이 두텁지 않아 그런지 큐레이팅을 통한 메시지 전달보다는 외국에서 물 건너오는 작품의 유명세를 중심으로 전시회가 진행되는 경우가 많이 있다.

서양예술에서는 군사분야와 전쟁화가 매우 중요하게 다루어졌기에 그것들을 빼놓고는 이해할 수 없다고 생각되지만, 아쉽게도 우리나라 전시회에는 전쟁화에 대한 관심이 없으며, 그나마 걸려 있는 그림에도 설명에 대한 오류가 너무 많다. 그림전시건 사진전시건 번역의 오류는 기본이요, 사실에 대한 오류까지 심심찮게 찾아볼 수 있다.

그리고 군사 분야를 중요하게 생각을 하지 않다 보니 언제나 전쟁화의 결론은 전쟁의 참상을 다룬 작품이라 삭치고 넘어가 버린다. 역사화, 특히 전쟁화에서는 20세기 이후부터 본격적으로 등장하는 전쟁의 참상을 다룬 작품보다는 전쟁의 영광과 모습을 다룬 작품이 훨씬 많다. 우리나라의 전시회는 전쟁에 관심이 없을지 몰라도 전쟁은 전시회에 관심이 많다.

다른 아쉬운 점은 유명 전시품 위주로 진행되다 보니 미디어에 등장하는 유명 전시회 같은 경우에는 발 디딜 틈 없이 사람이 몰려 매우 혼잡한 경우를 많이 볼 수 있다.

심지어 복잡한 내부에서 관람에 방해가 될 정도로 시끄러운 어린이들을 우르르 몰고 다니며 강의를 하는 사람들도 있고, 작품을 보러 왔는지 데이트를 하러 왔는지 모를 정도로 애정행각을 서슴지 않는 사람들도 있다. 솔로부대의 구호처럼 '미술공부도 혼자 해야 실력이 는다.'

'No museum, No life' 전시에서 가장 기억에 남는 작품은 당신이 없다면 전시회는 의미가 없다며 'You'의 모습을 전시한 거울이었다. 생각시도 못한 좋은 전시회를 만나 잘 구경했다.

일본의 전쟁화

2013년, 덕수궁미술관에서 열린 '한국 근현대회화 100선' 전시회에 다녀온 적이 있다. 한국 근현대사를 살펴보면 전쟁과 관련된 사건들이 너무나도 많다. 하지만 근현대를 다룬 100개의 작품 중에 간접적으로나마 전쟁을 기록한 작품은 김환기 화백의 '피난열차' 딱 1개였다.

6·25전쟁 당시 국방부 정훈국과 각 군 예하에 종군화가단이 활동한 적이 있으나 그에 대한 관심은 아주 미미하다. 현대사회에서 총력전을 치르는 이상 당시 모든 사회 구성원은 생존을 위해서 전쟁에 물심양면 기여해 왔다. 두 번의 세계대전을 치르며 미국에서 발달한 프로파간다라 불리는 선전이 그 대표적 예이다. 반면 일부에서는 이런 전쟁을 지원하는 예술활동이 우리나라에서만 있었던 양 비판하는 사람들이 종종 있다.

6·25전쟁 당시 종군예술단의 행적을 소개하는 『한국미술, 전쟁을 그리다』라는 책에서는 당시의 예술가들은 전쟁을 기록하는 시대의 눈으로 살았지만, 우리는 빈곤과 두려움과 무지로 이를 유실했다고 오늘날의 무관심한 모습을 소개하기도 한다.

　반면 일본에서는 기록문화가 예전부터 발달해서인지 몰라도 청일 전쟁부터 종군화가나 사진사, 기자들을 동원하여 기록을 남겼다. 그리고 당시 전람회나 인쇄물을 통해 일반 대중이 전쟁을 인식하는 데 있어 적지 않은 영향을 주는 매체로서의 기능을 수행하였다.

　특히 일본의 다색판화인 '니시키에'는 대중적인 인기를 끌어 오늘날의 매스미디어 역할을 하였다. 글자로 쓰인 간단한 설명과 함께 전장의 로망을 다룬 컬러 판화는 당시 갓 제국주의에 입문한 일본인들 사이에서 큰 인기를 끌었다. 당시 애국주의가 강하게 작용한 일본의 사회에서는 전·후방을 구별하지 않고 다양한 전쟁 관련 소재를 다루며 조선침략을 정당화하고 승리의 기쁨을 공유하였다.

　이는 15년 전쟁에 들어서도 마찬가지였다. 중일전쟁이 발발한 직후 일본 정부는 내각정보부를 설치하고 그래픽 디자이너로 구성된 보도미술협회 등의 관변단체를 통해 조직적으로 선전활동을 전개하였다. 특히 전쟁화의 제작을 사상전의 일부로 인식하고 화가를 사상전의 전사로 규정하여 당시 일본에서 자리 잡은 서양미술 화가들 대부분이 전쟁화 제작에 참여하였다.

　태평양전쟁으로 일본이 패배한 후 일본의 전쟁과 그 사상을 다루었던 전쟁화는 미군의 손에 넘어갔다. 하지만 일본에서는 전쟁화 역시 역사의 일부분으로 여기고 이를 반환받기 위해 노력했다. 그리고 1970년 무기한 대여라는 형식으로 일본에 반환되었고 이 그림들은 이곳 미술관에 전시 및 보관되어 있다.

　국립근대미술관의 상설전시는 4층으로 올라가 2층까지 관람하며 내려오는 순서로 동선이 짜여 있었다. 엘리베이터를 타고 4층으로 올라갔다. 시작 부분에는 미술관에 전시된 작품 중에서도 엄선된 하이라이트가 걸려 있었다. 이 작품들을 보고 '전망이 좋은 방'이라는 곳에서 잠시 앉아 쉬었다. 도쿄 시내 한복판과 고쿄가 한눈에 내려다보이는, 말 그대로 전망이 좋은 방이었다. 눈 호강을 한 후 나만의 하이라이트를 보러 다시 일어섰다.

레오나르도 후지타

5번째 전시실부터 '전쟁을 보는 눈'이라는 주제로 전쟁화가 나오기 시작했다. 미술계라 그런지 야스쿠니 신사와는 달리 설명부터 긴장감을 좀 뺀 느낌이다. 용어도 '대동아전쟁'에서 '아시아-태평양전쟁'으로 바뀌어 있었다. 그러나 강인한 일본군의 모습을 표현한 전쟁화는 단지 화가에 의한 내셔널리즘의 발로였다는 설명을 보면서 이곳도 크게 다르지 않다는 생각이 들었다.

제일 먼저 눈에 들어온 그림은 1941년에 그려진 후지타 쓰구하루(藤田嗣治)의 할힌골 전투를 그린 그림이었다. 작가 이름을 어디서 봤나 해서 카메라를 확인해 보았다. 아까 특별전에서 자화상이 걸려 있던 화가였다. 귀고리를 하고 뱅머리*를 한 채 콧수염을 기르고 동그란 안경을 쓴 모습도 인상 깊었거니와 옆에 있는 고양이의 표정 역시 사람의 걸음을 멈추게 하는 자화상이었다.

---

* 앞머리를 일자로 자른 헤어 스타일.

후지타 쓰구하루는 일본 화단의 스타였다. 그는 1913년, 27세의 나이로 프랑스 유학길에 올라 몽파르나스에 거주하며 당대의 유명 화가인 피카소, 모딜리아니 등과 함께 어울리며 독자적인 화풍을 구축한 화가였다.

일본뿐만 아니라 우리나라에서도 유명해서 초창기 서양화가 김환기나 김병기도 자신들이 드나들던 아방가르드 양화 연구소에서 앞머리를 단발로 한 후지타를 통해 파리 화단의 이야기를 듣고 부러워했다고 전해진다.

그러나 중일전쟁을 앞둔 1935년 일본에 돌아온 그는 육군미술협회 이사장에 취임하여 본격적으로 전쟁화 작업을 시작했다. 일본에서 가장 활발히 전쟁화를 제작한 그는 "성전미술(聖戰美術)은 영원히 남겨져야 해서 자신은 유화에서 가장 변색이 적은 엄버 계열로 채색을 한다."고 말할 정도로 미술의 영원성을 의식하며 전쟁화를 그려 나갔다.

그를 포함한 한 사실주의 기법의 일본 서양 화가들에게 전쟁은 서구에서 배워 온 성과를 보여 줄 절호의 기회였다. 그는 대동아전쟁 미술전 총평에서 이런 말을 남겼다.

"나의 40년간의 그림 수업이 무엇을 위해서였던 가가 명확해졌다. 오늘의 싸움을 후세에 남겨야 할 기록화로서 그릴 수 있다는 것에 무한한 감사를 느낀다. 일본에서도 들라크루아, 벨라스케스 같은 전쟁화의 거장이 나타나지 않으면 안 된다."

그러나 일본은 패했다. 전쟁화가들은 전범으로 몰렸고, 전쟁화에 가장 앞장섰던 후지타는 가장 규탄을 받는 존재가 되었다. 그는 1949년, 미국을 거쳐 다시 프랑스로 돌아갔다. 자신이 가장 존경하는 레오나르도 다빈치의 이름을 딴 '레오나르도 후지타'로 개명한 그는 프랑스 국적을 취득했으며 다시는 일본으로 돌아가지 않았다.

할힌골 전투 그림

할힌골 전투 그림은 4m로 매우 길었다. 소련군 전차에 대항해 폭탄과 화염병을 들고 돌격하는 일본군의 모습이 그려져 있었다. 당시 6군 사령관이었던 오기스 릿페이(荻洲立兵) 중장이 죽은 부하들을 위해 그려달라고 해서 그려진 그림이었다.

그림의 설명을 보다 피식했다. '이 비극적인 전투는 양측을 통틀어 많은 사상자를 냈다.' 변명의 여지가 없이 패한 전투설명을 자신들에

입맛에 맞추는 묘한 재주가 있다.

할힌골 전투는 노몬한 전투라고도 불리며, 1939년 5월 11일부터 9월 16일까지 몽골 영토에서 발생한 소련군과 일본군 사이의 무력충돌을 말한다. 이곳은 쓸모없는 버려진 땅이었지만, 군사전략 따위는 개나 줘 버린 일본 관동군의 쓸데없는 호전성으로 인해 대책 없이 벌어진 전투였다.

일본은 적을 알지도 못하고 준비 없이 전투를 걸었다가 2차례에 걸친 전투에서 호된 패배를 맛보았다. 하지만 정신 승리는 해야 했다. 관동군과 일본 언론은 전투는 소련의 침략야욕을 막아낸 분전으로 왜곡하였다.

군사적으로 특이할 점은 2차 전투에서 소련의 전차를 가지고 기동전을 펼치던 지휘관은 2차 세계대전을 통해 소련의 전쟁영웅으로 등극하는 게오르기 주코프 장군이었다. 흔히 소련의 2차대전 승리 이유는 인원과 장비의 무한러시로 알려졌지만, 그 러쉬를 효율적으로 운용할 수 있는 작전술이라는 개념에 대한 씨앗은 세계대전 전간기부터 발아하고 있었다.

군사적인 오류가 너무 많아 이건 도대체 역사책인지 소설책인지 고민에 빠졌던 한 전쟁사책을 보면 일본군이 전차가 없어서 패배했다고 전쟁사 문외한 티를 낸다. 하지만 할힌골 전투에서 일본군 역시 전차가 있었다. 중국에서의 실전 경험이 풍부한 2개 전차연대나 투입되었다. 문제는 소련군에게 수적으로나 질적으로 상대가 되지 않았다는 것이다.

대기갑전을 위해 일본군 보병이 선택한 전투방법은 '대전차 총검술'

이었다. 물론 적 전차가 보병 없이 고립되어 있고 대전차무기만 있다면 보병으로도 손쉽게 적 전차를 잡을 수 있다. 하지만 이곳은 평원인 데다 일본은 대전차무기도 없었다는 점이 문제였다.

그러나 일본군에게 중요한 것은 잘 싸우는 것이 아니라 잘 죽는 것이었다. 정신력만 있다면 전차도 맨몸으로 상대할 수 있다는 착각은 일본의 사회를 지배했던 전형적인 생각이었다. 전쟁화가는 일본 사회에 떠돌던 그 생각을 충실하게 그림에 반영하였다.

군인은 생각한 대로 싸운다

물론 임무수행 중에 전차와 맞닥뜨렸다면 최후의 수단으로 죽음을 각오하고서라도 임무를 완수하는 것이 군인의 역할이다. 그러나 앞뒤 가리지 않고 뛰어드는 것은 승리가 최후의 목적인 군인의 역할이 아니라 죽음이 목적인 사람들의 몫이다.

죽음을 무릅쓰고 책임을 다하는 것이 군인이다. 흔히 군인은 무식하게 임무수행하다 죽어야 한다고 하지만 군인이 무식한 것은 죄악이다. 클라우제비츠에 의하면 책임감에 의한 용기는 지성으로부터 나온다. 그러므로 "전쟁은 순전히 지성의 영역"인 것이다. 무식하게 죽는 것이 아니라, 죽음이 도사리는 위험한 전장에서도 지성으로부터 나오는 용기를 가지고 전장의 불확실성과 우연성을 가능성의 영역으로 바꾸어 승리하는 것이 군인의 임무다. 물론 승리를 위해 임무를 수행하다 전사할 가능성도 있고 그렇기 때문에 군인인 것이다.

보병이 적 전차를 상대하기 위해서는 우선 적 전차를 고립시켜야 한다. 실제로 고기에 대고 총을 쏘아 사람이 총에 맞는 소리를 녹음했을 정도의 사실적인 고증으로 유명한 영화 '라이언 일병 구하기'에서 이런 장면이 나온다.

마지막 시가전에서 밀러 대위는 전차를 상대하기 위해 적재적소에 기관총과 저격병을 배치하여 전차와 보병을 떼어 놓는 보전분리사격을 계획한다. 이를 통해 보병과 전차를 분리한 뒤 고립된 전차를 육탄으로 공격하는 장면이 나온다. 잘 모르는 사람이 보기에는 어지러운 전투 장면일 뿐이지만 실제 전술 고증을 통해 만들어진 장면으로 보인다.

전차를 고립시키는 데는 지형지물을 이용할 수도 있다. 신생 자유대한민국을 지키기 위해 말 그대로 맨주먹 붉은 피로 적을 막아내던 6·25전쟁 초기에 주목해볼 만한 사례가 하나 있다. 6·25전쟁 발발 당시 춘천·홍천 축선을 담당하고 있던 국군 6사단 이야기이다.

개전 당시 북한군의 T-34전차들은 주공인 포천과 의정부 축선의 북한군 1군단에 집중되었다. 반면 조공이었던 춘천 지역의 북한군 2군단에는 전차 없이 자주포인 Su-76 48대만이 투입되었다.

Su-76은 곡사포로 북한군 포병연대에 16대씩 투입된 포병의 자주포였다. 하지만 기갑전력 운용에 대해 개념이 없었던 북한에서는 전차처럼 운용하였고, 우리 군에서도 전차로 오인하는 경우가 많았다. 자주포라고는 하지만 아군의 대전차화기인 57㎜ 대전차포로 관통할 수 없는 정면장갑을 가지고 있었기에 실제로 전차와 별 차이가 없긴 했다.

국군은 57㎜ 대전차포로 측후방을 노리는 방식으로 대응해야 했지만 그나마 대전차포의 수량도 부족하여 제6사단의 예비연대였던 제19연대에는 지급마저 되지 않았다.

그렇지만 제19연대에서는 과거 대전차 공격 경험이 있는 연대 수색대장 박준수 중위를 비롯한 장교 및 하사관을 교관으로 편성하여 사전에 이미 육탄공격 요령이 교육이 되어 있었다.

"살아서 모두 만나기를 하늘에 빌겠다."라는 연대장의 목소리를 들으며 수색대장 박준수 중위를 비롯한 11명의 육탄용사가 투입되었다.

6월 28일 11시경 적이 자주포를 앞세워 홍천의 입구인 말고개로 올라왔다. 말고개는 굴곡이 심한 고갯길로 지형적으로 대전차 방어전을 펼치기에 유리했다. 그들은 창의성을 발휘해 자주포가 지나가는 길에 시체로 위장해 매복해 있었다.

말고개 지역을 방어하던 제2연대와 제19연대는 일제사격을 통해 보병과 자주포를 분리시켰고, 제2연대 대전차포중대 2소대는 선두의 적 자주포를 향해 사격을 가했다.

소대의 1번 포는 선제포격에도 불구하고 오히려 적 자주포에 의해 파괴되었으나, 80m 후방에 있던 2번 포가 연속 3발 사격을 통해 선두 자주포의 기동을 저지했다. 매복해 있던 제19연대 특공대의 조달진 일병이 수류탄 2발을 선두 자주포 포탑 안으로 투척하여 폭파시켰다.

선두가 파괴되어 길이 막히자 나머지 자주포는 움직이지 못하는 독안에 든 쥐였고, 제2연대 대전차포 중대와 제19연대 특공대는 자주포 10대를 노획하거나 파괴하는 전과를 달성하고 살아서 돌아왔다.

제국일본군 반자이 돌격이나, 북한군 총폭탄 정신처럼 무작정 수류탄과 화염병 들고 달려드는 것이 아니라 책임감을 가지고 주어진 여건 속에서 창의성을 발휘하여 목숨을 걸고라도 임무를 달성하겠다는 선배 전우들의 희생정신이 발휘된 사례다.

무모한 오시범 사례인 '대전차 총검술'을 미화한 그림을 보다 보니 문득 춘천전투에서의 선배 전우들의 창의적인 희생정신이 생각이 났다.

강을 건넜으면 배를 버려야 한다

물론 6·25전쟁에서 대전차 전투를 보면 살아서 귀환한 사례보다는 '맨주먹, 붉은 피로' 희생을 치러가며 전차를 막아선 이들이 더 많았다.

당시 한국군은 과거 중국군, 일본군, 만주군 등의 복무경험을 가진 이들이 많이 있었다. 그래서 절망적 위기에 처하자 보고 배웠던 '동양적 전투 방식'의 전투가 이루어졌다. 특히 경험이 부족한 몇몇 지휘관은 전세와는 상관없이 무조건 사수명령을 내린다든가 예비대를 축차 투입하는 등 불가능한 것을 위해 가능한 것을 희생하는 일을 저지르기도 하였다.

1950년 7월 1일, 육군 총참모장 명의로 지휘관에게 '즉결처분' 권한을 부여하고, '불굴의 투지', '필사의 정신력' 등을 강조하였다. 실제 전쟁 초기 패전의 책임을 통감하고 자결한 고급 지휘관들도 생겨났다.

이런 전투 방식이 나쁘다고 말하고 싶은 것이 아니다. 실제 한여름 뙤약볕의 낙동강 방어선에서 백척간두의 대한민국을 구해낸 것은 전우의 시체를 넘고 넘으면서도 정신력 강조를 통해 절대 물러서지 않겠다는 의지를 가진 이들이었다.

그러나 현대전에서 이것만으로는 충분하지 않았다. 화력과 기동의 중요성을 상대적으로 경시하는 '동양적 전투수행방식'은 장차 중공군의 참전 시 불행요소로 등장하였다.

인천 상륙작전의 성공 후, 각 부대는 상급부대의 통제를 받지 않고 지휘관 본인의 판단에 근거하여 이동을 하였다. 통제된 부대 기동이 아니라 하나의 경주 시합이었다. 북진 중인 한국군 부대에는 높은 사기와 극대화된 정신력을 뺀 실질적인 전투력은 미약했다.

1950년 10월, 참전한 중공군은 이런 한국군의 약점을 집중공략하였다. 이듬해 봄까지 5차례의 중공군 공세에서 한국군은 현리전투와 같이 심리적 공황과 충격에 빠지는 경우가 여러 차례 발생하였다. 같이 작전을 수행하는 유엔군 입장에서 한국군은 못 미덥게 여겨지기 시작했다. 하지만 한국군은 이를 극복해내고 오늘날의 강군으로 발전하는 초석을 만들어나갔다. 하드웨어의 지원은 잘 알려졌지만 소프트웨어의 현대화를 위한 미군의 도움과 한국군의 노력은 잘 알려지지 않았다.

미8군 사령관이었던 밴 플리트 장군은 한국군의 질적 향상을 도모하고자 했다. 진해에 육군사관학교의 문을 다시 열고, 육군훈련소와 사단급 야전훈련소를 만들어 전투 투입 전 충분한 교육훈련을 진행할 수 있는 여건을 마련하였다.

한국군은 장군부터 각개 병사까지 각고의 노력을 통해 인력 위주의 전쟁수행 방식에서 벗어나 화력과 기동을 습득해 나갔다. 단기간에 통합화력 운용방법까지 터득한 한국군 사단은 미군 사단과 비슷한 전투력을 갖추었다고 평가될 정도로 발전하여 충분히 중공군과 직접적 대결이 가능하다는 판단이 섰다.

새로 태어난 한국군의 능력을 처음으로 시험해본 전투가 한국군 제9사단이 단독으로 중공군 3개 사단을 물리친 백마고지 전투이다. 김종오 사단장의 지휘 아래 상급부대의 화력자산과 공군자산을 적절히 이용하고, 적재적소에 예비대를 투입하는 등 10일간의 격전 끝에 거둔 대승은 변화된 한국군의 모습을 알리는 신호탄이었다.

밴 플리트 장군의 후임인 클라크 장군은 질적으로 우수해진 한국군의 양적 향상을 도모하였다. 한국군은 1953년 정전 당시 20개 사단의 강군으로 급성장하였다. 새로운 한국군의 탄생이었다.

목적지로 가기 위해 강을 건넜으면 강을 건넌 배는 버리고 가야 한다. 인력 중심의 '동양적 전투수행방식'이 우리나라를 구한 것이 사실이지만 그 한계점도 엄연히 존재하였다.

이를 극복하기 위해 뼈를 깎는 노력을 들여 짧은 시간에 현대식 군대로 탈바꿈하였고 오늘날까지 자유민주주의를 지켜 온 대한민국 국군의 자랑스러운 역사이다.

하지만 우리 사회에서의 군에 대한 인식은 아직도 옛날의 '동양적' 특히 『삼국지연의』와 같은 군담소설적 사고방식에서 벗어나지 못하고 있다는 것을 가끔 느낀다.

군담소설에 등장하는 의리에 죽고 사는 장수들은 언제나 적의 조롱에 격분을 참지 못하고 뛰쳐나가 일기토를 벌인다. 그들의 무기는 당시에 존재하지도 않던 청룡언월도라든지, 방천화극이라든지 요란뻑

적지근하다. 그리고 장수들 사이의 1:1 일기토로 전투의 승패가 판가름난다. 이는 실제 전투 양상이 아니라 이야기로 만들기 위해 각색한 전투수행방식이다. 구전되는 이야기에서 이 이상의 전투묘사를 어떻게 바라겠는가.

하지만 오늘날에도 자칭 군사 전문가라 잘난 체하는 사람들이 규정과 방침에 의해 임무를 수행하는 전문직업 군인들을 삼국지나 수호지의 등장인물처럼 단순한 집단으로 폄하하는 것을 볼 때마다 지력의 부재에 안타까움을 느낀다.

또 무기를 사용하는 체계와 시스템보다는 무기 그 자체에만 집착하여 단순수치로만 유불리를 따지는 소모적 논쟁을 벌이는 것을 보다 보면 이런 군담소설식의 사고에서 언제쯤 벗어날 수 있을지 고민이 된다.

하늘의 백장미

할힌골 그림 외에도 많은 전쟁화들이 있었다. 전시실도 2개나 할당되어 있고 육군부터 해군, 항공대를 다룬 그림까지 그 수도 많았다. 그 가운데서 인상 깊은 그림을 꼽자면 파란 하늘을 수놓은 백장미 그림이었다.

한 그림은 팔렘방 유전지대 전투를 배경으로 한 그림이었고, 다른 한 그림은 레이테를 배경으로 한 그림이었다. 팔렘방을 배경으로 한 그림이 훨씬 밝고 활기찬 모습이었는데 아마 일본이 한창 승승장구하던 시절을 배경으로 했기에 그러할 것이다.

팔렘방 유전지대 전투 그림은 1942년 2월 14일, 인도네시아 수마트라 섬의 팔렘빙에 낙하한 일본육군의 공수부대를 다룬 츠루타 고로(鶴田吾郎)라는 작가의 그림이었다.

수많은 낙하산 부대원들이 파란 하늘을 배경 삼아 낙하하고 있었고, 이미 낙하한 인원들이 권총을 꺼내 들고 수류탄을 던지며 교전하고 있었다. 초기 공수부대라 중화기는 같이 가지고 떨어지지는 못했던 것 같다.

그림 설명에는 이 전투를 배경으로 그 해에 유명한 군가 '하늘의 신병(空の神兵)'이 만들어졌다며 군가의 가사도 함께 적혀 있었다. 그런데

군가 속에 재미난 단어가 들어 있었다. '하늘의 백장미'

생도생활 동안 가장 기억에 남는 훈련을 고르라면 '공수훈련'을 꼽고 싶다. 전문 교관들에 의해서 육체의 한계를 시험하는 지상훈련을 거친 후, 실제 낙하하기 전날 밤에는 누구나 잠을 뒤척이게 된다. '낙하산이 안 퍼지면 어떡하지?'

다른 훈련은 조그만 잘못을 하더라도 죽지는 않는다. 하지만 공수훈련은 진짜로 죽을 수도 있는 훈련이기 때문이다. 물론 낙하산에 몸을 맡긴 채 날고 있는 하늘에서는 그 긴장감 이상의 짜릿함이 온몸을 감싼다. 짧은 시간이지만 하늘에서 내 마음대로 움직이는 경험은 힘든 훈련기간과 긴장감을 보상하기에 충분하다.

그 강렬한 훈련의 기억 덕분인지 생도대에서는 '검은 베레모'라든지 창공에다 벗을 삼겠다는 '독사가', 떨어지는 낙하산에서 생각을 하는 철학적(?) 내용을 담고 있는 '날아가는 비행기' 같은 공수부대 군가가 자주 불린다. 그중 한 곡이 '하늘의 백장미(공수가)' 군가이다. '하늘의 백장미' 군가는 1978년 작, '공수작전'이라는 영화의 주제곡이었고, 아마 영화의 주제곡이 군가로 정착되었던 것 같다.

일본어에서도 하늘의 백장미라는 표현을 보고 이 표현이 우리나라에서도 자생적으로 생겨났는지, 아니면 일본의 표현을 따온 것인지 궁금해서 찾아보았지만 정확한 근거는 찾을 수 없었다.

우리나라에서 '백장미'는 주낙하산이 펼쳐지지 않아 가슴에 매단 보조낙하산을 펼치게 되면 그 색상이 하얗기 때문에 그런 표현이 붙었다고 알려졌다. 실제인지는 모르겠지만, 생명줄을 까먹고 뛰어내렸다가 보조낙하산을 펼치는 용자가 있다고 하는데 확인된 바는 없다.

훈련이 힘들수록 전우애는 더욱 단단해진다. 그래서 실제 목숨을 걸고 훈련을 받는 공수부대는 창설 이후 지금까지 전 세계 모든 곳에서 엘리트 부대라는 자부심을 가지게 된 것인지도 모른다. 그리고 그들만의 자부심은 일반 부대와는 다른 복장과 마크 등 외적으로도 표출된다.

부대정신의 중요성

공수부대와 같이 속칭 빡센(?)부대, 역사와 전통이 있는 부대는 왠지 말로 표현할 수 없는 느낌적인 느낌이 존재한다. 보통 부대와 그들을 가르는 차이는 부대정신(Esprit de Corps)이다.

무기가 중심이 되는 아마추어의 군사사에서는 비중이 작은 변수이지만, 실제로 부대정신은 정신전력의 한 부분으로 전쟁의 승패를 좌우하는 핵심 요소 중 하나이다. 전투의 목표가 인간 집단의 붕괴라한다면, 집단의 붕괴를 막는 것이 바로 부대정신이기 때문이다.

클라우제비츠는 전쟁의 정신과 본질을 확신하고 필요한 훈련을 하는 것, 전쟁을 이성적으로 수행하는 것, 전쟁에 몰입해 명령을 철저히 수행하는 것 등을 군의 무덕(War Virtue)이라 주장하였으며 부대정신은 이런 요소를 결합시키는 접착제 역할을 한다고 말했다.

더 나아가 복무규율이나 훈련규정만으로 결속된 부대는 전쟁 상황으로 들어가게 되면 급속히 냉각된 유리컵이 깨지듯 깨질 수 있어서

규정으로 만들어지는 결속력과 실전을 통해 단련되고 체질화된 부대정신은 구분되어야 한다고 주장하였다.

클라우제비츠의 어려운 이야기는 제치더라도 부대정신의 중요성을 강조한 군사 연구가들은 많이 있다. 실제 전투에 참여한 병력의 심리상태에 대한 연구로 유명한 아르당 뒤 피크와 2차 세계대전 참전 미군의 심리상태를 통해 전시의 군인심리를 연구했던 S.L.A 마샬은 시대는 달랐지만, 동일한 결론에 도달하였다.

19세기 중반 인간행동연구를 통해 전투연구에 대한 혁신적 접근을 시도한 프랑스의 뒤 피크 대령은 참전자들을 통해 조사한 내용을 바탕으로 전장이란 공포의 현장에서 군인들은 '자부심을 고취하는 상호 간의 이해'를 증진시켜야 한다 주장하였다.

S.L.A 마샬 역시 2차 세계대전 종료 후 참전자들을 광범위하게 조사한 후 나온 연구결과에서 전장의 공포를 극복하기 위해서는 '상호 이해'가 책임회피를 막아줄 수 있다고 주장하였다. 이 둘의 '상호 이해'를 다른 말로 하면 부대정신이다.

2차 세계대전 실화를 다룬 드라마 '밴드 오브 브라더스'에 나오는 101공수사단은 부대정신의 실제 모습을 보여 준다. 이들은 2차 세계대전 중에서도 가장 격렬했던 노르망디 전투, 마켓가든 전투, 벌지 전투 등에서 불비한 여건 속에서도 끈끈한 부대정신을 바탕으로 불리한 상황을 극복해낸다. 강한 훈련을 받으며 부대정신을 기르고 실전에서 어떻게 활약하였는지를 잘 보여 주는 사례라 하겠다.

1942년, 팔렘방 유전지대를 기습하며 명성을 떨친 나름 엘리트 부대 '하늘의 신병'은 팔렘방 전투 이후 별다른 활약 없이 다른 일본군과 마찬가지로 자살공격으로 스러져갔다. 1945년 5월, 미군이 점령한 오키나와비행장을 목표로 한 헛된 기습공격이 그들의 마지막이었다.

그들이 유일하게 명성을 떨친 팔렘방 전투의 결과도 따지고 보면 우스웠다. 일본군의 주먹구구식 작전 계획으로 인해 유전은 확보했지만, 유전에서 나온 원유를 수송할 수단이 없었다. 그들 나름대로 창의적인 방안으로 채택한 것이 생고무 봉투에 원유를 담아 바다로 띄워 보내는 것이었다. 당연하게도 일본에서 이를 받아볼 수 있을 리가 없었다. 전쟁 말기 200개의 소나무에서 나온 테레빈유는 전투기 1대를 띄울 수 있다며 발악하던 그들에게 팔렘방 유전은 전혀 도움이 되지 않았다.

하지만 '하늘의 신병'이라는 노래와 '백장미'는 여전히 일본 자위대에 전해 내려오고 있다. 일본 육상자위대 제1공정단을 창립한 이들은 제국일본군의 공수부대 출신이었다. 그들은 전통을 계승하기 위해 군가 역시 그대로 사용했으며 오늘날까지도 '하늘의 신병'은 사실상의 공정단가로 음악대에 의해 연주되고 있다.

나치 독일군과 완전한 단절을 택한 독일과는 달리 겉으로는 반대하나 속으로는 제국일본군의 부대정신을 이어가고 싶어하는 일본 자위대의 모습이다.

미술관 옆 기념품점

『알랭드 보통의 영혼의 미술관』 책에서 '기념품 가게는 미술관에서 가장 중요한 곳이다.'라는 문구를 보고 고개를 끄덕인 뒤 미술관을 들르면 반드시 기념품점을 둘러본다. 여기에서도 예외는 아니었다.

특이한 점은 다른 미술관보다 미술책들이 매우 많았고, 그중에서도 전쟁화책이 굉장히 많았다는 것이다. 심지어 잘 보이는 중앙 매대에 많은 종류의 전쟁화책들이 진열되어 있었다.

일본에서는 원래부터 전쟁화가 강조되는 것인지, 종전 70주년 특수를 누리는 것인지, 아니면 내가 밀리터리라는 색안경을 껴서 그런 것인지는 모르겠다. 하지만 조금 전 보고 나온 전쟁화가 표지에 그려져 있는 책들을 일본어책이라 외면하기에는 내 덕심*이 너무 강했다. 결국 여러 개를 둘러보다 그중 내용이 충실해 보이는 책으로 두 권 골라 집었다.

기념품점의 목적은 미술관이 전하고자 하는 메시지를 복제품을 통해 가정까지 전달하는 것이기 때문에 미술관에서 가장 중요한 곳이 될 수 있다고 한다. 전쟁화책들을 보며 이것이 일본의 한 단면을 보여주는 것이 아닐까, 하는 생각도 들었다.

---

* 　마니아를 뜻하는 덕후의 마음이라는 신조어.

06

진보초: 독립군과 일본군, 대한민국 국군

진보초에서 방황하던 청년

한참 동안 미술관을 돌아본 후 다음 장소로 이동하기 위해 지하철역으로 향했다. 마침 지하철역은 진보초(神保町)였다. 이곳에서 오래전청운의 꿈을 꿈꾸며 거리를 거닐던 한 인물이 생각났다.

진보초는 세계 제일의 헌책방 거리로 불리며 약 600m 거리에 고서점 150여 개 및 500여 개의 출판사와 신간 서점들이 밀집해 있는 곳이다. 거리의 역사도 꽤 깊어 일제강점기 시절 이 거리를 걷던 청년김경천에게 인생의 전환점이 되기도 한 곳이다.

김경천은 만주와 연해주 일대에서 백마 탄 김장군으로 유명한 독립운동가다. 북한의 김일성이 그의 항일투쟁 경력과 이미지를 도용한것으로도 유명하다.

경성학당을 졸업한 김경천은 17살이 되던 1904년에 대한제국의 공식 유학생으로 일본에 건너갔다. 아버지는 대한제국 육군의 고위 인

사이며 형 역시 일본 육사를 졸업한 무인 집안이었지만, 부친과 형은 그에게 군인이 되는 대신 공업을 배우라고 권하였다.

공업을 배우러 일본에 왔지만, 그는 진보초의 고서점에서 일본어로 된 나폴레옹의 전기를 읽고 "정신에 일대 변동"을 일으켜 군인이 되기로 결심하였다. 그리고 진로를 바꾸어 1909년, 일본 육군사관학교 23기로 입학하였다고 그의 자서전『경천아일록』에 적고 있다.

1911년, 일본육사를 최우등으로 졸업하고 제1사단 1기병연대에서 근무하던 그는 1919년 동경 유학생들의 2·28독립선언의 영향을 받아 병을 칭하고 서울로 돌아왔다. 이때 육사 3년 후배인 지청천, 이응준과 같이 귀국하였다.

귀국 후 김경천은 일본의 눈을 피해 지청천과 함께 만주로 망명하였다. 하지만 평양에 있던 이응준은 일정 및 코스의 변경으로 함께하지 못했다.

망명 후 그는 신흥무관학교 교관, 창해 청년단 총사령관, 대한 혁명당의 사령관 등을 거치며 만주와 연해주 일대에서 활약하였다. 이때의 활약으로 명성을 얻게 되었지만, 스탈린의 한인 탄압으로 인해 간첩죄로 옥고를 치르고 강제 이주를 당하는 끝에 조국의 독립을 보지 못하고 1942년 사망한 비운의 인물로 역사에 남게 되었다.

대한민국 국군의 창설 정통성에 대해

나라를 잃은 후 일본 육사를 나온 한국인들은 약 230명 정도라고 한다. 그들의 행적은 김경천을 필두로 한 3인의 행방처럼 다양하였다.

김경천과 함께 만주로 망명한 지청천은 계속해서 독립운동에 힘을 기울였다. 김경천은 파벌 싸움에 회의를 느껴 연해주에 남았지만 지청천은 임시정부와 함께했다. 청산리 전투에도 참전하였으며 임시정부 총사령관직도 역임하는 등 항일 무장투쟁에 앞장섰다.

그렇다면 망명하지 않고 일본군에서 계속 복무한 이응준은 친일파인가? 그렇게 간단한 문제가 아니다.

이응준은 일본군 대좌(대령)까지 지낸 일본군 출신이다. 하지만 그의 부인은 일본 육사를 15기로 졸업하고 구한말 한국군 참령을 지냈으며 도산 안창호와 신민회 활동을 하였고, 시베리아로 망명하여 독립운동에 일생을 바친 이갑의 딸이었다.

그런 연고로 이응준은 임시정부와도 내통하였으며 망명한 동기생인 지청천의 가족을 돌보는 등 일본에 있어 요주의 인물이었다. 독립군의 딸과 승인 없이 결혼하는 것은 일본군에서 파면감이었지만, 오히려 일본군은 이응준이 독립군에 투신할 것을 우려한 나머지 미약한 징계로 일본군에 붙잡아 놓았다.

이응준은 해방 후에는 일본군 출신이라는 신분으로 인해 자숙 중이었으나 광복군과 일본군의 중간 완충역을 맡기고자 하는 사람들이 많아 미군정 국방사령부 고문에 초빙되었다.

그리고 그의 장인과 일본육사 15기 동기이자 임시정부 군무부 참모총장을 지닌 유동열을 직접 설득하여 미 군정청 통위부장에 취임시켜 광복군 출신들이 국방경비대에 참여할 수 있는 계기를 마련해 주었다.

독립군과 광복군이 국군의 명맥을 이어온 것은 사실이다. 분명 우리 군의 뿌리는 광복군이다. 그러나 독립군이 될 수 있는 기회는 주어지지 않은 채 식민지 시대를 사는 젊은이로서 일제에 대한 저항의식을 가지고 군인의 꿈을 꾸었거나 민족의 권위 신장이라는 목적의식을 가지고 일본군에서 활동한 이들도 있었다.

분명히 같은 민족이라는 동질감을 가지고 있었다. 1945년 일본군이 패망하자 만주 일대에 거주하는 동포들의 생명과 재산을 보호하고 귀국하는 이들을 안전하게 호송하는 역할을 맡은 한국 거류민단 보안사령부가 조직되었다. 이 단체는 정일권, 강문봉 등의 만주군 복무자들이 조직하고 활동했다. 몸은 일본의 괴뢰국인 만주국의 군인이었지만 한국인이라는 생각을 가지고 있었던 것이다.

일·만군 출신을 개별적으로 살펴보면 반민족 행위를 하지 않은 자가 전혀 없다고 할 수는 없다. 하지만 일제의 강압이나 삶의 방편으로 군에 투신한 자들도 있었다. 비록 그들이 민족의식이 부족했다고 하나 일제의 패망과 동시에 그 멍에를 벗고 신생 대한민국의 군에 참여하여 국가의 간성이 되고자 하였다. 공산주의에 맞서 자유민주주의 국가라는 시스템을 갖추어야 했던 신생 대한민국에서는 이들을 포용했다.

동서고금의 많은 나라가 흥망성쇠를 반복하는 가운데 군대가 민족 면이나 성분 면에서 완벽한 순수성을 지킬 수는 없었으며 그렇게 하지도 않았다. 민족적으로 보면 신라시대의 9서당에 편성되어 당나라와 싸웠던 고구려계, 백제계, 가야계 군인들이 있다.

세계사적으로 살펴보면 영국군으로 복무했으나 영국군과 싸워 미국 건국의 아버지가 된 워싱턴, 제정러시아 군의 장교였으나 핀란드의 총사령관이 되어 러시아와의 겨울전쟁에서 핀란드군의 승리를 이끌고, 나치독일과 외교전을 통해 핀란드의 독립을 보전한 만네르하임 같은 자들은 적에게 배운 것을 활용해 국가를 보전한 인물들이다.

일·만군 출신이 친일문제가 전혀 없다는 뜻이 아니다. 일제시대에 살아남기 위한 어쩔 수 없었다는 조건 없는 면죄부를 제공하고자 하는 것도 아니다.

1940년대에 만주 지역에 존재하지도 않았던 독립군을 만주군 출신이 때려잡았다고 억지주장을 하거나, 순사가 5명밖에 없는 조그마한 보천보 마을을 습격해 민간인 2명을 죽여 놓고 역사상 최대 규모의 항일투쟁이라고 왜곡하는 등 역사적 사실과는 동떨어진 주장에 빠져들지 말자는 것이다. 오늘날의 정치적 목적에 의한 선전선동에 속지 말고 진실을 보자는 것이다.

공과 과를 자세히 보아야 한다는 것이다. 창군 이후 2년 만에 6·25전쟁을 겪고, 이후에도 수많은 북한의 도발로부터 자유민주주의 대한민국을 지켜내기도 한 그들을 냉철한 관점에서 다루어야 한다는 것이다. 지나치게 복잡하였던 일제강점기와 건국 당시의 상황을 오늘날의 이분법적 시각을 가지고는 정확하게 볼 수 없다. 연구는 계속되어야 한다.

ⓞ7 육탄삼용사 비석: 일본군의 사생관

도쿄 세이쇼지

진보초역에서 지하철을 타서 오나리몬(御成門)역에서 내렸다. 오나리 몬역의 다른 이름은 도쿄타워 앞 역이었다. 철근으로 만들어진 높이 333m의 도쿄타워는 소설이나 영화 등에서도 자주 등장하는 일본의 명소이기도 하다.

하지만 당연하게도 오늘 찾아가는 곳은 도쿄타워가 아니었다. 주변에 위치한 세이쇼지(青松時)를 찾아가기 위해 이 역에 내렸다. 입구를 나온 뒤 빌딩 숲을 지나서 가다 엉금엉금 걸어서 가다 녹지대가 나타나면은 악어… 아니, 목적지인 세이쇼지가 나타났다.

이곳에서도 우리나라의 절처럼 사천왕상이 문을 지키고 있었다. 그러나 그 모양새가 평소 보던 사천왕과 조금 달랐다. 지붕 모양이 군산 여행에서 봤던 동국사를 떠올리게 했다. 나중에 알고 보니 두 곳 다 일본 불교의 한 파인 조동종 소속의 사찰로 지어졌다고 한다.

관광을 위한 사찰이 아니다 보니 안내 문구와 같은 설명은 전혀 찾아볼 수 없었다. 절 안에는 아무도 없는 것처럼 으스스한 분위기가 감돌고 있었다.

앞에서 볼 때는 크기가 작아 보였는데 막상 들어와 보니 내부가 매우 넓었다. 찾아가야 하는 곳이 어디에 있는지 감이 잡히질 않았다.

묘지 통로라 적힌 화살표와 함께 이곳은 관광하는 곳이 아니라는 표지판이 눈에 들어왔다. 여기인 거 같다는 생각에 좁은 통로로 들어갔다.

관광을 온 것이 아니라 답사를 온 것이니 'No Sightseeing'이라는 표지판의 당부는 지키는 것이라 생각하며 안으로 들어갔다. 건물 뒤에는 드넓은 대나무 숲이 숨겨져 있었다.

대나무 숲에서 위로 올라가는 길을 찾아 올라가니 절의 부속시설로 보이는 묘지가 나왔다. 빌딩숲과 도쿄타워를 배경으로 하는 묘한 분위기의 묘지였다. 묘지 구석에는 내가 찾는 육탄삼용사의 비가 나왔다. 교토에서 이미 만난 사이였고, 오늘 아침에 야스쿠니 신사에서도 만난 사이다 보니 이제는 반가워(?)지려고 했다.

육탄삼용사 비석

육탄삼용사의 비석과 함께 동상이 세워져 있었다. 동상 중 나머지 두 명은 어디로 가버렸는지 한 명밖에 남아 있지 않았다. 비석 앞의 꽃은 시들다 못해 말라비틀어져 있었다.

　1932년 2월, 육탄삼용사의 이야기가 일본에 알려진 후 이들은 전일본열도에서 선풍적인 인기를 끌었다. 일본군의 진실 발표에도 불구하고 왜곡된 이야기는 방방곡곡으로 퍼져 나갔다. 신문마다 이들에 대한 찬사가 쏟아졌고 연일 조위금이 신문사로 날아왔다. 신문사들은 더 많은 인기를 얻기 위해 유족들의 야스쿠니 신사와 육군성 방문 기사와 같은 자극적인 기사를 서로 쏟아내는 홍보의 에스컬레이팅이 벌어지고 있었다.

　이들을 다룬 수많은 영화와 군가가 발표되었다. 육탄삼용사 경기는 초등학교와 중학교의 운동회 경기종목으로 채택되기도 했고, 기린 맥주 광고에도 맥주병을 들고 돌진하는 모습이 사용될 정도로 이들은 요즘의 아이돌 버금가는 인기를 누렸다.

　육탄삼용사 동상봉헌회는 전국 각지에 모여든 성금을 가지고 동상을 세우기로 했다. 1934년 도쿄 중심부인 이곳 세이쇼지 정문에 동상을 세우고 그들의 유골이 안치하였다. 이 당시의 완전체 동상은 그림엽서의 사진으로 전해져 내려오고 있어 인터넷에서 쉽게 찾아볼 수 있다.

　1945년 종전 후 점령군인 미군을 두려워한 동상봉헌회에서는 자신들의 손으로 이 동상을 철거한다. 에시타 다케지 상병의 동상만 이곳 사찰 내 묘지의 가장 구석진 자리로 옮겨졌다. 그리고 동상의 맨앞을 담당하던 기타가와 유주루 일병의 동상은 그의 고향인 나가사키 현의 한 신사로 옮겨져 현재도 남아 있다. 남은 한 명은 어디로 갔는지 검색할 수가 없었다.

　동상이 이곳에 남아있든 어디로 가버렸든 아마 이들의 영은 도쿄 타워가 가까이 보이는 이곳에 세워진 비석에 함께 남아 있을 것 같다. 아니 야스쿠니 신사로 가 버렸을까?

일본군의 사생관

　군인은 항상 죽음을 염두에 두고 살아간다. 그들의 임무는 때로 목숨까지 바쳐가며 수행해야 한다. 그렇기에 동서고금을 막론하고 군인이라면 누구나 평소 나름대로의 사생관을 정립해 놓기 마련이다.

　하지만 사생관을 정립하는 것과는 별개로 실제 실천하는 것은 인간인 이상 쉽지 않다. 그렇기에 살신성인을 실천한 사람들을 위인으로 기리는 것이다.

그러나 특출난 한두 명의 살신성인만으로 전쟁에서 승리할 수는 없는 노릇이다. 그렇기에 개인적으로 정립하는 사생관 말고도 군사문화라는 것이 요구되는 것이다.

군사문화의 가장 큰 역할은 위험에서 벗어나고자 하는 인간의 자연적인 본성을 억누르고, 필요할 경우 군인들이 자신들의 모든 것을 희생할 수 있게 준비시키는 것이다.

과유불급이라고, 일본의 경우에는 너무 과했다. 그들의 그릇된 사생관과 지나친 군사문화는 자신들의 자멸뿐 아니라 민간인, 나아가 식민지 주민들까지 수많은 사람을 희생시키는 결과만 가져왔다.

"무사도란 죽는 것이다."라는 '하카쿠레'의 구절은 당시 제국일본군에게 주박이 되었다. 그들의 사생관은 승리를 위한 것이 아니었다. 신도神道를 토대로 한 덴노 제일주의를 지키고자 덴노를 위해 죽는 것만이 목표였다. 효과적인 전투로 무공을 세우기보다는 죽어 군신이 되는 것을 진정한 명예로 착각했다.

볼드모트의 호크룩스처럼 이곳저곳에 흔적을 남기고 있는 육탄삼용사는 당시 일본 사회에 의해서 만들어졌으며, 사회의 분위기를 반영하는 대표적인 사례이다.

죽음을 각오한 자의 신념은 그를 죽이기 전까지 아무도 꺾을 수 없기에 강하다. 이순신 장군의 '필사즉생 필생즉사必死則生 必生則死' 정신은 우리나라를 구했다. 클라우제비츠 역시 "피 흘릴 각오 없이 승리를 얻고자 하는 자는 피 흘릴 각오를 한 자에 의해 반드시 정복된다."며 "진검을 들고 싸우려는 적에게 장식용 대검으로 맞서지 않도록 해야 한다."라고 강조하였다.

그러나 일본은 필승의 신념을 너무 신봉하였다. 조건 없는 죽음을 미화하면서까지 이를 강조하였다. '영적돌격'이라 하여 정신은 죽음도 극복할 수 있고, 전사한 자들의 영혼이 적을 패주시킬수 있다는 돌팔이적 신념까지 존재했다.

1716년에 쓰인 무사도를 다룬 『하가쿠레』라는 책에서는 이런 이야기가 나온다. 닛타 요시사다(新田義貞)라는 무장은 자신이 죽을 위기에 처하자 스스로 목을 베어 버렸으며, 목이 베인 이후에도 계속 전투를 벌였다는 것이다. '누군가가 확신을 가지고 있었다면 목이 잘려나간 이후에도 그 확신에 따른 행동을 할 수 있는 법이다.'라는 설화와도 같은 구절을 여전히 굳게 믿고 있었던 것이 당시의 일본군이었다.

이는 그들이 승리할 때는 효과가 있었다. 하지만 분위기가 반전되면 '급속히 냉각된 유리컵이 깨지듯' 그들의 신념은 붕괴되었다. 일본군이 강조했던 엄한 군기와 엄격한 복무규정은 신념을 오래 지속시켜 줄 수는 있지만, 신념을 만들어 낼 수는 없다.

신념의 싹은 승리라는 햇빛이 있어야만 자랄 수 있다. 튼튼한 나무가 된다면 패배라는 폭풍우를 견뎌낼 수 있지만, 일본군이 강조한 군기와 복무규정으로는 국가를 수호하겠다는 신념 없이 끌려온 자들의 신념을 만들어 낼 수 없었다.

신념을 빙자한 '옥쇄*'가 속출했다. 방어의 방법은 언제나 사수였다. 퇴각은 할 수 없고, 적의 포로도 될 수 없었다. 무모한 손실이 계속되

---

* 玉碎. 옥처럼 아름답게 부서진다는 뜻으로, '명예나 충절을 위하여 깨끗이 죽음'을 이르는 말.

었다. 군인의 죽음은 단지 국민에게 군대의 체면을 지키고, 사기 저하를 막기 위함일 뿐, 그 외에는 무의미했다.

　제국일본군의 지나친 군기와 복무규정 강조는 이론적으로 완벽했지만, 실제 전장에서 벌어지는 양상을 통해서 상급자에 대한 불신을 초래했고 부대의 단결과 전우애를 말살하였음이 드러났다.

　'덴노를 위하여' 따위는 자기의 죽음 앞에서 중요한 것이 아니었다. 전사자들이 전쟁 동안 남긴 일기와 편지에는 무의미한 자기의 죽음을 자신에게 납득시키기 위해 어떻게든 죽음의 이유를 찾아내려고 발버둥치는 그들의 모습이 남아 있다.

　일본군을 상대한 미 해병대는 이런 말을 남겼다. "모든 쪽바리(JAPS)들은 그들의 의무가 덴노를 위해 죽는 것이라 한다. 그 의무를 다하는 것을 보는 것이 미 해병대원의 의무이다."

군인에게 죽음은 만능 해결책인가

　이순신 장군이 말한 '필사즉생 필생즉사'는 인용구이다. 원출처는 오자병법의 치병治兵편에 나오는 '필사즉생 행생즉사必死卽生 幸生卽死', 죽고자 하면 살고 요행히 살고자 하면 죽는다는 뜻이다.

　충무공이 '옛 병법에서 이르기를'이라는 주석까지 표시하여 표절 논란에서 벗어난 이 구절은 군인의 사생관을 이르는 말로 흔히 쓰인다. 군사학에 정통한 장군만이 할 수 있는 창의적 표현으로 글자 하나만

바꿔 당시 상황을 강조하고 이기겠다는 의지를 나타내는 명언이 아닐 수 없다.

정치적 싸움 중심으로 기록된 우리나라 역사의 특성상 이순신 장군은 정치적 압박에도 불구하고 천우신조로 임진왜란 당시 수군절도사로 있었다며 행운으로 치부해 버리는 경향이 있다. 하지만 정치적 능력이 다소 부족했음에도 이순신 장군이 군사적 능력을 인정받아 그 자리에 오를 수 있었다는 사실은 잘 알려지지 않았다.

충무공은 사내 정치에 능하지 않은 인물이었지만, 전방 위주의 야전근무를 통해 그 능력을 인정받아 빠른 진급코스를 밟았다. 무과에 같이 합격한 동기 29명 중 많은 수가 정치적 문제로 파직당한 것을 보면 충무공 뿐만 아니라 당시 군대에는 심한 정치적 압박이 만연했다고 볼 수 있다. 오늘날과 다른 조선시대의 전형적 특징이었다.

한 번은 모함을 받고 한직에 물러난 충무공의 나쁜 소문을 듣고서는 상관이 전투 준비 미흡을 트집 잡아 징계를 주려고 했다. 그래서 부임한 지 얼마 되지도 않은 충무공에게 백지를 주고 요즘도 흔하게 실시하는 백지전술 평가를 보았다. 백지만 가지고 자기 부대의 작전계획 도식을 완성하는 시험이다.

물론 군사학을 열심히 연구한 장군은 손쉽게 답안지를 완성했다. 뛰어난 도식을 본 상관은 장군의 능력을 인정하여 안티에서 팬으로 돌아섰다는 일화이다.

부임한 지 얼마 되지 않았음에도 자신의 임무와 역할을 꿰차고 있을 정도로 평소 군사학에 매진한 장군의 노력이 실제 전장에서 창의와 응용으로 발휘된 것은 당연한 결과였다. 단순히 장군이 신인神人이었기 때문에 위대한 승리를 거둔 것이 아니다.

가장 극적인 전투로 꼽히는 명량해전에서 이순신 장군은 장렬히 죽겠다는 각오로 전장에 나섰을까? 아니면 죽음을 무릅쓰고 싸워 이기겠다는 각오를 하고 나섰을까?

비슷한 듯 다른 두 말인데 우리 사회에서는 전자에 많은 감명을 받는 듯하다. 영화 '명량'에서도 어떻게 해야 승리할 수 있는지를 묻는 부하에게 장군은 "죽어야겠지, 내가."라는 식으로 말을 하고 있다. 영화적 상상력이다. 실제 전장에서는 그렇지 않았다.

명량해전에서 이순신 장군은 조선 수군의 무게중심(Center of Gravity)이였다. 무게중심이 없어지면 조선 수군은 칠천량 해전에서의 모습처럼 지리멸렬할 수밖에 없었다. 이를 아는 장군이 무작정 죽겠다고 전장에 나섰을 리 없다. 싸워 이기기 위해 나선 것이다.

명량해전 시작 전 선조에게 보낸 장서에 장군은 실제로 이런 말을 남겼다. "신이 살아 있는 한 적은 감히 우리를 업신여기지 못할 것입니다(臣若不死, 敵不敢侮我也)." 그렇다면 신(이순신 장군)은 명량해전 중에도 반드시 생존성이 보장되어야 하며 차후 작전을 위해 전투력이 보존되어야 한다는 것은 명량해전 작전계획에 있어 명시되지는 않았지만 추정할 수 있는 과업이었을 것이다.

영화나 각종 대중매체에서의 극적인 사생관을 현실에서 구현하고자 하는 것은 위험한 행동이다. 군사적 지력의 무지로 인해 우리 사회에서 위대한 장군은 군사적 문제 대신 정치적인 고뇌를 하는 자로 그려지곤 한다. 대중매체에 등장하는 군사적 문제는 갑옷에 피를 칠갑하며 액션신 몇 번 찍으면 끝나는 문제에 지나지 않는다.

현실의 전장은 그렇지 않다. 이순신 장군의 행적을 살펴보면 죽기 위해 막무가내로 싸웠다기보다는 이겨놓고 싸운다는 '선승이후구전先 勝以後求戰'의 병법에 충실했다.

승리가 목표가 아니라 잘 죽는 것이 목표였다면 정유재란에 부산 포로 출진하라는 선조의 명령에 대해 애초부터 거부하지도 않았을 것이고, 백의종군도 없었을 것이다.

그는 언제나 엄격하게 군법을 적용하고 본인이 직접 하나하나 따져 가며 전투에 임하는 지휘관이었다. 어떤 유형의 지휘관이고 그 아래 있는 부하들이 마냥 좋은 게 좋은 것처럼 굴지는 않았으리라는 것이 눈에 선하다.

손자병법에 이런 구절이 있다. "장수에게는 다섯 가지 위험이 있다. 첫째, 필사적으로 싸우는 자는 죽는다. 둘째, 기어코 살겠다는 자는 포로가 된다. 셋째, 성미 급한 자는 기만당한다. 넷째, 청렴결백한 자 는 모욕당한다. 다섯째, 인간을 너무 사랑하면 번민한다. 이 다섯 가 지는 장수의 과실로 전쟁에서 재난이다."

그리고 2차 세계대전 당시 미국의 전투 스타일을 대변하는 패튼 장 군은 이런 말을 했다. "전쟁의 목적은 자신이 조국을 위해 죽는 게 아 니라, 적이 그의 조국을 위해 죽도록 해 주는 것에 있다. 죽음을 두려 워해서는 안 된다. 때가 되면 누구나 죽는다. 누구나 처음 행동에 나 설 때 두려움을 느낀다. 그렇지 않다고 말하는 자는 빌어먹을 거짓말 쟁이다. 하지만 진짜 사나이는 죽기가 두렵다는 이유로 조국과 자신 에 대한 명예와 책임감을 내팽개치지 않는다."

군인의 사생관을 이야기할 때, 그리고 이순신 장군의 '필사즉생 필
생즉사'를 언급할 때 본래 의도가 단순히 대의를 위해 목숨을 버리겠
다는 것인지, 아니면 죽음을 두려워하지 않고 싸우겠다는 것인지 바
르게 알고 있어야 한다. 감성만으로는 전쟁에서 승리할 수 없으며 지
키고자 하는 것을 지킬 수 없다.

08

우에노 공원: 사이고 다카모리와 정한론의 흔적

우에노역 앞의 외침

오늘 좀 힘들다. 그래도 계획을 세워놨는데 우에노, 힘들어도 가야지 우에노, 라는 생각을 가지고 마지막 코스인 우에노(上野) 공원으로 향했다.

공항철도역이 위치한 곳이라 매우 복잡한 곳이라고 가이드북에서 봤었는데, 역시나 큰 캐리어를 끌며 힘겨운 걸음을 옮기는 사람들이 많았다. 내일 내 모습이라 생각하니 살짝 우울해졌다.

역에서 나와 바로 앞에 있는 공원으로 향했다. 일장기를 흔들며 앰프를 크게 틀어 놓고 소음 공해를 일으키는 노인이 있었다. 뭐라고 하는지 알아들을 수는 없었다. 하지만 '칸코쿠진, 주고쿠진' 이런 소리도 들리고 '다케시마'라든지 '센카쿠' 이런 단어도 언급하며 열을 내는 것을 보니 일본의 극우 세력 같았다.

서울의 번화가에서 'OO천국 XX지옥' 이러면서 다니는 그분들을 보면 항상 국제 망신이다 싶었는데, 일본에도 비슷한 사람들이 존재했다. 지나가는 사람들의 반응이 전혀 없는 것도 비슷했다. 세상은 넓고 이상한 사람들은 많다.

가까이 가서 구경해 볼까도 생각했지만, 괜히 얽혔다가 좋을 게 없을 거 같아 멀찌감치 서서 소심하게 셔터만 한 번 눌렀다.

사이고 다카모리

우에노 공원에 온 가장 큰 목적은 사이고 다카모리(西鄕隆盛)의 동상을 보기 위해서였다. 사이고 다카모리는 사쓰마번 출신의 하급무사로 메이지유신의 3걸*로 활약한 군인이자 정치가이다.

사이고는 메이지유신 당시 사쓰마번의 군대를 지휘하여 막부의 군대와의 전쟁에서 승리하는데 큰 공을 세웠다. 하지만 유신 이후 세워진 메이지 정부와의 마찰로 인해 그는 병력을 이끌고 가고시마로 돌아가 버렸다.

메이지 정부는 중앙집권국가를 완성시키기 위해 무력이 절대적으로 필요하였다. 그러나 무력을 건설하는 데 있어 서로 다른 두 의견이 충돌하였다. 이토 히로부미 등은 막부와의 전쟁에서처럼 기존의 번병을 중앙에 집결시켜 이를 정부 직할로 하자는 의견을 주장하였다. 반

---

* 메이지유신에 기여한 사이고 다카모리, 오쿠보 도시미치(大久保利通), 기도 다카요시(木戶孝允) 3명을 지칭.

면 오무라 마스지로 쪽에서는 새로이 징병을 실시하여 상비병력을 구
비하자는 의견을 내세웠다.

메이지 정부는 오무라 마스지로의 의견을 채택하였다. 그러나 추진
하기도 전에 상비직에서 해고된 옛 무사세력에 의해 피습당하여 사망
하였다. 오무라 마스지로는 실제 성과는 보지 못했지만, 징병제를 주
장하다 암살당했다는 이유로 '일본 육군의 아버지'로 추앙받아 야스
쿠니 신사의 동상으로 남아 있다.

그의 유지를 이은 야마가타 아리토모는 병제개혁을 지속하였다. 그
리하여 제국일본의 기초가 되고 주변 나라에는 악몽이 되는 징병령
이 1873년 제정되었다.

반면 다카모리는 조선을 정벌하자는 정한론을 내세우다 의견을 관철시키지 못하고 고향 가고시마로 귀향하였다. 그곳에는 그를 중심으로 한 군대가 만들어져 무정부 상태가 되었다.

완전히 독립된 고유의 군대를 가지고, 이를 기초로 독립된 행정을 시행하여 세금을 걷는 가고시마 현(구 사쓰마번)은 독립국과 다름없었고, 메이지 정부에서는 이를 눈엣가시로 여기고 있었다.

결국 이 둘은 1877년 1월 충돌하였다. 세이난(西南)전쟁의 시작이었다. 1만 3천여 명의 병력을 이끈 사이고는 정부군이 있는 구마모토(熊本) 성으로 향했다.

구마모토 성에는 슬픈(?) 전설이 있어

정한론을 외치며 정부군을 힘으로 누르려 했던 사이고 다카모리의 앞을 가로막던 것은 구마모토 성이었다. 임진왜란에서 왜군의 선봉에 섰던 가토 기요마사가 지은 성이었다.

임진왜란 휴전협정의 불발로 인해 다시 벌어진 정유재란에서는 일본군의 능력이 조·명 연합군을 압도하지 못했다. 준비된 연합군을 상대로 임진왜란 초기와 같은 기동전은 불가능했다. 그래서 일본군은 진지전을 택했다. 보급이 용이한 남해안 주변에 거점을 만들고 지키는 전략이었다.

한편 울산 지역에 주둔하던 가토 기요마사는 조·명 연합군에게 포위를 당했다. 그러나 축성술 만렙*을 찍은 일본군의 울산왜성에서 농성하던 가토군을 상대로 조·명 연합군은 고전을 면치 못했다.

하지만 울산왜성에도 약점은 있었다. 성안에 우물이 한 곳도 없다는 것이 최대 약점이었다. 말의 피를 마시고, 소변을 받아 마시는 아비규환의 장면이 연출되었다. 이를 본 주변의 일본군이 총동원되어 가토 기요마사를 구원하러 나섰고, 그는 간신히 위험에서 벗어날 수 있었다.

가토 기요마사는 나중에 자신의 영지에 성을 세우며 울산전투의 교훈을 잊지 않았다. 성안에 수십 개의 우물을 만들고, 다다미를 고구마 줄기로 만들어 유사시 식량으로 활용할 수 있게끔 하였다. 바로 구마모토 성이었다.

축성 후 300여 년 가까이 지난 1877년, 세이난전쟁에서 구마모토 성은 가토 기요마사의 의중대로 방어력을 유감없이 발휘하였다. 사이고 군이 대포를 동원하여 성내 주요시설물을 파괴하며 성안의 식량이 바닥나기를 기다리는 방책을 사용하였음에도 불구하고 구마모토 성은 굳건히 버텼다. 50일간의 포위에도 함락되지 않은 구마모토 성은 정부군의 승리에 큰 역할을 하였다.

구마모토 성을 공략하지 못한 사이고 다카모리가 "정부군에게 진 것이 아니라 세이쇼공(가토 기요마사)에게 진 것이다"라는 말을 남겼다고 전해질 정도로 그 성의 방어 태세는 완고했다.

정한론을 외쳤던 사이고 다카모리가 조선에서 배워온 가토 기요마

---

*   게임에서 캐릭터가 최대 레벨을 올린 상태. 최고의 능력을 뜻함.

사가 지은 성에 의해 좌절된 것은 역사의 아이러니라 할 수 있다.

물론 정한론은 시가와 방법의 차이일 뿐 자기의 미래를 스스로 개척하지 못한 대한제국에는 피할 수 없는 운명이었다. 세이난전쟁 2년 전 일어난 운요호 사건과 강화도조약으로 무력이 아닌 외교 정한론은 이미 시행되고 있었다.

근대의 마지막 사무라이, 근대 최초의 쿠데타

톰 크루즈 주연의 '라스트 사무라이'라는 영화가 있다. 이 영화에서 다루는 마지막 사무라이는 사이고 다카모리를 참고하여 만든 인물이다.

영화처럼 칼과 활로 싸운 것이 아니라 총을 들고 싸우긴 했지만, 사이고 다카모리는 말 그대로 '마지막 사무라이'였다. 출신부터 하급 사무라이였으며, 근대화의 산물인 국민 개병제에 의해 밀려날 위기에 처한 지방의 사무라이 계급을 이끌고 자신이 만든 정부에 대항해 쿠데타를 일으킨 '사무라이'였다.

그러나 구시대적 인물답게 자신의 의기에 비해 반란의 구상이라든가 전쟁에서의 지도력은 부족하였다. 당시 정부군은 도시를 거점으로 하여 편성되는 수비적인 편제인 진대편제를 벗어나지 못하고 있었지만 사이고 군은 허약한 정부군을 상대로도 변방의 구마모토 성이라는 곳에서 발목을 잡히고 말았다.

또한 자신의 정치적 야심을 의회정치나 기타 정당한 수단으로 해결하지 않고 무력을 사용하여 내란을 일으키는 모습은 이후 제국일본군에서도 계속해서 일어나는 군부의 쿠데타에 명분을 세워주기도 했다.

메이지 정부는 아찔했지만, 세이난전쟁을 통해 징병제의 효과 역시 확인할 수 있었다. 이제 남은 것은 징병제를 확대 운용하여 제국주의, 군국주의의 길로 들어서는 것이었다.

일본이 참고한 것은 프랑스였다. 1793년 국가 총동원령을 처음 시행한 프랑스를 모방하여 진행하던 국민군 만들기에 힘이 붙었다.

하지만 프랑스혁명을 통해 공화주의를 표방하며 자발적으로 일어난 프랑스의 국민군과 일본은 달랐다. 일본은 근대사회가 성립되기도 전의 봉건농민사회에 속하여 땅을 부쳐 먹고 살던 대다수의 농민들을 징집했다. 그들은 국가에 대한 개념이 없었을 뿐 아니라 '누구로부터 무엇을 어떻게 지켜야 하는지'에 대해 아는 것이 없었다.

국민의 군대가 아닌 덴노를 위한 군대임에도 불구하고 국민이 총동원되는 징병제의 모순을 해결하기 위해 제국일본군이 선택한 것은 군기 확립이었다. 그것도 X군기. 그렇게 일본군대는 영혼 없는 기계가 되어 갔다.

또 하나의 흔적, 쇼기타이 묘

일본은 좋든 싫든 함께 살아가야 한다는 섬나라의 특성상 내부 갈등이 극단적으로 치닫지는 않았다. 그들의 전쟁 목적은 적의 섬멸이 아니었다. 전장의 참화와 수치를 안겨줌으로써 적을 협상 테이블로 끌어내 강화조건을 논의하도록 만드는 데 있다는 점을 볼 수 있는 곳이 사이고 다카모리의 동상 말고도 바로 옆에 하나 더 있었다.

사이고 동상 옆에 있는 쇼기타이(彰義隊)의 묘였다. 쇼기타이는 국립 근대미술관 공예관에서 동상으로 보았던 기타시라카와노미야 요시히사신노와도 관련이 있다.

메이지 신정부가 세워지는 것을 반대하던 구막부의 잔존 세력들은 도쿠가와 가의 위패가 있는 우에노의 간에이지(寬永寺)에 모여 쇼기타이를 결성하고 기타시라카와노미야 요시히사신노를 옹립하였다.

1868년 7월 4일 신정부군의 공격으로 시작된 우에노전쟁은 한나절 만에 신무기를 동원한 신정부군의 승리로 끝나고 패배한 쇼기타이는 도망친다.

쇼기타이의 농성으로 막부지지 정서의 상징이 된 우에노의 간에이지는 메이지 정부가 가만 놔둘 수 없었다. 이곳은 1876년 5월에 메이지 덴노가 임석한 가운데 공원으로 변경되었다.

공원의 명칭 자체도 은사를 입었다는 뜻이 우에노온시(上野恩賜) 공원이다. 그리고 전투에서 패배한 쇼기타이의 무덤도 잘 조성하여 공원 경내에 만들어주었다.

사이고의 동상 역시 극단으로 치닫지 않는 일본 내부정치의 속성을 잘 보여 주는 사례이다. 1889년 일본 헌법 반포를 계기로 반란의 수괴인사이고 다카모리는 복권되었다. 그리고 그가 죽은 지 21년 만인 1898년 이곳에 동상이 세워진다.

제막식 당시 그의 부인이 '애견을 끌고 토끼사냥을 나가는 모습'이라는 동상의 모습을 보고 사무라이 복장이 아닌 것에 대해 불만을 표했다고도 전해진다. 그런 연유로 1937년 그의 고향 가고시마에 세워진 사이고 다카모리의 동상은 육군 대장 복장을 입고 있는 모습을 볼 수 있다.

우에노 공원에서는 안타까운 흔적도 발견할 수 있었다. 일본에 선진 문물을 전수해 준 것으로 유명한 왕인 박사의 비석도 이곳에 있었다.

1936년 조낙규라는 사람의 건의로 세워진 비석으로 1940년에 제막식을 가졌다고 한다. 순종의 아들인 영친왕도 하사금을 내려 제작을

지원한 것을 보면 일본의 내선일체 정책의 일환으로 진행되었다는 것을 알 수 있는 비석이었다.

우에노역 서점에서의 단상

우에노 공원을 끝으로 오늘의 일정을 마치고 나니 극심한 허기가 찾아왔다. 생각해 보니 오코노미야끼 하나로 점심을 때우고 아무것도 먹지 않았다. 대충 가까운 식당가에 가서 무엇을 먹을까 고민하다가 마지막 날인데 비싼 것 한 번 먹어 보자 하고 초밥집에 들어갔다. 그런데 비싸도 너무 비쌌다.

저녁을 먹은 후 힘도 들고, 카메라 배터리도 다 나가고 해서 슬슬 숙소로 발걸음을 옮겼다. 마침 우에노역 안에 서점이 있었다. 참새가 방앗간을 그냥 지나칠 리 없다. 일본어는 모르지만 용감하게 들어갔다. 한국 서점이나 일본 서점이나 나에게는 블랙홀이다. 돈 먹는 블랙홀…

종전 70주년을 기념하는 코너가 있었다. 우리나라에는 대형서점에 나 가야 있을 법한 도서십진분류법 390번 국방·군사학 코너가 큰 서점도 아닌 소규모 서점인 데도 있는 것이 신기했다. 우리나라 역에 있는 서점에 기껏해야 잡지 아니면 조그만 자기계발 서적 몇 권, 그도 아니면 떨이 책만 있는 것과 다른 분위기였다.

그 밖에도 군사잡지도 많았고, 자위대에서 만든 잡지도 있었고 군사학책을 만화로 만든 책도 있었다. 신기했다.

가장 먼저 눈에 들어온 것은 만화책이었다. 표지의 여자캐릭터 때문이 아니다. '란체스터 법칙'을 다룬 만화책이 있었다.

우리나라의 수준은 이렇다. 전문가인 척하는 군사 문외한이 쓴 전쟁사책에 이런 구절이 나온다. "일반적인 전투에서 A랑 B랑 싸우면 10대 1로 죽어요. 그런데 백병전은 10대 8로 죽죠. 백병전을 할 수 있는 것은 인해전술밖에 없거든요." 도대체 어떤 통계를 가지고 무슨 이야기를 하고 싶은 건지 알 수가 없다. 이런 주제에 전쟁사 특강 책도 만들고 전쟁사 인터넷 강의도 하며 전문가 행세를 한다.

란체스터 법칙은 1차 세계대전이 진행 중이던 1916년, 영국의 프레더릭 란체스터가 공중전 결과를 분석하면서 발견한 원리 2가지를 기초로 한 법칙이다.

전투력이 선형으로 줄어드는 경우와 제곱으로 줄어드는 경우를 다룬 법칙으로 물리학을 배울 때 마찰계수를 고려하지 않고 기계적으로 9.8을 곱하듯이 전쟁에서 마찰이 없다면 어떤 비율로 피해가 발생할지를 예측하는 데 쓰이는 모델이다. 이는 오늘날 워게임의 기초가 되었다.

우리나라에서 잘 알려지지 않았고, 기껏 생도 때 워게임 과목에서

나 잠깐 들어봤던 란체스터 법칙을 다룬 일본의 만화책이 있다는 것이 신기했다.

그 옆에 있던 손자병법 만화책도 그렇다. 우리나라에서 양두구육처럼 손자병법의 탈을 쓴 개고기들이 많다. 지피지기知彼知己며 백전백승百戰百勝*이라며 가끔 손자병법이라는 이름만 붙여 놓고 전혀 다른 36계 병법을 설명하거나 손자병법과 전혀 관련 없는 손빈의 이야기를 손자병법이라 포장하는 등 사기에 준하는 손자병법들이 가끔 있다. 이를 보면서 군사학에 대한 사회의 무관심이 심각한 수준이라는 것을 종종 느끼곤 한다.

일본어는 모르지만 그림과 한자로 읽을 수 있겠지 하면서 란체스터 만화책과 손자병법 만화책을 집었다. 만화책이라 방심했는데, 일본에서는 만화책도 비쌌다. 서점 주인은 주변을 의식하지 않도록 해 주는 것인지 겉표지를 종이로 한 번 더 싸주는 세심함까지 발휘해 주었다.

숙소에 도착해 옥상의 노천탕에 몸을 담그고 바나나우유를 한잔 들이킨 뒤 야식으로 주는 라면까지 한 사발 했더니 천국이 따로 없었다. 그렇게 일본에서의 마지막 밤이 흘러갔다.

---

* 원문은 지피지기 백전불태知彼知己 百戰不殆로 적을 알고 나를 알면 백 번 싸워도 위태롭지 않다는 뜻.

01
평화기원 전시자료관: 평화란 무엇인가?

예비의 중요성

마지막 날의 아침이 밝았다. 4일에 걸쳐 목표를 분배한 후 마지막 날을 예비로 남겨 두었기 때문에 오늘은 조금 더 잘 수 있었다. 무슨 일이든 예비는 중요하다. 예비야말로 융통성이고 가능성이다.

전쟁에서도 100% 역량을 동원하는 것은 손자병법에서 말하는 '사지'에 빠졌을 때나 하는 행동이다. 불확실한 전장 상황에 적절히 대응하기 위해 예비는 필요하다. 2차 세계대전 당시 독일군은 아무리 불리한 상황에서도 항상 예비대를 운용하는 습관을 통해 전쟁을 1년 이상 더 끌고 갈 수 있었다는 세간의 평가도 있다.

반면 승리가 아닌 죽음을 목표로 하는 제국일본은 예비 따위는 생각하지도 않았었다. 죽음으로 투혼과 비장미, 장엄미를 대내적으로 과시하는 효과는 거두었을지도 모른다.

그러나 예비가 없으면 승전 시에는 전과 확대가 불가하고 패전 시에는 적의 공격에 대한 적절한 방어를 할 수 없고 사수만 선택 가능할 뿐이다. 그리고 보면 TV 프로그램을 반드시 챙겨본다는 본방사수란 단어는 참 무서운 말이다.

계획대로 일정을 100% 소화한 결과 마지막 날에는 공항으로 가기 전 도쿄역 앞에 있는 구스노키 마사시게 동상을 보는 계획 말고는 없었다.

하지만 오랜만에 나온 해외여행의 마지막 날을 허송하며 보낼 수 없었기에 전날 저녁 우에노 서점에서 사온 일본의 전적지책을 보면서 갈 곳을 찾아보았다.

오늘은 월요일로 대부분의 전시관들은 문을 닫는 날이었으나 문을 여는 곳이 한군데 있었다. 오늘 오전의 목표를 신주쿠에 위치한 스미토모 빌딩 안의 평화기원 전시자료관으로 잡았다.

호텔에서 체크아웃을 하고 나와 아키하바라역으로 향했다. 월요일 아침이라 그런지 출근하는 사람들로 활기찬 모습이었다. 아침은 역 앞에 있는 카페에서 간단히 해결하기로 하고 카페 안으로 들어갔다. 영어 메뉴가 있을 만한 곳을 택했는데 다행히 영어가 있었다.

영어 메뉴를 보고 만국 공통어인 손가락 주문을 통해 커피와 토스트가 포함된 아침 세트 메뉴를 주문했다. 그리고 보니 일본에 와서 매일 아침 커피는 빼놓지 않고 마셨던 것 같다.

커피와 히로뽕

　군인에게 커피는 필수품이다. 특히 믹스커피가 그러하다. 사무실에서는 물론이고 뜨거운 물만 있으면 최전방 철책이나 야전의 훈련장에서도 언 몸을 녹이고 피로를 풀어 주는 필수품이다.

　연합부대에서 같이 있어 본 결과 미군 역시 커피를 달고 산다. 아니면 에너지 음료나 카페인 함유 차라도 항상 들고 다닌다. 우리나라의 믹스커피는 개인별로 호불호가 갈리지만 같은 사무실에서 근무하던 롱 소위같은 경우에는 맨날 와서 '마이 페이보릿(My favorite)' 이러면서 한 움큼씩 들고 가기도 했다.

　마라톤하고 감질나게 목 축일 때, 순댓국 먹고 후식으로 먹는 아메리카노의 유래도 미군에서 나왔다. 2차 세계대전 이탈리아 전선에 참전한 미군에게 이탈리아의 에스프레소는 너무 썼다. 미군들이 집에서 먹던 드립식의 연한 커피를 먹기 위해 이탈리아의 에스프레소에 물을 타서 먹으면서 생겨난 말이 아메리카노이다.

　미국에서 연한 커피를 마셨던 이유도 전쟁과 관련이 있다. 2차 세계대전 중에는 커피는 군수품으로 관리되어 민간사회로 풀리는 커피 공급량은 매우 부족했다. 그러므로 적은 원두로 최대한의 커피를 만들어내야 했기 때문에 어쩔 수 없이 연한 커피를 택할 수밖에 없었다.

　미군은 전통적으로 카페인주의자들이었다. 미국의 건국부터 커피와 큰 연관이 있기에 그럴지도 모른다. 미국의 독립을 촉발한 보스턴 차 사건의 논의는 그린드래곤이라는 커피 하우스에서 이루어졌다. 보스턴에서 차를 바다에 다 집어 던진 후 미국인들은 차는 영국의 것이라 하여 멀리하고 커피는 독립의 상징이라 하여 더욱 가까이하기 시작했다.

요즘은 커피 말고도 카페인 섭취 수단이 다양해졌다. 특히 에너지 음료가 그러한데 미군의 경우 '몬○○' 같은 음료에는 '아미에디션(육군버전)'이라고 해서 '무릎 쏴' 자세를 취한 군인이 캔에 그려져 있는 PX 전용 제품도 있었다.

하지만 카페인이 군음료의 대세로 등장한 것은 오래되지 않았다. 전통적으로 군인의 친구는 카페인보다는 알코올이었다. 그리고 2차 세계대전까지만 해도 독일이나 일본 같은 곳에서는 마약을 전쟁에 활용하기도 했다.

흔히 피로가 뿅하고 사라진다는 '히로뽕'의 정식 명칭은 메스암페타민이다. 1941년 일본 제약회사 중의 하나인 '대일본제약'이 메스암페타민을 그리스어 필로포누스에서 유래한 '필로폰'이라는 상품명으로 판매하기 시작했다.

처음으로 시판될 당시에는 졸음을 쫓고 피로감을 없애 주는 단순 각성제로 인식되어 신문 광고까지 되었으며, 일본에서 만들어 2차 세계대전 때 사용했다. 군수용품으로 대량생산되어 군인 및 군수공장 등지에서 일하는 노동자들에게 제공, 피로회복 및 전투의욕, 작업능력, 생산능력 등을 제고하는 수단으로 이용되었다.

하지만 이제 대세는 카페인이다. 차 대신 커피를 택한 미국의 건국 이념(?)에서 시작된 카페인은 미군뿐만 아니라 여러 곳으로 널리 퍼져 나갔다.

클라우제비츠에 따르면 정신적 위험에 대한 용기, 즉 책임에 대한 용기는 감정에 의해 유지되고 지탱된다고 한다. 군인의 요구가 알코올이나 마약 등에서 카페인으로 대세가 넘어오는 것은 인류가 오랜 전쟁을 거쳐오면서 군인의 감정을 마비시키는 것보다 감정을 또렷하게 유지하는 것이 더 고차원적 군에 걸맞다는 걸 알게되서 일지도 모른다.

평화기원 전시자료관

든든하게 아침을 해결하고 도쿄역으로 향했다. 도쿄역에서 공항까지 가는 일본에서의 마지막 기차를 예매하고 코인로커에 배낭을 맡긴 후 신주쿠역으로 향했다.

평화기원 전시자료관은 신주쿠역에서 내린 뒤 조금 걸어야 했다. 빌딩 숲 사이로 많은 직장인들이 바쁘게 움직이고 있었고 지상 52층의 스미토모 빌딩 앞에는 도심과 어울리지 않게 양이 목초지에서 풀을 뜯고 있었다. 자료관은 이 빌딩의 48층에 있었다.

엘리베이터를 타고 48층으로 올라갔다. 엘리베이터 따위는 필요 없는 군 건물에서만 생활하다 48층이란 고층에 올라가니 귀도 먹먹하고 왠지 숨도 막혀 오는 게 고산병이 의심되기도 했다.

엘리베이터 안에도 자료관의 포스터가 붙어 있었다. 70이란 숫자가 쓰여 있는 것을 보니 종전 70주년 기념 특별영화를 상영한다고 하는 것 같았다. 만주와 몽고가 제목에 들어가 있는 90분짜리 영화였다.

입장료는 무료였다. 직원은 옆에 놓여 있는 팸플릿을 직접 챙겨 주며 친절을 베풀어 주었다.

전시관 내에서 사진 촬영은 금지되어 있었다. 전시장을 다 돌아보고 난 후 체험 코너에서만 사진 촬영이 가능했다.

평화기원 전시자료관은 2차 세계대전에서 '관계자'라 칭하는 인원들의 노고에 대한 전시물들을 통해 당시 시대의 이해를 돕는다는 목적을 가지고 2000년 11월 개관하였다. 전시관의 이름 앞에 있는 평화라는 주제와 관련해 일본의 입장을 강조하는 곳이었다.

전쟁이 끝난 후 대부분의 일본인들은 제국일본군이 저지른 파괴와 잔혹 행위에 대해 어느 정도는 알고 있었다. 수백만 명이 해외에 나가 있었으니 스스로가 잔혹 행위에 직접 관여하지 않았다 하더라도 보거나 들어서 알고 있었다.

　이러한 상황에서도 전범재판이 시작되기도 전에 일본의 지식인들은 일부 군국주의자들에게 책임을 돌리고 대다수 일본인들 역시 피해자였다는 말도 안 되는 이론을 내세우기 시작했다. 일본에 떨어진 수많은 소이탄들과 두 발의 원자탄은 이 주장을 뒷받침하기에 좋은 빌미를 제공해 주었다.

　일본의 잔혹 행위를 직접 당했던 입장에서 보자면 그들이 전쟁피해를 운운하는 것 자체가 말이 되지 않는 행동이었다. 그들은 아시아를 전쟁의 참화 속으로 몰고 간 전범 국가라는 책임은 저 멀리 안드로메다로 보내 버렸다.

　자신들은 희생자라는 인식을 극복하지 못하고 죄 없는 방관자였을 뿐이라는 피해자 코스프레가 첫날 들른 오사카 평화박물관부터 4박 5일의 기간 동안 일관되고 있다는 것을 보여 주는 전시관이기도 했다.

전쟁의 피해자들

　이곳은 일본도 피해자라 직접적으로 주장하지는 않지만, 간접적으로 그 의견을 뒷받침하고 있었다. 3곳의 전시실은 각각 전쟁에서 피해를 입었다는 계층을 보여 주고 있었다.

　첫 번째 계층은 군인, 좀 더 정확히 말해 병사였다. 전시실에는 당시 병사들의 복장, 일기, 편지 등 여러 물건을 전시해 놓아 그들이 군

생활 동안 어떤 감정을 느끼고 있는지를 보여 주고 있었다.

전시실에서 표현하는 병사들은 가족을 떠나 먼 타지에서 생명의 위험 속에서도 그들의 임무를 충실히 수행했고, 조국을 위해 싸운 이들이었다.

전장에 강제로 끌려갔다는 것을 강조하기 위해 징집하는 장면과 아카가미(赤紙)라 불리는 징병통지서도 전시되어 있었다. 그 외에도 감성을 자극하기 위한 '천인침'과 '무운장구'가 적혀 있는 면조끼 등도 있었다.

천인침千人針은 이탈리아 장인들이 한 땀, 한 땀 트레이닝복을 만들 듯 전장에서의 무사귀환을 위해 1m 정도의 긴 천에 천 명이 붉은 실로 한 땀, 한 땀 만든 일종의 부적이다. 천인침을 차고 다니면 총에 맞지 않는다는 속설로 인해 배에 차고 다녔는데, 가끔 고증이 뛰어난 태평양전쟁 영화를 보다 보면 심심찮게 등장하여 잘 알려진 도구다.

천인침을 배에 차고 반자이 돌격을 하는 일본군을 떠올려 보면 주문을 외우면 총에 맞지 않는다는 허황된 소문을 믿고 맨 몸으로 기관총에 달려드는 동학농민군과 중국의 태평천국군이 같이 생각난다. 정치나 외교만 잘하면 국방은 어떻게든 될 것이라 생각하고 군사문제는 쉬운 것으로 치부해 버리는 것이 어쩌면 동양적 전통일지도 모른다. 전쟁은 쉬운 것이 아니다. 고도의 지적행위이다.

두 번째 계층은 전후 강제 억류자들이었다. 소련에 포로가 된 인원들로 시베리아에서 강제로 노역에 동원되어 죽을 고생을 넘긴 사람들이다.

소련은 전쟁이 끝나기 1주일 전인 8월 8일에야 일본에 대해 선전포고를 실시했다. 만주 및 한반도 북부에 위치한 일본군의 운명은 다른 곳의 일본군보다 더 가혹했다. 소련 점령하에 놓인 이 지역의 일본군들은 소련군에게 포로로 잡혔다. 약 160만 명에서 170만 명 정도가 소련에 의해 수용된 것으로 알려졌는데 이들 대부분은 소련의 인력을 보충하기 위해 강제 노역에 동원되었다.

소련은 1946년 12월이 되어서야 처음으로 일본인 포로를 귀국시키기 시작했다. 1947년 말에 이르기까지 약 1년에 걸쳐 62만여 명을 공식적으로 귀국시켰다. 그리고 미군정의 거듭되는 재촉 끝에 1949년 봄이 되어서야 소련은 이제 9만 5천 여 명의 포로만이 남았으며 그들도 연말까지 완전 귀국 조치 될 것이라고 공표했다.

이는 미국과 일본의 계산보다 30만 명 이상이 사라져 버린 수치였다. 그리고 소련은 40여 년이 지나서야 고향에 돌아가지 못하고 시베리아에 묻힌 46만여 명의 일본인 명단을 발표했다.

일본이 러시아에 대해 가지는 적대감은 근대에 이르기 전부터 있었다. 17세기 조선군이 청나라에 의해 강제로 끌려나간 나선정벌에서 누구와 싸우는지도 모른 채 러시아와 접촉한 지 약 100여 년이 지난 후, 일본과 러시아는 사할린에서 맞부딪치게 된다. 처음의 접촉 이후 계속해서 북쪽의 러시아에 대한 불안감에 떨던 일본은 러일전쟁에서의 승리를 계기로 그 불안감을 일부나마 떨쳐 버릴 수 있었다.

하지만 러일전쟁 후에도 소련을 상대로 노몬한, 장고봉 같은 지역에서 계속해서 충돌이 벌어졌다. 그리고 2차 세계대전을 통해 일본의 최종 패배로 결말이 지어졌다. 상호 간에 충분히 적대감이 쌓일 수 있는 상황이었다.

소련이 포로의 숫자와 신원을 밝히기를 꺼리고, 포로들의 귀국조치가 지나칠 정도로 늦어지게 되면서 일본인이 소련에 가지는 적대감은 더욱 강해졌다. 특히 소련이 귀국조치를 미루는 이유가 강제노역을 시키며 포로들에게 공산주의 사상을 주입시켜 귀국 후 공산주의 선전에 이용하기 위함이라는 것이 밝혀지자 적대감은 더해갔다.

전시실에서는 강제노역을 하는 이들의 당시 생활상을 생생하게 묘사해 놓았다. 영화 속에서 보던 혹한의 시베리아에서 나무를 베는 강제수용소의 모습이 떠올랐다. 자유시 참변이라든지 고려인의 강제 이주 같은 소련의 짓거리도 생각이 났다.

우리나라도 소련에 많이 당했는데 기억하는 사람은 많지 않다. 소련과 스탈린정권은 자유시 참변을 전후하여 만주와 연해주 지역의 독립군을 초토화시켰으며, 대신 김일성 같은 마적 떼 수준의 일부 공산주의자들로 하여금 북한 정권수립을 사주하여 분단의 원인을 제공했다. 소련의 큰 죄악이다.

소련에서 일본인 포로를 데리고 장난질 치는 것을 보며 6·25전쟁에서의 북한에서 제기한 포로 송환 문제, 베트남전쟁에서 월맹군의 포로 문제 사례를 떠올리며 제네바 협정 따위는 개나 줘버린 채 포로를 가지고 장난치는 것은 공산주의자들의 종특이라는 것도 다시 한 번 느낄 수 있었다.

전쟁이 1945년 8월 15일에 끝났다고 하지만 완전히 종결된 것은 아니었다. 미군이 처음으로 일본 본토에 도착한 것은 그 후로도 2주일이나 지난 뒤였다.

패전 직후 약 650만 명의 일본인들이 국외에 흩어져 있었다. 그중 350만 명 정도가 군인이었고 나머지는 민간인들이었다. 중산층 및 하층민들로서 좀 더 나은 생활을 해보고자 해외로 나간 사람들이었다. 이들에게 8월 15일이라는 날은 무의미했다. 항복선언은 고생의 끝이 아니라 불확실성의 새로운 단계를 알리는 소리였다. 귀국하려 했지만 몇 년이라는 세월이 걸렸고 그마저도 수십만 명의 일본인들은 끝내 돌아가지 못했다. 이들이 세 번째 계층으로 히키아게샤(引揚者)라 불리는 자들이다.

그들은 극도로 적대적이 된 현지주민들의 눈을 피해 귀국길에 올랐다. 미국에서 출판되어 한때 논란이 되었던 일본 소설 『요코 이야기』가 다루고 있는 내용이 이들의 이야기이다. 소설이라 과장이 심하다고는 하지만 그들이 고통을 겪은 것도 일부 사실이다.

그러나 애초에 누가 원인을 제공하였는지를 따져 보아야 한다. 일본으로 귀국하는 이들이 100% 피해자로서 행세할 수 있는지 다시 생각해 봐야 할 것이다. 이들을 피해자로만 보는 것은 일본의 지나친 자기 중심적 시각이 아닐 수 없다.

전후 일본에서 히키아게사는 큰 이슈였다. 우리나라의 이산가족 찾기 프로그램처럼 1946년 1월부터 '귀국자 뉴스'라는 라디오 프로그램이 신설되었고, 이후 6월부터는 찾는 방법을 보완한 '실종자'라는 라디오 프로그램이 인기를 끌기 시작했다. 이 프로그램이 1962년 3월까지 지속된 것은 이런 사람들이 많았다는 것을 보여 주고 있다. 그렇다고 해도 전후 60년이 넘도록 이산가족 상봉조차 완전히 끝내지 못한 우리나라에 비할 바는 아니겠지만….

일본의 전쟁 트라우마 극복법

　전시관을 전부 둘러보고 나오니 만화책 한 묶음이 놓여 있었다. 무료로 배포되고 있는 만화책이었다. 두 종류의 만화책은 전쟁의 피해자라는 세 계층 중에서 억류자와 히키아게사들을 각각 다루고 있었다. 그래도 병사는 넣기가 좀 그랬던 것 같다. 그들이 왜 이렇게까지 이들의 이야기를 알리려는 목적은 무엇인지 궁금해졌다.

　패전 직후 일본에서도 '죄 없는 방관자'인 척하는 태도에 대해 많은 비판이 나왔다. 다이쇼 시대의 제국일본에서도 불완전하나마 국민의 선거로 구성되는 의회가 있었으므로 전쟁의 책임은 군국주의자들에게 속아 넘어갈 정도인 일본인의 약한 지성과 힘에 있다고 주장하는 사람들이 있었다.

　'1억 총참회'라는 말도 나오곤 했다. 도쿄 전범재판이 진행되는 와중에 일본 군부에서 은폐하고 있던 잔혹 행위들이 자세하게 알려지기 시작하자 일본인에 의한 잔혹 행위를 인정하고 반성하는 여론이 등장하기 시작했다.

　그러나 대중심리는 그 상처를 잊고 싶어 했다. 대중들은 과거에 남겨져 있는 일본의 트라우마가 점점 잊히길 원했다. 이러한 분위기 속에 1950년대 들어서면서 일본에서는 처형되지 않고 살아남은 전범들은 환대를 받고, 처형된 전범들에 대해서도 경의를 표하는 분위기가 퍼지기 시작했다.

　전범죄로 처형된 이들의 글을 다룬 『세기의 유서』라는 책이 1953년 출판되자 이러한 분위기는 더욱 힘을 얻기 시작했다. 일본에서는 미

국의 공습과 원폭에 대한 피해의 책임을 언급하기 시작했다. 이 책에
서 소개된 전범 중 한 명은 사형을 당하며 메이지유신 때부터 있었던
냉소적 표현을 남기기도 했다. "승리하면 관군이 되고 패배하면 반군
이 된다."

　이러한 트라우마 치유 작업을 통해 사회의 전체적 인식은 전범들을
실제 '범죄자'로 인식하지 않고 비극적으로 패한 전쟁의 희생자로 인
식하기 시작했다. 역사와 기억에 대해 이와 같은 개조 작업은 일본의
트라우마에 대한 국가적인 심리치료과정이었다. 그렇게 일본은 자신
들의 트라우마를 지워갔다. 심리치료를 통해 희생자 의식을 특권화하
고 배타적인 자기 정당화를 꾀하는 오류는 현재도 진행 중이다. 그들
은 평화를 그렇게 정의해 내려가고 있다.

02

도쿄역 주변: 도쿄의 중심에 있는 군사유적

다시 도쿄역으로

평화기원 전시자료관을 둘러보는데 생각보다 많은 시간이 지나갔다. 온 길을 돌아서 도쿄역으로 가니 벌써 점심시간이 되었다.

면이라면 사족을 못 쓰는 내 눈앞에 우동집이 보였다. 허겁지겁 우동으로 배를 채우고 나서 공항으로 가는 기차시간을 맞추기 위해 도쿄역 주변의 마지막 목표에 깃발을 꽂고자 서둘러 일어섰다.

1914년 완공되어 100년이 넘는 역사를 가진 도쿄역은 서울역과 왠지 모르게 비슷해 보였다. 1925년 완공된 서울역을 설계한 츠카모토 야스시(塚本靖)는 도쿄역을 설계한 다츠노 긴고(辰野金吾)의 제자라고 한다. 하지만 도쿄역은 네덜란드의 암스테르담 중앙역을 모델로 하여 지어졌고, 서울역은 스위스의 루체른역을 모델로 지어졌다고 한다.

도쿄역을 지나 바로 앞에 있는 고쿄로 향했다. 가는 도중에 주변의 한 건물에서 NHK에서 2016년에 방영할 사나다마루(真田丸)를 홍보하

기 위해 임시로 만들어 놓은 전시장이 있다는 포스터를 보았다. 그것
도 보기 위해 더욱 빨리 걷기 시작했다.

구스노키 마사시게 동상은 지도에서 볼 때는 가까워 보였지만 생각
보다 꽤 먼 곳에 있었다. 주차장에서는 버스에서 내리는 관광객들이
보였고, 고쿄 앞의 광장에도 많은 관광객들이 여기저기 자리를 잡고
있었다. 한참을 걸어서야 구스노키 마사시게 동상이 있는 곳에 도착
할 수 있었다.

구스노키 마사시게

구스노키 마사시게(楠木正成) 동상을 봄으로써 도쿄의 3대 동상을 모
두 섭렵할 수 있었다. 야스쿠니 신사의 오무라 마쓰지로 동상, 우에
노 공원의 사이고 다카모리 동상과 함께 구스노키 동상이 도쿄 동상
3대장이다.

동상 3대장은 전부 사무라이를 상징하는 인물이다. 야스쿠니의 오
무라 마스지로는 제국일본군의 판을 짠 인물로 군국주의를 상징하고
우에노의 사이고 다카모리는 메이지유신에서 보여준 사무라이 정신
을 상징한다면 구스노키 마사시게는 일본의 텐노주의를 나타낸다고
볼 수 있다.

구스노키 마사시게는 14세기의 사람으로 가마쿠라 막부 말기 시대
에 활약한 무장이다. 당시 일본은 1185년부터 시작된 가마쿠라 막부
세력이 정권을 쥐고 있었다. 이에 반기를 든 고다이고(後醍醐) 텐노가
1331년 거병하자 오사카 지역의 구스노키 마사시게는 텐노의 편에 서
서 막부에 대항했다.

첫 거병은 실패했지만, 두 번째에는 성공할 수 있었다. 고다이고 텐
노는 1334년 막부세력을 물리치고 텐노가 모든 것을 주도하는 겐무
신정(建武新政)을 실시했다.

하지만 성급한 개혁과 불공평한 논공행상 등으로 기득권층의 불만
이 쌓여갔다. 결국 참다못한 아시카가 다카우지(足利尊氏)는 불만층을

규합한 후 반기를 들어 군대를 데리고 교토로 향했다.

불리한 상황 속에서도 구스노키 마사시게는 덴노의 편에 서서 싸우다가 패배해 자결하였다. 고다이고 덴노는 교토를 떠나 도망가야만 했다.

승자인 아시카가 다카우지는 교토에 새로 무로마치 막부를 건설하였고 고다이고 덴노는 지금의 나라(奈良) 지역에 있는 요시노에 새로 정권을 수립하였다. 일본 남북조 시대의 시작이었다. 둘 중 최후의 승자는 무로마치 막부었다.

메이지유신이 진행되면서 오다 노부나가, 도요토미 히데요시와 동일한 이유로 덴노를 모시고 막부를 타도하려 했던 구스노키의 활동이 재조명되기 시작했다. 그리고 메이지유신이 완성된 후 1900년에 덴노가 기거하는 고쿄 앞에 구스노키의 동상이 세워지게 된다.

구스노키 병학과 특공

무장으로서 구스노키 마사시게의 명성을 널리 떨치게 된 계기는 지하야성 전투였다. 1333년 막부군이 수많은 병력을 이끌고 구스노키가 지키는 지하야 성을 공격하였다. 반면 수성을 하는 구스노키군은 채 천 명이 되지 않는 병력을 가지고 100여 일을 버텼고 막부군은 물러났다. 일본의 고전문학인 '태평기'에서 이를 묘사하기를 짚으로 인형을 만들어 적을 교란하는 등 기책을 통해 승리를 거두었다 전해진다.

이런 류의 게릴라 전법에 능하던 구스노키의 전법은 에도막부 시대 구스노키류 군학軍學으로 널리 알려졌다. 시바 료타로 역시 일본군의 전통적 특징으로서 소부대로 '기책종횡技策縱橫'하며 대군을 놀리다 격파하는 데 있다고 하면서 구스노키를 그 예로 들고 있다.

그의 게릴라 전법은 2차 세계대전 당시 특공으로 되살아났다. 특공대 '가이텐'의 문양은 구스노키 가문의 문양인 '기쿠수이(菊水)'였다. 기쿠수이는 고다이고 덴노가 그의 공적을 치하하여 황실의 국화문양을 수여하자 그는 황송하다며 국화 아래쪽에 흐르는 물을 추가로 그려 넣은 가문의 문양이었다.

그리고 구스노키가 죽어가며 맹세했다 전해지는 '칠생보국七生報國'이라는 말도 특공대들 사이에서 유행하였다. "일곱 번 거듭 태어나도 역적을 죽이고 나라에 보답하겠다."는 섬뜩한 충성의 맹세는 가이텐과 가미카제 공격으로 의미 없이 스러져 간 젊은 청춘들의 머리띠에 써 붙여져 있었다.

아마 2차 세계대전에서 쓰인 전진훈 역시 구스노키의 영향을 받았을지도 모른다. 그는 이런 말을 남겼다. "항복이라는 것은 모략이건, 주군을 위해서건, 무사가 된 자가 해서는 안 될 일이다."

그리고 수많은 자를 헛된 죽음에 몰아넣었을지도 모르는 구스노키의 동상은 여전히 도쿄의 한복판에 관광객들이 자주 지나다니는 고쿄의 광장 앞에 서 있다.

드라마 사나다마루

동상을 돌아본 후 주변 건물에 있는 '사나다마루' 전시장으로 갔다. 의도하지는 않았지만 오사카 성에서 시작한 여행의 수미상관을 찍는 곳이었다. 사나다마루(真田丸)는 오사카의 겨울전투에서 오사카 성에 만들어졌던 외성의 일종이다. 마루(丸)라 불리는 시설물은 한자어로 성곽의 '곽郭'과 동일한 뜻이다.

1614년 오사카 겨울전투에서 도쿠가와 이에야스 군은 오사카 성을 완전히 포위하고 있었다. 도요토미 가문이 주둔하고 있던 오사카 성 내부에서는 나가서 맞서 싸울 것인지 철저한 농성으로 맞설 것인지 의견이 분분했다. 사나다 유키무라는 적극적인 공세 행동에 의한 방어의 의견을 제시하였지만, 받아들여지지 않았다.

사나다는 적극적인 공세 행동에 나설 수 없었지만, 활동의 자유를 얻기 위해 외성을 쌓았다. 그리고 적을 도발한 후 외성으로 유인하여 피해를 입히는 적극적인 작전을 펼쳤다. 그가 명성을 떨친 외성은 그의 이름을 따 사나다마루라 이름 붙여졌다. 현재 오사카 성 바깥에 있는 산코(三光) 신사가 당시 사나다마루의 위치라 한다.

오사카 겨울전투는 협상으로 종결되었다. '사나다 외성의 전투'라 불리는 전투에서 사나다 군의 활약으로 도쿠가와 군은 일단 철수하겠다는 뜻을 정했다. 그리고 휴전의 조건으로 오사카 성의 외곽을 파괴한다는 약속을 맺었고, 이를 믿은 도요토미 군은 외성을 파괴한다. 사나다마루도 파괴되었다.

그러나 반년 뒤 다시 전투가 벌어졌다. 오사카 여름전투에서는 도요토미 군이 농성할 만한 외성은 남아 있지 않았다. 결국 도요토미 가문은 도쿠가와 군에게 패배하였다.

하지만 사나다 군은 끝까지 항전하여 이에야스의 간담을 서늘하게 했다. 사나다 군은 최후의 순간에 도쿠가와 이에야스의 본진까지 돌격해 들어갔고 힘이 부쳤던 그는 결국 전사하였다.

유키무라의 형은 도쿠가와 편에 있었기에 도쿠가와 군으로 갈 수도 있었다. 하지만 최후의 순간까지 적의 간담을 서늘케 하며 도요토미 가와의 의리를 지킨 그는 적으로부터 '일본 제일의 용사'라고 치켜세우기도 했다. 현재에도 전국시대에서 가장 인기 있는 인물 중의 하나로 남아 있다.

첫날 오사카 성의 디오라마에서도 사나다 유키무라 군과 마쓰다이라 타다나오 군의 전투를 다루고 있었던 기억이 났다.

홍보 전시장에는 사나다마루에 대한 설명과 모형들, 그리고 일본 전국시대를 주름잡았던 무장들의 갑옷이 전시되어 있었다. 또한 갑옷들이 조명빨을 받을 수 있도록 조명을 은은하게 비추어 놓아 빌딩의 로비라는 개방 공간임에도 전시회 같은 분위기를 냈다.

전시물 옆에는 드라마의 등장인물들을 소개하는 판넬이 있었다. 물론 누가 누군지는 잘 몰랐지만, 꽤 많은 인물의 사진과 설명이 나와 있는 것을 보니 유명한 인물이 많이 등장하는 것처럼 보였다. 반대편에는 사나다 유키무라 캐릭터를 붙인 기념품을 팔고 있었다. 순간 혹했지만 짐을 더 이상 늘리지 않기로 했다.

집으로

서두른다고 했지만, 아침에 예약했던 기차시간에 맞추지 못했다. 하지만 걱정은 없다. 공짜로 표를 끊을 수 있는 JR패스가 있기 때문이다. 일등석 편도가격으로 4,560엔이나 하는 표를 그냥 버리고 30분 뒤 기차표를 예매하는 엄청난 사치를 부려 보았다.

7일 패스를 5일만 사용하느라 조금은 아까운 느낌이 들었지만, 첫날부터 많은 기차를 탔고 특히 마지막에는 사치도 부렸으니 본전은 뽑았다고 생각되었다.

사람이 몇 명 없는 기차의 일등석에 앉아 창문을 바라보았다. 첫날 도착할 때의 우중충한 날씨와는 다르게 구름은 좀 있었지만 화창한 날씨였다.

공항에서는 생각보다 할 게 많았다. 올 때는 가방에 든 것이 없어서 기내에 가지고 탔었는데, 갈 때가 되니 꽤 무거워졌는지 기내에 들고 탈 수 없다고 해서 짐을 부쳤다.

군 생활을 시작한 후 만 8년도 되지 않았지만, 11번의 이사를 다녔다. 이사를 다닐 때마다 느끼는 것이지만 책은 참 무겁다. 하나하나 들 때는 가볍지만, 뭉텅이가 되어 버리면 그 무게는 상상을 초월한다. 이번에도 별생각 없이 구매한 책들이 무게를 꽤 차지했다.

별생각 없이 부친 가방에 또 예비배터리가 있다고 해서 비행기의 안전을 위해 다시 회수해서 보조배터리를 빼는 작업을 거친 후에야 공항 내부로 들어갈 수 있었다.

일본에서의 마지막 저녁을 먹고 비행기에 올랐다. 예정시간보다 이륙이 조금 늦어졌다. 그 길다는 여름 해도 어느덧 지평선 너머로 넘어가 버리고 어느덧 박명까지 사라져 버리는 EENT*가 지났다 싶을 무렵 비행기가 이륙하였다.

비행기에서 내려다본 밤의 일본에는 불이 들어온 야구장이 참 많았다. 런던 히드로 공항 주변에서 보았던 조명이 켜진 수많은 축구장에 비하지는 못하겠지만, 그래도 많은 곳에서 불을 켜놓고 야간에도 운동을 하고 있었다. 밤에 내려다보는 지상의 모습은 5일 전 낮에 보았던 모습과는 또 다른 모습이었다.

인천공항까지는 금방이었다. 나오는 짐을 찾아 짊어 메고 차를 세워둔 곳으로 향했다. 그렇게 4박 5일의 일본여행은 끝났다.

---

*   End of Evening nautical twilight, 해상박명종으로 군사적으로 햇빛이 지는 시간을 나타냄.

#1

문화가 자신의 행동에 어떻게 영향을 끼치는지 알아낼 수는 있지만, 문화의 구속으로부터 벗어나는 것은 불가능하다. 역사적 경험에 대한 해석과 전쟁에 대한 국민의 공유된 생각을 반영하는 군사문화역시 해당 문화권 군인의 경험을 형성하는데 엄청난 영향력을 행사한다. 이런 군사문화가 잘못되어 군인을 군인답게 기르지 못한다면 군의 목적인 국가방위에 실패할 뿐만 아니라 군이 국가를 배신하기도한다.

최근 군사사학계에서는 군사사를 전쟁 자체만이 아니라 군사 행위와 관련된 정치, 경제, 사회, 심지어 문화와의 상호작용을 포괄하는것의 역사로 정의하고 있다. 이러한 연구 경향을 신군사사(New Military History)라 한다.

신군사사는 기존의 위대한 장군이 가져다준 결정적 승리의 원칙을분석하는 데에서 벗어나 전장에 대한 다양한 연구를 진행하고 있다.

그중 가장 중요한 주제가 '문화적 전환'이다.

문화적 인식을 통한 신군사사의 효시는 영국의 군사사학자 존 키건이다. 그는 군대의 부대가 개별성이 결여되고 지도상에서 단대호*로만 취급되는 것을 비판하면서 부대를 구성하는 것은 진짜 인간으로 서로 다른 시공간에서 서로 다른 동기와 태도, 가치관을 가지고 전쟁터로 나아갔다는 시각을 제시하였다.

이후 군사사학계에서는 문화와 관련된 다양한 주제에 대해서 여러 학자가 연구성과를 거두었다. 그리스 문화에서부터 발전해 온 서구 시민의식에 따른 시민군 사상과 문화를 잘 발전시킨 서구적 전쟁 수행방식을 통해 서구 중심의 현대사회가 만들어졌다는 빅터 데이비스 핸슨, 문화의 상대성을 내세우며 보편적 군인상을 수립하는 데서 벗어나 다양한 시대와 전투에서 군인의 행동을 이끈 문화는 각기 달랐음을 인식해야 한다고 주장한 존 린, 무기와 기술은 변해도 가장 기본적인 문화는 변하지 않는다며 전쟁에 대비하고 싸워 이겨 생존하기 위한 보편적인 문화가 존재한다는 것을 말한 반 클레벨트 등이 각기 여러 방식으로 군사문화를 주장했다.

어떤 시각을 가지던 군사문화사 연구의 본질적 목적은 과거 군인들의 삶과 열정을 재발견하고, 극단적인 상황에서 감성적인 동물인 사

---

* 단위부대부호, 특정 부대를 나타내는 군대 부호를 뜻한다.

람이 어떤 선택지를 택하는가에 대해 확인하는 것이다. 군사문화는 위험한 사태를 벗어나고 싶은 인간의 자연적 본능을 억누르고 필요한 경우 군인들이 자신의 모든 것을 희생할 수 있도록 한다.

문화라는 것 자체가 눈에 보이지 않기 때문에 그 개념을 설정하기는 어렵다. 그러나 문화에 따라 역사적으로 전쟁을 수행하는 방식, 시기, 그리고 이유 등과 관련된 신념, 가치, 그리고 전통 등은 나라마다 차이가 있다는 것을 발견할 수 있다. 각국은 지리적 위치, 역사적 경험, 그리고 정치문화 전통 등이 융합되어 형성된 고유한 군대 활용 원칙을 갖고 있으며 이러한 요소가 해당 국가의 역사를 관통하면서 지속적으로 계승 및 발전되어 군사행동에 영향을 미치고 있다.

그러므로 각국의 군사문화에 대한 연구는 자연스럽게 각국의 전쟁방식 연구까지 이어진다. 영어로는 'Way of War'라 특징지어지는 각국의 전쟁방식에 대해서도 군사학계에서는 많은 연구성과를 만들어내고 있다.

오늘날 세계 최강 미군의 경우에는 민병대와 같은 시민군 문화에 바탕을 두고 효율적인 전략적 시스템을 바탕으로 한 물량전으로 특징지어지며, 독일군의 경우에는 프로이센 귀족의 문화를 반영한 참모제도로 특징지어지는 시스템을 이용해 프로이센의 대선제후 프리드리히 빌헬름으로부터 이어져 내려온 전격전으로 특징지어지는 것이 대표적인 예이다.

그리고 일본의 전쟁방식은 이번 여행간 계속해서 살펴보았듯이 무사도 정신의 영향을 받은 백병전 및 공격중시사상으로 특징지어졌다.

#2

제국시대의 일본군은 동아시아에서 가장 강점이 많으면서도 약점이 많은 특이한 군대였다. 일본군에 가장 큰 영향을 미친 문화로 '무사도 정신'과 '신도'를 꼽을 수 있다.

오늘날 총성 없는 전쟁이라 불리기도 하는 축구의 A매치. 그곳에서 일본 축구팀의 별칭을 '사무라이 블루'라 칭할 정도로 오늘날까지 무사도 정신은 일본을 대표하는 특징으로 남아 있다.

중세 서양의 봉건제도가 기사도를 만들었다면 중세 일본의 봉건제도는 무사도 정신을 탄생시켰다. 봉건제도에서의 영주와 가신의 관계가 배신과 암투가 난무하다 보니 상호 간에 불확실성을 줄이기 위해 만들어진 일종의 규범이었다. 시대가 지나고 전쟁의 양상이 달라지면서 서양에서는 기사도를 버리고 다른 군사문화를 받아들였다. 하지만 일본은 무사도를 버리지 않았다.

한때 5,000엔 지폐의 모델로 사용되었던 니토베 이나조(新渡戸稲造)를 비롯한 여러 지식인들과 군인들은 근대 일본 사회에 중세시대의 무사도를 다시 소환해냈다.

　일본은 메이지유신을 통해 무기의 역사에 기록될 만한 혁명을 사반세기 만에 이루어내며 유럽 열강과 맞먹는 군사력을 보유하게 되었다. 하지만 그들은 유럽의 군사기술은 받아들이되 타락한 서구적 개인주의는 무사도로 대체하고자 했다.

　무사도는 일본 전통의 종교인 신도와 합쳐지며 상승작용을 일으켰다. 무사도와 신도의 컬래버레이션은 덴노를 현인신으로 만들어 일본 국민은 타민족보다 우월하니 세계를 지배해야 한다는 황국사상으로 발전하였다.

　따라서 군대에서 행해지는 정신교육이란 일본의 국가 이데올로기의 정신과 원칙, 즉 개인과 국가를 일체화하고 병사들은 덴노의 의지에 복종해야 한다는 관념을 주입하는 것이었다. 아주 일찍부터 학교에서 시작된 교육과정의 연장이었다. 병사들을 징집하는 이유는 사실상 전체 남성에게 무사도와 황도의 이념을 가르치려는 데 있었다.

　무사도와 신도를 이용해 일본군은 강력한 군대를 육성했고, 청일전쟁과 러일전쟁을 통해 극동아시아의 강대국으로 거듭났다. 겉보기에 사기가 높고 규율이 튼튼한 데다 모두 용기 충만하고 덴노를 위해 목숨을 바칠 각오가 되어 있었던 일본군은 동서고금의 다른 군대와 비교해 크게 뒤처지는 병사였다고 볼 수는 없었다. 중앙집권적이고 통치이념이 집중되었기에 국력에 비해 잘 훈련되고 사기가 높은 대규모의 군대를 육성할 수 있었다.

그렇기에 아시아 곳곳에 식민지를 건설하고, 중국과 미국, 나아가 전 세계를 상대로 전쟁을 벌일 수 있는 군사력을 확보하고 있었다.

#3

그러나 일본군은 무사도와 신도라는 철 지난 봉건시대의 이념을 근현대 군사문화로 채택했기에 많은 문제점도 가지고 있었다.

한 집단을 다른 집단과 구별해 주고 집단 구성원들에게 자부심을 심어 주는 것이 문화다. 군조직에 바른 문화가 없다면 필요한 만큼의 단결력과 질서를 확립할 수 없으며 큰 패배를 당하는 경우 정체성에 혼란이 오게 된다. 기계적으로 적용하는 문화는 병사들의 질서를 잡고 단결력을 높이기는커녕 효율성을 저해하며 패배의 원인이 된다.

적절한 문화 없이는 조직적이고 지속적인 군사행동을 보일 수 없으며 할 수 있는 것은 가혹 행위뿐이다. 일본군에서 충성은 절대복종을 뜻했다. 초급간부와 병사는 절대복종을 위해 육체의 고통까지 감수해야 했다. 일본군에서 편달이라는 것은 병사들에게 일상적으로 가하는 구타를 뜻했다.

무사도로 인해 왜곡된 군인들의 사생관은 군인들이 도덕적 용기와 책임을 지고 죽음을 택하기보다는 강요에 의한 억지 죽음을 택하게 했으며, 국가 수호보다는 덴노의 수호를 위해 죽음을 택하도록 했다. 조건 없는 죽음까지 미화하며 필승의 신념을 강조한 결과 무모한 작전과 무고한 생명의 희생만 야기했다. 억지 죽음 강요는 전쟁 말기 상급자에 대한 불신과 부대의 단결을 저해하고 전우애를 말살하는 결과로 나타났다.

비합리적인 정신주의도 나타났다. 전쟁은 의지의 싸움이기 때문에 강한 정신력을 가진 자가 유리한 것은 사실이다. 하지만 정신력만 가지고 모든 것을 해낼 수는 없다. 일본군 교육에서 가장 중요한 것은 정신교육이었다. 개인과 국가를 일체화하고 덴노의 의지에 복종해야 한다는 사실만을 강조했다. 그 결과 전쟁기간 내내 광신적이고 획일화 된 대규모 군대를 보유했다. 하지만 실제 전쟁에서 필요한 것은 광전사가 아니라 자신이 누구로부터 무엇을 지키기 위해 싸워야 하는지 인식하고 책임감을 가진 채 싸우는 전투원이다.

개별 전투원이나 소부대 작전에서만 비합리적인 정신력을 강조한 것이 아니라 전쟁지도 전반과 육·해군의 전략전술 등 모든 국면에 걸쳐서 비합리적 정신주의를 보였다. 군사적 승리를 위한 합리적인 선택을 무시한 채 적의 허를 찌르는 묘수를 구사한 뒤 적의 심리적 동요를 가져오기 위해 노력했다. 우연히 성공한다 해도 치밀하게 계획된 작전에 비해 성과가 떨어질 수밖에 없었다. 바둑에는 이런 금언이 있다. "묘수를 세 번 이상 두면 진다."

봉건주의의 문화인 무사도 정신과 신도가 강조된 제국주의 일본군은 일본군을 봉건시대의 군대로 만들어갔다. 덴노와 그 지배체제를 지키기 위한 군대일 뿐 국민을 지키기 위한 군대가 아니었다. 군인의 생명을 무시하고 비합리적인 정신주의를 강요하였으며 국민을 지키기는커녕 무의미한 죽음만을 강요했다.

#4

한여름밤의 꿈과 같던 일본여행은 순식간에 지나 버렸다. 여행을 준비하는 과정에서부터 사후 검토까지 많은 것을 보고 느끼는 배움의 과정이었다.

앞으로 나아가기 위해서는 정확히 알아야 한다. '민족에 대한 사랑과 진리에 대한 믿음은 둘이 아니라 하나다.' 식민지 시절을 보냈던 박경리 선생이 남긴 말 중에 민족적 감정 때문에 사시가 되어서는 결코 안 된다는 염려를 하며 내가 사시가 된다면 일본의 그 엄청난 사시에 관하여 논할 자격이 없어진다는 말을 떠올려 본다.

옆 나라이면서 역사적으로도 수없이 맞닥뜨려 온 일본에 대해 그동안 너무 무지했다는 것을 느꼈다. 감성의 잣대만으로 일본을 바라

보기에는 큰 나라였다. 일본은 알면 알수록 무시하기 힘든 나라로 다가온다. 조선시대부터 성리학적 세계관으로 근거 없는 정신 승리를 거두었을 뿐 실제 국력은 차이가 있을 수밖에 없었다.

하지만 일본에 대한 우리 사회의 지력은 아직도 측량을 위해 산에 설치한 삼각점을 가지고 민족정기를 훼손하기 위한 쇠말뚝이라 믿어버리는 강점기 시대의 그것을 떠올리게 한다.

태평양전쟁 당시 버마에서 일본의 무타구치 렌야 장군의 수많은 허튼짓에 대해 우리는 일본의 독립군, 숨겨진 엑스맨이라며 조롱한다. 한편 우리 국사에서는 광복군의 활약상을 이야기할 때 버마전선에서의 활약을 이야기한다. 광복군의 인면 파견대는 엄청난 공을 세운 광복군에서 유일한 실전으로 이야기한다. 무타구치 렌야의 바보짓거리와 인면 파견대의 공간은 같은 곳이다.

그런데 버마전선의 일본군 장군을 독립유공자로 조롱하면서 버마전선에서 어떤 일이 벌어졌는지, 그리고 인면 파견대의 구체적 임무와 규모까지 설명하는 경우는 없다. 어렸을 적 학습만화에서 인면 파견대가 일본군에 기관총을 쏘는 장면이 있었다. 이를 기억하며 버마에도 꽤 많은 광복군이 파견되어 실전에서 활약도 했겠지, 하고 어렴풋하게 알고 있었다.

사실 인면 파견대의 인원은 단 9명뿐이었다. 일본군의 첩보수집이나 일본어 통역 등의 임무에 효과적이라는 판단하에 영국군에서는 임시정부에 추가 파견을 요청했다. 하지만 더부살이 중이던 중국이 추가 파견을 거절했기 때문에 광복군은 갈 수 없었다.

일본에 대해 본격적으로 공부하기 전에는 몰랐던 사실이 많이 있었다. 중국군 휘하에서 허덕이던 광복군과 그럼에도 불구하고 최대한 실리를 얻어내기 위한 독립운동가들의 피나는 노력. 종전 시에도 광복군은 고작 682명의 병력을 가진 실질적 전투부대라 볼 수 없고, 내세울 만한 전과도 없었다는 점.

그럼에도 불구하고 임시정부를 자주적으로 결성하고 광복군을 만들었으며 지속적인 노력과 호소를 통해 자주국의 지위를 유지하려 애썼다는 것 등등….

독립군과 광복군, 우리나라를 세운 순국선열과 독립운동가들의 희생은 숭고했다. 그들은 모든 것이 부족한 가운데서도 목숨을 바쳐 나라를 위해 노력하신 분들이다. 독립이란 꿈을 현실로 만들기 위해 돌아가신 분들이다. 나 역시 그렇게 행동하도록 배워왔으며 그분들의 행동을 통해 항상 마음을 다잡곤 한다.

그러나 현실은 소설보다 극적이다. '해방은 도둑처럼 찾아왔다.' 우리의 노력도 없진 않았지만, 대한민국의 탄생은 연합국의 승리에 빚을 진 셈이었다. 국제관계에서 공짜는 없다. 우리 선조들은 그 빚을 피와 눈물로 갚아 나갔다.

전 세계를 휩쓸던 공산주의에 맞서 대한민국은 자유민주주의의 최전선에서 공산주의의 확장을 저지하였다. 맨주먹으로 시작하였지만, 오늘날은 창대하다. 충분히 자랑스러운 역사이다. 일제강점기라는 추한 부분을 가리기 위해 모자이크 처리하지 않아도 충분히 자랑스럽다.

#5

군사사와 군사문화는 인간 집단의 붕괴를 다루는 학문이다. 사회가 복잡해질수록 인간 집단의 붕괴요인 또한 다양해졌다. 오늘날 전쟁에서 중요하게 여겨지는 DIME* 요소는 사회 발전의 산물이다. 비정규전이 등장하고 사세대 전쟁이 등장하고 전쟁이 복잡해진다고 하지만 사회 구성요소의 다양함에 따른 당연한 결과이다. 전쟁 양상이 바뀌면 그에 대한 인식도 바뀌어야 한다.

그러나 이번 여행을 통해 일본이라는 프레임으로 비추어본 우리 사회의 군사문화 이해 수준은 아직도 부족하다는 점을 느꼈다. 아직도 군담이나 설화적 성격으로만 이해하는 것이 지배적이다. 한국의 전근대 전쟁과 이에 따른 군사문화 이해는 역사적 사실과는 동떨어져 있으며 군사적 측면에서는 퇴행적 느낌까지 든다. 그중 가장 지적하고

---

*   Diplomatic, Information, Military and Economic Power; 외교, 정보, 군사, 경제력.

싶은 것이 의병 중심의 전쟁관이다.

　임진왜란 중반기 접어들면 조선에서도 의병을 사칭하는 자에 의한 폐해를 지적하는 글이 자주 등장하곤 했다. 특히 17세기 중반 이후에는 정규군인 관군이 아닌 의병중심으로 임진왜란을 이해하려는 움직임이 본격화되었다. 유교적 사회질서 아래서 의병활동에 이름을 올리는 것은 가문의 자랑으로 여겨졌기에 지방의 가문을 중심으로 가문의 명예를 위해 역사 기록을 왜곡하곤 했다.

　이처럼 현실을 반영하지 않고 의병 중심의 임진왜란 이해로 발전된 의병 중심의 세계관은 오늘까지도 역사를 바로 보지 못하는 색안경을 제공하고 있다.

　또 일제에 의해 강요된 '군사전통부재'로 인해 광복과 건국, 6·25전쟁 후 국가의 생존을 위해 어쩔 수 없이 관군을 배제한 채 민중과 민족의 일치단결과 동원 중심의 국난 극복사적인 인식이 강조되었다. 전쟁을 외부 세력에 의한 위기, 즉 국난으로 인식하여 악한 외부세력이 군사력을 바탕으로 쳐들어오면 약하지만, 정의롭고 평화적인 우리 민족은 민족 전체의 일치단결로 이겨냈다는 식의 역사관이다. 이런 시각에서는 우리가 정상적인 국가로서 어떻게 위기에 대해서 조치했는지에 대해 알아보는 것은 뒷전일 수밖에 없다.

　엄연한 관군도 지휘관 가문의 영광을 위해 의병으로 만들어 버렸던 것이 조선사회였다. 임진왜란뿐 아니라 호란에서도 동일했다. 이는 일본강점기를 거치며 확대 재생산되었다. 오늘날 필요한 것은 의병의 장렬한 항전과 같은 과장된 민족적, 정신사적, 윤리적 같은 관념적 측면보다는 실제 조선의 정규관군 작전이나 전쟁지도 같은 전쟁의 구체적 양상과 그 결과같은 실질적인 측면이다. 그것을 연구하는 것이야말로 올바른 군사문화의 인식태도이다.

올바른 프레임을 가지고 역사의 본질을 정확히 바라보는 것이 필요하다. 오늘날 우리는 어떤 시각을 가지고 군사사를 바라볼 것이며, 어떤 군사문화를 만들어내고 어떤 전쟁방식을 만들어나가야 국가 안보의 성스러운 사명을 다 할 수 있을 것인가.

이번 여행을 통해 일본 군사문화의 속살을 들여다보고 이를 통해 우리 사회의 군사문화를 돌아보면서 많은 것을 느꼈다. 그런데 아무리 찾아봐도 일부에서 주장하는 것과는 달리 내가 몸담아 온 우리 군의 모습과 제국일본군의 모습은 전혀 달랐다. 우리 사회에 단점이 발견되면 무조건 일본 군사문화의 영향으로 치부해 버리는 일부 사이비들의 주장에 비판을 가하고 싶다. 텐노의 군대인 일본 군대와 국민의 군대로서 누구를 위해 무엇을 지켜야 하는지를 알고 군복무에 임하는 대한민국 국민의 군대를 같은 선에 놓고 비교할 때마다 치욕감을 느낀다.

아직도 70년 전의 제국일본군과 섀도복싱만 주야장천 해대는 것은 군사문화를 발전적으로 이끌어가지 못한다는 생각이 들었다. 어쩌면

일제강점기가 우리 군사문화에 남긴 상처 중 가장 큰 것은 70년이 지
난 오늘날까지도 모든 잘못을 제국주의 일본에 돌리며 본질을 보려
하지 않는 습관이 아닐까?